黄河冲积平原区富锶山药种植区域地球化学特征及成因研究

HUANGHE CHONGJI PINGYUANQU FUSI SHANYAO ZHONGZHI
QUYU DIQIU HUAXUE TEZHENG JI CHENGYIN YANJIU

主　编：曹艳玲　李昌盛　彭　凯　吴　波　管宏梓
　　　　范振华　刘倩然　张　馨　洪欢仁　荆　路
副主编：万伟杰　马　聪　吕　超　李海涛　刘　连
　　　　宋　亮　孙晓涛　冯　蕾　李　洁　孙　爽
　　　　江海洋　高　庆

中国地质大学出版社
ZHONGGUO DIZHI DAXUE CHUBANSHE

内容简介

通过系统采集研究区土壤样、水样和山药样,重点进行了镉、汞、铅等重金属和有机污染等有害组分分析,同时进行了氮、磷、钾、有机质、钙、镁等营养组分,硒、锌、碘等有益组分的分析测试,发现浅层土壤中 Fe、Ca、K、N、B、Mo、有效磷、碱解氮与山药长势成正比,深层土壤 Zn 元素与山药长势成正比;山药根中 K、N、Mo 元素与山药长势成正比,山药茎叶 Fe 元素与山药长势成正比。根据垂直剖面分析结果得知,山药生长前期和后期根茎迅速生长期对 K、Ca、Fe、Mn、Zn、Cu、Mo、Pb、Ni、Co、V、Sr、As、Sb、F 元素吸收较多。山药生长早期对 B、Ge 吸收较多。进行了土壤中有机污染化验,土壤中大部分的污染是过去形成的,母体中的滴滴涕大部分已降解,没有新的污染源。进行了山药与土壤、水等的相关性分析,分析了山药对各元素的吸收情况,山药对土壤中养分元素 Ca、K 需求多,山药在根磷、有机质含量高区域长势好。山药对土壤中微量元素 V、Mn、Zn、Sr 需求较多。山药对微量营养元素 Se、I、Ni 需求多。浅层土壤氟含量高会抑制山药的生长。山药对重金属元素基本吸收极少到较少,且较多地从山药根中转移到茎叶中。进行了土壤及地下水等级评价和土壤污染情况分析,整体上属于清洁水平。对山药根进行了安全性分析。山药根的 Cr、Cd、Hg、As、Pb 元素均未超标,山药食用安全性符合要求。分析了元素在山药中转移情况,对土壤中不同元素进行了相关性和显著性分析,发现了土壤中不同元素的聚集规律。研究区内土壤、水及山药均存在富锶现象,研究了土壤和地下水富锶成因。最终划分了适宜种植区和较适宜种植区并提出了种植建议。

本书图文配合,图件清晰美观,文字简明扼要,可为相关部门进一步推进山药种植产业发展提供参考。

图书在版编目(CIP)数据

黄河冲积平原区富锶山药种植区域地球化学特征及成因研究/曹艳玲等主编.—武汉:中国地质大学出版社,2025.2.—ISBN 978-7-5625-6101-9

Ⅰ.S632.1

中国国家版本馆 CIP 数据核字第 2025UC5205 号

黄河冲积平原区富锶山药种植区域地球化学特征及成因研究   曹艳玲 李昌盛 彭 凯 等主编

责任编辑:张旻玥	选题策划:毕克成 段 勇	责任校对:张咏梅
出版发行:中国地质大学出版社(武汉市洪山区鲁磨路388号)		邮编:430074
电 话:(027)67883511	传 真:(027)67883580	E-mail:cbb@cug.edu.cn
经 销:全国新华书店		http://cugp.cug.edu.cn
开本:880mm×1230mm 1/16	字数:317千字	印张:10
版次:2025年2月第1版		印次:2025年2月第1次印刷
印刷:武汉中远印务有限公司		
ISBN 978-7-5625-6101-9		定价:68.00元

如有印装质量问题请与印刷厂联系调换

山东省地质矿产勘查开发局第一地质大队

（山东省第一地质矿产勘查院）

中国海洋大学

科技成果出版编辑委员会

主　编：曹艳玲　李昌盛　彭　凯　吴　波　管宏梓　范振华
　　　　　刘倩然　张　馨　洪欢仁　荆　路

副主编：万伟杰　马　聪　吕　超　李海涛　刘　连　宋　亮
　　　　　孙晓涛　冯　蕾　李　洁　孙　爽　江海洋　高　庆

成　员：程刚建　杨时骄　赵诚亮　王　涛　张晓阳　郝　鹏
　　　　　孙思涵　崔　素　何　强　朱文峰　湛　昊　王艳婷
　　　　　孟庆晗　徐　冰　薛小曼　张　爽　赵洋洋　李庆义
　　　　　李　佳　梁云汉　冯启伟　刘文龙　杨　帆　王宇飞
　　　　　何兵寿　张小梅　徐　冰　董　辰　董方鹏　郭　鹏

前言
PREFACE

随着社会经济的发展和人们物质生活的提高，与日常生活紧密相关的土壤调查工作越来越得到重视，给我们提供粮食的土壤的质量也日益受到人们的关注，因此，进行土壤的农业地质调查显得越来越重要。

笔者以在山东菏泽定陶进行的山药特色农业地质调查工作为基础，对该地区土壤、地下水和山药中各元素的含量进行了不同的分析和比较，并对区域富锶成因进行了深入的研究，为指导当地山药种植提供基础的参考资料。

《黄河冲积平原区富锶山药种植区域地球化学特征及成因研究》共分6章。第一章由荆路、管宏梓、江海洋编写；第二章由曹艳玲、孙晓涛编写；第三章由曹艳玲、刘连、冯蕾、高庆、张晓阳编写；第四章由曹艳玲、范振华、刘倩然编写；第五章由曹艳玲、张馨、洪欢仁、吴波编写；第六章由曹艳玲、彭凯、吴波、马聪、吕超、李海涛编写。化验分析工作由李洁、荆路、孙爽完成，野外取样工作由孙晓涛、王涛、杨时骄、宋亮、程刚建、赵诚亮、李庆义、李佳、梁云汉等完成。图件修改由万伟杰、孙思涵、王艳婷、薛小曼、朱文峰、郝鹏、湛昊、冯启伟、刘文龙、孟庆晗、徐冰、张爽、赵洋洋、杨帆、董辰、董方鹏、郭鹏完成。文献搜集由王宇飞、张小梅完成。全书由曹艳玲、李昌盛、彭凯、吴波、何兵寿统撰定稿。

项目组其他人员及笔者中国海洋大学博士研究生导师也在本书编写中给予了很多的帮助，在此表示由衷的感谢。由于作者水平有限，本图册难免存在疏漏和不足之处，敬请读者指正。

编者
2025年1月

目录

第一章 绪 论 …………………………………………………………………（1）
第一节 特色农业地球化学特征研究的意义 ……………………………（1）
第二节 国内外研究现状 …………………………………………………（2）
第三节 研究区以往基础工作 ……………………………………………（4）

第二章 研究区概况 ……………………………………………………………（8）
第一节 自然地理概况 ……………………………………………………（8）
第二节 区域地质概况 ……………………………………………………（10）
第三节 社会经济及工农业发展概况 ……………………………………（17）

第三章 土壤元素地球化学特征与质量等级划分 ……………………………（22）
第一节 研究区土壤元素现状 ……………………………………………（22）
第二节 研究方法 …………………………………………………………（25）
第三节 土壤元素含量及富集情况 ………………………………………（42）
第四节 土壤养分地球化学特征 …………………………………………（46）
第五节 土壤环境地球化学特征 …………………………………………（61）
第六节 灌溉水环境地球化学特征 ………………………………………（65）
第七节 山药与土壤元素相关性分析 ……………………………………（68）

第四章 区域元素地球化学等级划分 …………………………………………（73）
第一节 土壤单元素或单指标养分等级 …………………………………（73）
第二节 土壤养分地球化学综合等级 ……………………………………（88）
第三节 土壤单元素或单指标环境质量等级 ……………………………（90）
第四节 土壤环境地球化学质量综合等级 ………………………………（93）
第五节 土壤质量地球化学综合等级 ……………………………………（93）
第六节 灌溉水环境地球化学等级 ………………………………………（95）
第七节 土地质量地球化学等级划分 ……………………………………（99）
第八节 山药质量等级及安全性评价 ……………………………………（99）
第九节 土壤质量健康风险与生态风险评价 ……………………………（100）

第五章 重要土地质量地球化学问题研究 (103)
第一节 异常元素分析及迁移转化规律研究 (103)
第二节 土壤元素的相互影响分析 (108)
第三节 富锶土壤古沉积环境研究 (111)
第四节 富锶土壤地质成因研究 (117)
第五节 富锶地下水地质成因研究 (125)

第六章 土壤适宜性评价 (138)
第一节 特色及绿色土壤资源评价 (138)
第二节 土壤适宜性分析 (142)
第三节 社会效益分析 (145)
第四节 研究区山药种植建议 (146)

主要参考文献 (147)

第一章 绪 论

第一节 特色农业地球化学特征研究的意义

农业地质是以农业生产及发展需求为内在动力,结合构造地质、地球化学、岩石矿物、水文地质等专业,运用地质学的理论与方法,结合气候、地貌、土壤、植被、水文与环境等方面,研究与农业息息相关的资源环境问题,为农业生态系统平衡、农作物种植和农业布局服务的一门学科。早期主要研究农业经营和农学中所遇到的地质问题。20 世纪 50 年代后,随着全球人口、资源、环境问题的日益突出,农业地质逐渐列入环境地质或生态地质范畴。我国农业地质工作起步晚,在 20 世纪 80 年代前,主要集中在为农业服务的区域地质、区域水文地质、矿物农药、矿物肥料等矿产勘查等传统地质领域。20 世纪 80 年代发展是以岩石、土壤等农业背景条件为对象的农业地质研究,探讨名特优农作物的不同地质背景及其与某些地球化学元素的关系,以及增产途径。20 世纪 90 年代以来,为建设可持续发展的农业经济和良好的生态环境,逐渐形成了生态农业地质学。而其中土壤和地下水是农业生产的基础,其质量的优劣直接关系到农产品质量、人类健康以及经济社会的可持续发展。土壤中的元素含量变化对植物生长和人体健康有很大影响,因此,研究土壤中的化学元素含量情况,不仅对农业生产有指导作用,而且对区域性环境质量评价也有重要参考价值。锶(Sr)是生物有机体内必备的微量元素之一,在体内发挥着重要的生物学作用。锶与其他人体必需量元素一样,在人体中的含量非常少,正常人全血锶的含量为 $39\mu g/L$,人体每日需摄入锶约 2mg,但对维持正常的生命活动不可或缺。研究发现,锶具有改善骨代谢,增强骨质强度,预防龋齿、"三高"和心血管疾病,有益肝细胞的增殖和胆红素代谢等作用。

随着社会经济的发展、生活质量的提高,人们越来越重视自身的身体健康,越来越多的保健型农产品逐步走进我们的生活,其中富锶农产品备受关注,如陕西灵泉县有机富锶水稻、山西祁县来远富锶黑小米、甘肃临泽县富锶黑小麦等。目前对土壤有益微量元素的研究主要集中在 Se 元素,而对土壤富锶含量及资源评价分级国际国内鲜有研究,没有全国统一标准,也无地方标准可供参考,这些严重制约了富锶生态农业的发展。2018 年,Gupta 提出了锶在土壤存在的形式以及环境因素、酸碱度等条件下微量元素之间的比例和含量,但是并没对开发利用等具体方法提出自己的见解;1955 年,Dymond 提出了植物中的锶含量和钡含量之间的比例,分析了两种元素对植物有机体的影响,但是并没有分析土壤中锶、钡的影响因素;2019 年,胡江龙总结了湖北随州北部土壤锶地球化学特征,但对锶在土壤、作物之间的迁移机制缺乏研究。目前国内外对 Sr 元素的开发利用,仅限于锶型矿泉水,极少有 Sr 元素在生态农业方面的研究。

农业生物地球化学是生物地球化学的分支学科,是一门研究农业生物体的元素与其生态环境之间相互关系的学科,也是农业科学、食品科学和医学相交叉的学科。农业生物地球化学根据生物地球化学的基本原理,研究各地区大农业背景中的地球化学元素和生物地球化学作用过程对大农业的影响和制约,并且运用这些规律的同时,对各大农业区作区划布局,对农作物品种中营养素含量水平进行评价和开展品种的人工优化。所谓大农业是指广义的农业，即农、林、牧、副、渔。所谓大农业背景是指地质背景，尤其是地球化学因素。所谓地球化学因素即各地区农业背景中的化学元素的种种行为，亦即这些化学元素在各地区的组成、含量、分布、存在形式、迁移聚集等状况与土壤、大农业之间的相互关系。每个地区农业生态环境几乎都经过不同程度的生物地球化学作用，并受其直接或间接的影响和制约；因此研究和探索这些制约关系、影响程度及其规律性是本学科研究的内容之一。

本书着重对种植区内锶元素在土壤—作物迁移富集特征进行研究，通过进行特色农业地球化学特征研究，对于富含某些对人体有益的微量元素的土壤和地下水，还能够寻找其形成原因，为高附加值的富含对人体有益微量元素农作物种植寻找相似种植区域提供指导意见，直接推动农村发展，增加农民收入。

第二节　国内外研究现状

农业地质学与生态地球化学的研究，最重要是为农业生产提供优质产品，为扩大再生产和寻找优势地块提供科学依据。其核心目的只有一个，那就是为农业经济和社会发展服务。从国内外研究现状来看，围绕这一根本目的，仍然存在较大问题。比如，目前研究较多的"农产品品质与地质地球化学背景"关系方面，还只停留在"优良品质"与"地质背景"的对应关系上，没有查明影响其品质的真正原因；农作物"营养微量元素"与人类健康方面，只局限在"查明"存在这些潜力，实际作用有多大，不得而知；生态地球化学异常（地方性疾病、农作物病虫害等）产生的根源等诸多方面研究程度远远不够，尤其是对农业地质学揭示的优质自然资源与农业经济发展等各环节要素之间的内在联系研究涉及不多。

相关的研究国外起步较早，从20世纪60年代初开始，一些西方国家和东欧国家先后在本土和国外一些地区开展多目标的地球化学填图，在矿产普查、农业、环境、防疫学等方面取得了显著成果。英国伦敦帝国学院应用地球化学部的韦布等先后在利默利克郡、不列颠岛、英格兰和威尔士等地利用水系沉积物测量方法开展了实验性地球化学调查，发现区域元素分布与绵羊缺钴病（Webb，1964）、牛的硒中毒症和高钼引起的缺铜症（Webb et al.，1964，1965；Thornton，1968）等有着密切的关系，他们出版了《北爱尔兰试验地球化学图集》（1973）、《英格兰和威尔士沃尔夫森林地球化学图集》（1978），其中所取得的20多种元素地球化学图件、资料为农业、供水、港湾渔业、环境、城市污染的研究应用起到了重要作用。1980年，北欧的芬兰、挪威、瑞典三国地调所联合开展了北苏诺斯坎迪亚地区地球化学测量，出版了《北苏诺斯坎迪亚地区区域地球化学图》，主要目的是为环境污染治理和检测、地质、医学、农业、林业等领域提供基础资料。法国魏格纳教授（1980）针对法国3个城市的葡萄酒产区进行了农业地质研究，发现葡萄的品质与当地地质、土壤关系密切，好的葡萄酒所生长土壤中含有大量成分为泥灰岩的砾石，该砾石中含有富铁氧化物。美国科学家 Adriano（1987）查明了与人类关系密切的 Se、Pb、Cd、Cr、B、Ac 等微量元素的化学赋存形态、经济价值及在土壤和植物种迁移转化与循环规律。美国地质学家 Keller（1988）研究农业生产与岩石的关系，并应用到实践中。Baker 和 Brooks（1989）开始了各类植物对土壤中金属元素吸附的研究，研究表明在一些超富集植物中，地上部分金属总量总是大于根部，显示植株具有吸收和运输金属并将它们储存在地面的部分这一特殊能力（Brooks，1977）。Wei 和 Chen（2001）提出可能在地球上存在一些潜在的重金属超富集植物，通过培养植物和增加某些种类的试剂（比如螯合剂）在它们生长的环境，可以显示出一些超富集植物的特征。通过这些特殊植物的特殊能力，可以用于对污染土地的治理。印度学者 Eapen 等（2006）研究了草本植物牛角瓜（*Calotropis gigantea*）对 Sr 的吸收和分配特征，他们提出在放射性锶轻度污染的土壤上种植植物15天后，Calotropis gigantea 能去除99%的放射性锶，并且根部积累量远远大于颈部。可见，被 ^{90}Sr 污染的土壤可以通过种植牛角瓜进行修复。2004年，关于"岩石用于作物"的国际会议第一次在巴西召开，各大洲的科学家、农业地质学家、生态环境学家共同研究讨论岩石、矿物和有机残余物的关系,研究了利用岩石和有机物共同提高土壤肥力,利用采矿中产生的废物、植物废物、有机废物提高林木和作物的生物质能,以达到增收和粮食安全的方法。Nakamaru、Tagami和Uchida等(2006)对富硒区大豆进行了研究,发现当大豆根系的吸附性增强时,会吸收土壤中的硒,并使土壤中的硒减少。Biernacka和Maluszynski(2007)有选择性地研究了波兰部分农业用地中Cd、Pb和Se等微量元素在土壤中的迁移和转换规律,发现富硒种植区土壤重金属的含量会影响土壤环境质量。Techer等(2011)测定了留尼汪岛咖啡种植地的综合地球化学调查,提出将锶同位素作为确定蔬菜地区来源。Dario Di Giuseppe等(2014)分析了意大利北部波河冲积平原地区土壤的地球化学特征,认为该区土壤的地球化学特征会使农业活动面临潜在风险。Hafida Lebid等(2016)采用示踪法研究了阿尔及利亚西北部含水层的盐碱化过程,谈论了锶对区内地下水盐度的贡献。Duo Li等(2021)通过采集103处地下水研究了华北平原石家庄富锶地下水的水化学特征与形成机理,发现锶主要来源于碳酸盐岩、片麻岩、碎屑岩和花岗岩中含锶矿物的溶解,且地下水的侵蚀能力加速了锶的溶解。

在我国,农业地球化学的初级工作始于1957年,中国农业科学院土壤肥料所在各省农业科学研究所土地测定的基础上开展了全国肥料试验网工作,在全国不同土壤区域布置了150多个试验点,对各地的需肥状况和地力演变有了初步的了解。1974年,全国逐步开展了土壤诊断和植物诊断工作,对于土壤改良、指导施肥起了一定的作用。1979年,农业部组织了第二次全国土壤普查,调查了各种土壤类型的分布特征,并在土种基础上取样,分析N、P、K、Cu、Zn、Fe、Mn元素的全量及有效量、有机质和pH值,并制成了相应土壤图件,进行了农业区划,为合理施肥提供依据。李正积(1986)提出"农业地质背景系统"的概念,指出岩石、土壤和植物是一个统一的整体,尤其优质农产品与农业地质关系更加密切。冯群耀(1991)提出农业地质学的核心是研究地质背景、矿物岩石、地球化学元素与农产品产量和质量的关系。"八五"期间,地矿部物化探研究所编制了冀东地区农业地球化学图,确定了对农作物生长和产量有影响的元素含量缺乏区,并在缺乏区内开展了应用试验。1991—1993年,在河北抚宁地区进行了增施这些元素提高水稻、玉米、花生和苹果产量的应用试验,取得了显著的经济效益。成官文(1996)指出,农业地质环境中各种元素在一定条件下发生迁移和转化,掌握其规律可以通过科学手段提高土壤利用率和集约化程度。张宗枯院士(1997)提出新思维,即"农业生态地质学",探讨人与农业生产和地质环境三者的关系,并进行系统化研究。曾群望等(2001)提出,应用地质学的理论和方法去研究生物与地质环境的关系。2003—2006年,中国地质调查局、湖南省国土资源厅联合组建湖南省洞庭湖区生态地球化学调查项目部,在长沙、株洲、湘潭、岳阳、益阳、常德6个地区开展了1∶25万多目标地球化学调查,为湖南省经济和社会发展提供了地球化学基础资料和决策依据。2014—2018年,福建省地质调查研究院开展了"典型红壤区农业生态地质研究",研究了红壤区土地质量地球化学评价与应用技术,典型地质环境区红壤化过程地球化学特征,红壤化过程、酸雨作用下元素活化迁移与贫化富集的地球化学理论。分析了龙海市表层土壤养分和环境指标的地球化学特征,阐述了土壤养分元素及重金属元素对作物生长及食用安全性的影响,明确了龙海市表层土壤元素的区域分布特征,并进行了分级评价,分析了土地利用类型和乡镇辖区养分分布特点。研究显示全市36.59%的土壤为富硒土壤(面积46 908.32hm^2),其中富硒耕地土壤约占全市总面积的5.1%,具有很好的开发富硒农产品的潜力。彭福元(2016)则以湖南武陵山区的地质背景、地球化学背景等研究为基础,提出了有利于茶叶高产及优质的岩石类型。杨磊(2020)以贵州省花溪区耕地质量地球化学调查评价数据为基础,结合花溪区地质、自然地理、土壤类型、土地利用等资料,对该区Se元素分布特征进行了综合分析并评价富硒资源,为区内富硒耕地的开发利用提供重要的理论基础及科学依据。孙厚云等(2020)开展中国地质调查局项目"承德市生态文明示范区综合地质调查",阐明了研究区内区域尺度和不同地质建造区Ge元素地球化学背景特征,结合多元统计采用基于Nb元素的质量迁移数、化学蚀变指数CIA和残积系数RF、生物富集系数论述Ge元素在基岩-风化壳-土壤-黄芩系统中的迁移聚集规律,探讨了Ge元素生态地球化学特征与道地药材黄芩的适生关系。2022年,农业农村部组织开展第三次全国土壤普查,此次普查的目的是全面查清我国土壤类型及分布规律、土壤资源现状及变化趋势，真实准确掌握土壤质量、性状和利用状况等基础数据，提升土壤资源保护和利用水平，为守住耕地红线、优化农业生产布局、确保国家粮食安全奠定坚实的基础，为加快农业农村现代化、全面推进乡村振兴、促进生态文明建设提供有力支撑。

我国对农业地质调查主要以农业区为主体，2004年中国地质调查局完成了全国农业地质调查规划，提出了"覆盖中部农业主产区，重点安排东部经济区，优选西部农牧区"的农业地质调查规划方针和部署原则，并在浙江省作为试点开始进行多目标地球化学背景值填图。

近年来，对特色农业地球化学特征的研究分为以对人体有益的元素和对人体有害元素两大类，对人类有益的元素Sr、Se等开展较多，对人类有害的元素主要是重金属元素。近年，与土壤地球化学特征相关的研究越来越多，普及的方面也逐渐增多。其中戴光忠（2013）分析了我国富硒农作物产地，我国24个省份存在富硒土壤。彭闯（2018）研究了法库地区富锶驴肉。胡江龙（2019）利用湖北随州北部土地质量地球化学调查资料，在对湖北随州北部富锶土壤地球化学特征研究的基础上，进行富锶土壤资源潜力评价，为本地区富锶土壤资源开发利用提供科学依据。庞绪贵等（2019）厘定了山东省17市土壤地球化学背景值，并与全国背景值对比，分析了差异性。年秀清（2019）通过土壤和水中微量元素及锶同位素特征，分析了柴达木盆地锶矿成因。卜怡然等（2020）对神农架富锶植物进行分析采样，研究了神农架林区富锶植物的分布规律。赵秀芳等（2020）分析了山东省安丘重金属地球化学特征，并进行了评价。苏春田（2021）的博士论文《湖南新田县富锶地下水形成机理研究》，以湖南新田赋存于泥盆系佘田桥组富锶地下水为研究对象，通过对地下水补给排体系的系统取样，在地下水系统科学理论指导下，综合利用水文地球化学分析、同位素示踪、水-岩相互作用室内实验、水文地球化学模拟相结合方法，揭示了富钙偏碱地球化学背景以及独特岩溶水文地质结构控制下富锶地下水的形成机理，为富锶地下水的合理开发及可持续发展提供了科学依据。王贵平等（2022）通过对南鲁山镇北流水村和璞邱四村苹果园地的水质、土壤、叶片和果实中的锶、锌、硒含量进行了测定与分析，确定了沂源县南鲁山镇"富锶"苹果的果实锶含量及其成因。刘军帅（2022）通过对山西大同桑干河流域富锶土壤的研究表明，区内表、深层土壤富锶是围岩在地下水的作用下，锶在水中溶解，随之迁移并在盆地富集的结果。调查区土壤Sr元素含量高，存在大量的富锶土壤，且全区Cd、Hg、As、Pb、Cr、Cu、Ni、Zn等元素含量均小于农用地土壤污染风险筛选值，农产品质量安全、农作物生长和土壤生态环境风险低，全区富锶土壤（$Sr \geq 240 \times 10^{-6}$）面积1104km^2，占调查区面积的69.87%，其中适宜开发区面积442km^2，区内具有较好的开发富锶土壤资源潜力。王东晓等（2023）开展的"河南省固始县史河一带Sr元素地球化学行为研究"，系统总结了土壤、水、农作物中元素地球化学特征，证实研究区土壤存在锶富集现象，为富锶优质土地资源的认定、开发和农产品种植结构的调整提供科学依据。

第三节　研究区以往基础工作

自20世纪50年代起，各有关单位为了不同工作目的，先后在本区及外围地区做过多期次地质、水文地质勘察工作。进入20世纪80年代，农业部门开展了农业自然资源调查和农业区划，土地管理部门开展了土地资源调查与评价工作。20世纪90年代水利部门又作了水资源开发利用现状调查。所做的主要工作如下。

（1）1959年山东省地质局水文地质工程地质大队进行了菏泽幅1：20万综合性地质-水文地质测绘工作，并提交了相应成果。

（2）1977年，山东省地质局第三水文地质队进行了鲁西南地区环境水文地质调查及山东第四系等调查、研究工作。

（3）1979年，由山东省地质局第三水文地质队提交了《菏泽地区农田供水水文地质勘察报告（1：10

万)》,对区内浅层淡水、深层淡水及第四纪地层划分做了较为详细的工作。

(4)1980年,山东省地质局第三水文地质工程地质大队提交了《1∶10万山东省菏泽地区农田供水水文地质勘察报告》,报告较详细进行了菏泽地区第四系孔隙含水岩组的划分。

(5)1981年,由菏泽地区农业区划办公室、定陶县农业区划办公室编写了《定陶县农业自然资源调查和农业区划报告》。

(6)1982年,由山东省地质局第一水文地质队编写的《1∶20万区域水文地质调查报告(菏泽幅)》,对本区区域水文地质条件进行了较全面论述。

(7)1985年,由山东省地矿局第三水文地质工程地质大队提交完成了《鲁西平原地下水资源评价研究》,对研究区内地下水资源进行了较为精确的计算。

(8)1986年,由山东省地矿局第三水文地质工程地质大队提交完成了《黄淮海平原鲁西区段咸改盐改报告》,详细论述了咸水、盐碱地分布规律,提出了切实可行的改良措施。

(9)1983—1986年,山东省地矿局第三水文地质工程地质大队开展了鲁西平原地下水资源评价研究工作并提交了报告,对本区浅层地下水的赋存、运移的动态特征进行研究,计算浅层地下水的有关水文地质参数。该成果对了解区内水文地质条件和不同含水岩组富水性、水化学特征具有重要的参考作用。

(10)1979—1991年,由山东省土壤普查办公室统一领导,由各市、地、县多部门多单位具体实施,开展了山东省第二次土壤普查工作,编写完成了《山东土壤》及系列图件等。其中有关定陶县土壤类型分布等资料对本次工作具有一定帮助。

(11)1979年开始,山东省地矿局第三水文地质工程地质大队在本区开展了地质环境监测工作,并于1986年、1991年、1996年、2001年、2006年、2011年提交了"六五"至"十一五"期间的《山东省菏泽市地下水动态及地质环境监测报告》,查清了区内孔隙地下水动态变化规律及主要影响因素,并进行了地质环境质量评价及水资源供需平衡分析,为本次工作提供了长序列的地下水动态监测资料。

(12)1999年,山东省地矿局第三水文地质工程地质大队编制了《山东省定陶县农业水文地质调查报告》,本次研究区全部位于该次工作范围内。基本查明了该区农业水文地质条件,计算了地下水资源量,提出了合理的地下水资源开发利用措施。

(13)2002年7月,山东省地勘局八〇一水文地质工程地质大队提交了《山东省定陶县高氟改水勘查报告》,工作区为定陶县城,地理坐标为北纬34°47′34″—35°4′35″,东经115°0′06″—115°47′21″,位于本次研究区西南,紧邻本次研究区,面积达846km²。基本查明了区内地下水埋藏条件、补径排条件和地下水动态特征,较详细阐述了区内地下水主要是浅层地下水的水化学特征,基本查明了本区地下水氟含量变化与平面分布情况。探讨了氟与地下水中有关离子的相关性,划分了非氟中毒、轻度氟中毒区与中度氟中毒区3个区,针对轻度与中度氟中毒区,建议分别采取补源排通和化学物理方法降氟处理的措施。

(14)2003年2月,山东省地矿局第三水文地质工程地质大队提交了《山东省定陶县生态农业地质背景调查报告》,地理坐标为北纬34°57′—35°14′,东经115°20′—115°40′。位于本次研究区西侧,且部分位于本次研究区范围内。总面积达846km²。该次生态农业地质背景调查,主要采用了区域农业地质调查,地下水动态观测,水、土、植物样本采集与测试,工程测量等多种手段,取得了丰富翔实、准确可靠的第一手资料,经综合分析研究基本查清了区内生态农业地质背景条件,将研究区内第四系松散岩类孔隙水分为浅、中、深3个含水岩组,农田灌溉用水主要取自浅层地下水。含水岩组底板埋深一般为20~60m;水化学类型多为HCO_3-Na·Mg型及HCO_3·Cl-Na·Mg型,可开采资源量为13 119万 m^3/a。区内土壤均属于潮土土类,下分潮土和盐化潮土两个亚类。有机质和磷素含量普遍较高,而氮素含量较低。根据区内的农业地质背景条件,共划分了6个产业门类不同的农业区。该报告对本次工作评价土壤质量具有一定借鉴意义。

(15)2006年10月,山东省地质调查院提交了《山东省黄河下游流域多目标区域地球化学调查报告(1∶250 000)》,包含了本次研究区全部范围。查明了土壤养分和营养微量元素的丰饶现状。调查表明,山东省黄河下游流域土壤中全钾含量较丰富,多为富足级;有机质含量较低,多为略缺乏、缺乏级;全氮、全磷含量中等,为适度和略缺乏级。B、Mg、Ca等微量有益元素含量丰富,Cu、Mn、Mo等微量有益元素含量缺乏,特别是 Mo 元素在调查区含量仅为全省、全国背景值的 9% 和 28%,土壤中 Mo 元素严重缺乏。该报告为本次工作评价土壤质量提供了很好的借鉴作用。

(16)2008 年 4 月,山东省地质调查院提交了《淮河流域(山东段)环境地质调查报告》,确定了 N/Q 岩石地层学界线,绘制了第四纪地质图,建立了南四湖流域平原区第四纪地层结构模型。在工作区采集了大量地下水污染样品,查明了工作区地下水不同埋深 0~20m、20~50m 以及大于 50m 三层区域地下水水质现状,并对区域地下水分层进行质量评价、污染评价。利用修正的地下水防污性能评价方法——DRAMTIC 评价法,在山东省首次开展平原区地下水防污性能研究。

(17)2009 年,山东省地矿工程勘察院编写完成了《山东省菏泽市地下水资源调查评价与保护研究报告》。基本查明了区内地下水开发利用现状,对地下水资源量进行了计算评价,并在区内地下水资源开采潜力分析的基础上,进行了开发利用区划,并提出了地下水可持续利用对策建议。

(18)2004 年,奚小环等进行了山东省黄河下游流域农业生态地质研究,以研究区有害金属、有毒有机物和植物有益元素的来源成因-迁移转化-生态效应-预测预警为研究主线,以农业生态系统、城市生态系统、水生生态系统等不同生态系统作为基本单元,主要查明这些物质的分布、分配、成因及来源,研究它们在表层各大层圈中的迁移转化规律,评价所产生的生态效应;查明黄河下游流域有毒有害物质迁移的时空变化规律,应用地球化学和生态学的基本原理和方法对污染的生态系统进行预测预警,并提出治理建议。

(19)2006 年,李洪奎等对山东省鲁西南地区农业生态地质进行了研究,通过实施山东省鲁西南地区农业生态地质填图计划,完成了鲁西南地区深层土壤、表层土壤和浅层地下水的野外样品采集等工作,建立了区内多目标地球化学调查采样资料子库、地理信息数据子库,进行了数据处理和部分基础图件的制作等工作,为该地区农业经济可持续发展和建设提供全新的基础地球化学资料与科学依据。同时对重要污染元素或有益元素组成、分布特征及影响机制等进行研究,建立了地质地球化学评价指标,对重要城集区及区域农业环境、土壤质量、农产品环境安全性等进行评价、评估,并进行防治对策研究和提出规划性建议。

(20)2006 年,苏涛等研究了鲁西南地区 5 种不同利用土壤中放线菌的数量和组成,发现鲁西南地区是放线菌的良好栖息地。壤土中放线菌数量最多,其次为砂土,黏土中放线菌数量最少,且土壤放线菌数量与土壤有机质和 pH 值密切相关。土壤放线菌以链霉菌为主,其次为小单孢菌属和马杜拉放线菌属。

(21)2008 年,孔凡忠等采用枚举法和 Maekov 模型研究了鲁西南地区土壤墒情变化规律,对利用土壤墒情研究区内干旱规律、区域性旱情客观评估和预测具有较好的实用与参考价值。

(22)2009 年,郭加朋进行了山东省黄河下游流域重金属地球化学特征及其生态环境效应的研究,通过变异系数法、空间分析法等统计方法,对山东省黄河下游流域土壤金属元素 Cr、Ni、As、Cu、Zn、Pb、Cd、Hg 进行了生态地球化学特征研究,开展了土壤环境质量评价及预警研究。通过研究区内土壤重金属元素的地球化学特征的研究,掌握本区土壤中重金属元素的背景值、基准值、时空分布特征、土壤污染范围及污染程度,为寻找土壤污染来源、评价治理土壤污染提供科学的依据。

(23)2012 年,武旭仁研究了鲁西南煤矿区内重金属元素环境地球化学特征,发现研究区内重金属元素 Pb、Cu、Zn 算数平均含量高于中国煤中微量元素算数平均含量。通过模拟研究区内矸石在不同 pH 值条件下淋溶析出和浸出毒性,探讨了重金属积毒性的潜在风险。

(24)2014 年,赵西强等通过分析耕层土壤有机质、氮、磷、钾等营养成分的含量情况,区内耕层土壤 K 元素较为富足,缺乏有机质、氮、磷,评价了菏泽地区耕层土壤营养成分情况及肥力评价,区内一级土壤肥力占地面积 34.9%,二级土壤肥力占地面积 28.4%,对本次工作有重要参考意义。

(25)2019 年,陶美娟等监测评价了菏泽市养殖型、蔬菜型、粮食型、工业型村庄土壤的主要无机元素含量及分布特征,发现研究区内主要平均无机元素含量在农用地土壤污染筛选值以下,汞、镉则超过黄河故道区域土壤环境背景值。同年,杨思宇、江海洋和曹艳玲等分析总结了山东菏泽定陶地区的土壤元素地球化学特征,表明研究区内山药对土壤中 Sr 等元素需求较多,但深层土壤中元素对植物生长影响的分布规律相关性较小。

(26)2021 年,庞成民等发布了 2010—2020 年鲁西南黏质潮土区小麦玉米周年秸秆还田粮食产量与土壤养分数据集,为研究区内土壤养分与农作物产量关系、稳定区内农作物生产提供了重要科学依据。

(27)2021 年,曹艳玲等研究了山东省定陶地区富锶土壤的地质成因,发现研究区内土壤中锶来源非当地风化形成,主要是从锶含量较高的区域水流搬运而来,且推测其为黄河故道沉积形成区内第四系富锶土壤,对规划区内潜在富锶土壤种植区域,指导农业生产,发展绿色经济具重要指导意义。

(28)2022 年,赵庆令等识别了菏泽油用牡丹种植区的表层土壤重金属潜在来源及评估其生态风险,发现区内土壤中 Cd 元素平均值超过菏泽市背景值的 1.44 倍,且重金属来源主要为自然源,其次为农业化肥源、工业燃煤源和生活交通源,对研究区内农作物种植具有重要参考价值。

第二章 研究区概况

第一节 自然地理概况

一、地理位置

研究区位处鲁西黄泛冲积平原,菏泽市定陶县东北部,研究区行政区划隶属菏泽市定陶县陈集镇、孟海镇、半堤镇和杜堂乡4个乡镇。极值坐标为北纬35°06′06″—35°15′12″,东经115°32′39″—115°47′27″,总面积约260km²。

本区交通便利,京(北)九(龙)铁路纵贯南北,北邻新(乡)石(臼)铁路,G1511、G220从研究区附近通过,其他县、市级公路较为发达,形成了铁路、公路交通网(图2-1)。良好的交通条件为本区经济发展提供了基础条件。

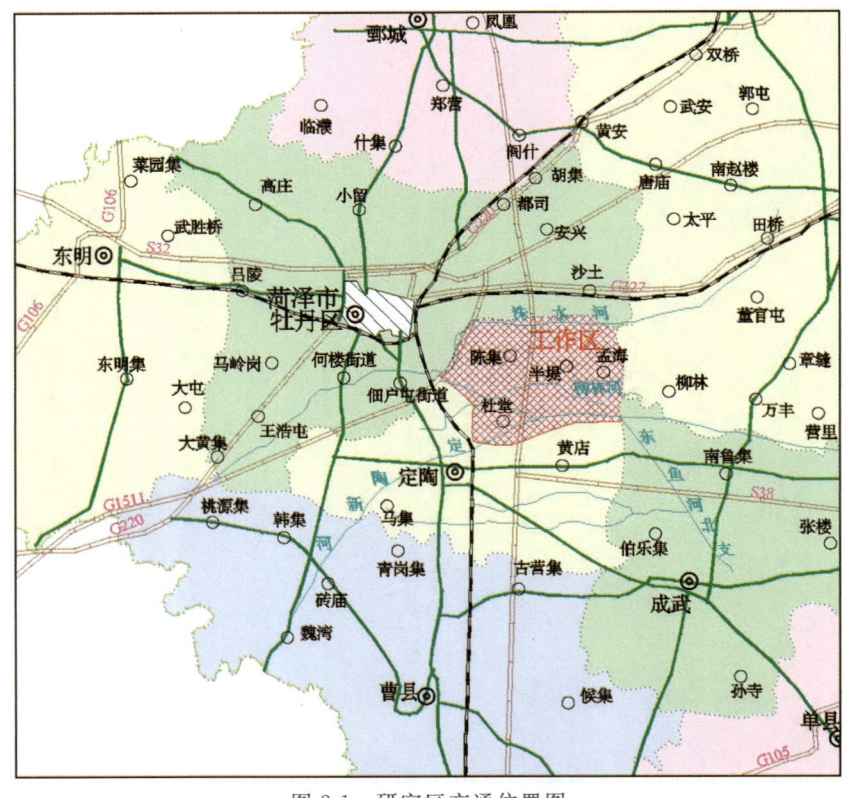

图 2-1 研究区交通位置图

二、气象水文

1. 气象

定陶县属暖温带半湿润季风大陆性气候,四季变化分明。雨量集中,年际变化大,年内降雨61.3%集中在夏季,形成春旱、夏涝、晚秋又旱的自然特点(图2-2)。多年平均降水量671.4mm,多年平均气温14.8℃,多年平均蒸发量1 375.7mm,日照时数2 267.2h/a,年极端最高气温36.4℃,年极端最低气温−13.3℃,全年无霜期207d,初霜期10月27日,终霜日期4月2日。最大冻土深度18cm。

降水量年际变化大,全县最大降水量为1 124.6mm(1964年),为多年平均降水量的1.675倍,最小降水量为355.6mm(1988年),为多年平均降水量的53%,为特丰水年降水量的32%(图2-3)。

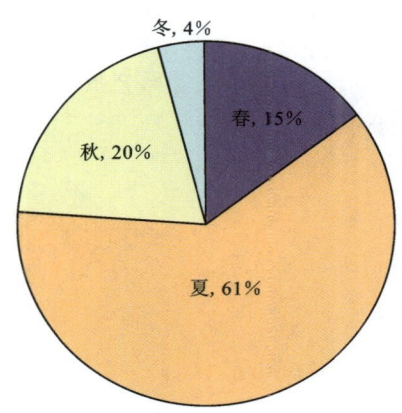

图2-2 多年平均四季降水量分配图

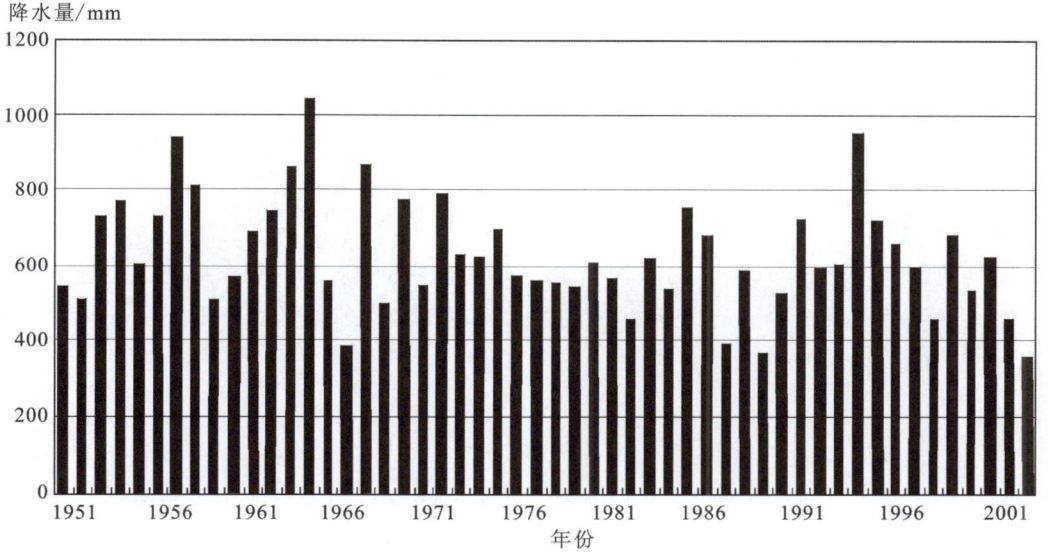

图2-3 定陶县多年降水量柱状图

2002年是近30年来降水量比较小的特枯水年,年降水量仅363.8mm,且降水季节较往年有明显的不同,月最大降水量出现在5月份,为113.7mm,而往年降水量较大的7~9月份,本年度却明显偏小,最大只有36mm(表2-1)。

表2-1 2002年降水量统计表

月份	1	2	3	4	5	6	7	8	9	10	11	12	合计
降水量/mm	5.2	0.0	11.8	13.6	113.7	78.5	31.8	23.1	36.0	12.0	0.9	37.2	363.8

2. 水文

定陶县属淮河流域运河水系，流域面积在 30km² 以上的河流有 15 条，区内总长 276.8km，分属于洙水河、东鱼河北支水系。

洙水河：位于本区东北边境，全长 55km，境内长度 15km，流域面积 134.8km²。流经陈集、半堤、孟海 3 个乡镇。主要支流有常店沟、范阳河、薛寨渠、万福集沟、木河。

东鱼河北支：贯穿本区中部，境内长度 25km，流域面积 394.3km²。流经游集、保宁、杜堂、东王店、黄店、半堤、孟海 7 个乡镇。主要支流有赵王河、店子河、中范阳河、仿山河、七里河、定陶新河、南渠河、沈庄沟。

第二节 区域地质概况

一、地质背景

研究区无岩浆岩出露，也无已查明矿产资源。仅就地层、构造和包气带岩性进行介绍。

（一）地层

研究区内全部被第四系黄河组（Qhhh）覆盖（图 2-4），第四系与其下的新近系沉积厚度较大。区域上隐伏地层由老到新有奥陶系马家沟群（$O_{2-3}M$）、石炭系—二叠系月门沟群本溪组（C_2b）、新近系（N），研究区内第四系下基本为奥陶系马家沟群（$O_{2-3}M$），仅在东北部有少量石炭系—二叠系月门沟群本溪组（C_2b）。仅就与山药生长关系密切的第四系进行叙述。

研究区内黄河组广泛分布，具体为黄河组菏泽段，与下伏平原组不整合接触。主要岩性为灰黄色细—粉砂土夹褐黄色黏质粉砂土及少量棕红色黏土，发育交错层理。厚度一般 4～13m，由西向东、由南西至北东有变薄的趋势。

（二）构造

研究区位于中朝准地台的东南部，华北断拗与鲁中台隆的接壤部位。历次构造运动造成本区断裂构造十分发育，按其展布方向主要分为近东西向和近南北向断裂，分别位于研究区的东、西、南、北 4 个方向（图 2-5）。

曹县断裂：位于研究区东部，定陶地段走向呈南北向，倾向西，定陶东南至曹县地段走向为 45°左右，倾向南东。垂直断距大于 1500m。该断层西侧为菏泽潜凸起，东侧为成武潜凹陷，本区就位于菏泽潜凸起上。

聊城-兰考断裂：位于研究区西部，该断裂南起河南兰考，北至聊城以北，与齐广断裂交会，走向北北东 20°～40°，倾向北西，倾角 35°～60°，为一东升西落的正断层，垂直断距 2000～3000m，全长达 270 多千米，是鲁西断隆、临清坳陷的分界断裂和地质分界线。该断裂在定陶县以西走向大致为近南北向。该断层西侧为东明潜凹陷，东侧为菏泽潜凸起。

凫山断裂：位于研究区南部，西起曹县常乐集，经定陶县城南向东延伸至成武、金乡，走向 83°，倾向南，倾角 70°，长度 180km，落差 2000m，主要控制地层为侏罗系；为压性断裂，主要活动时期为燕山期。

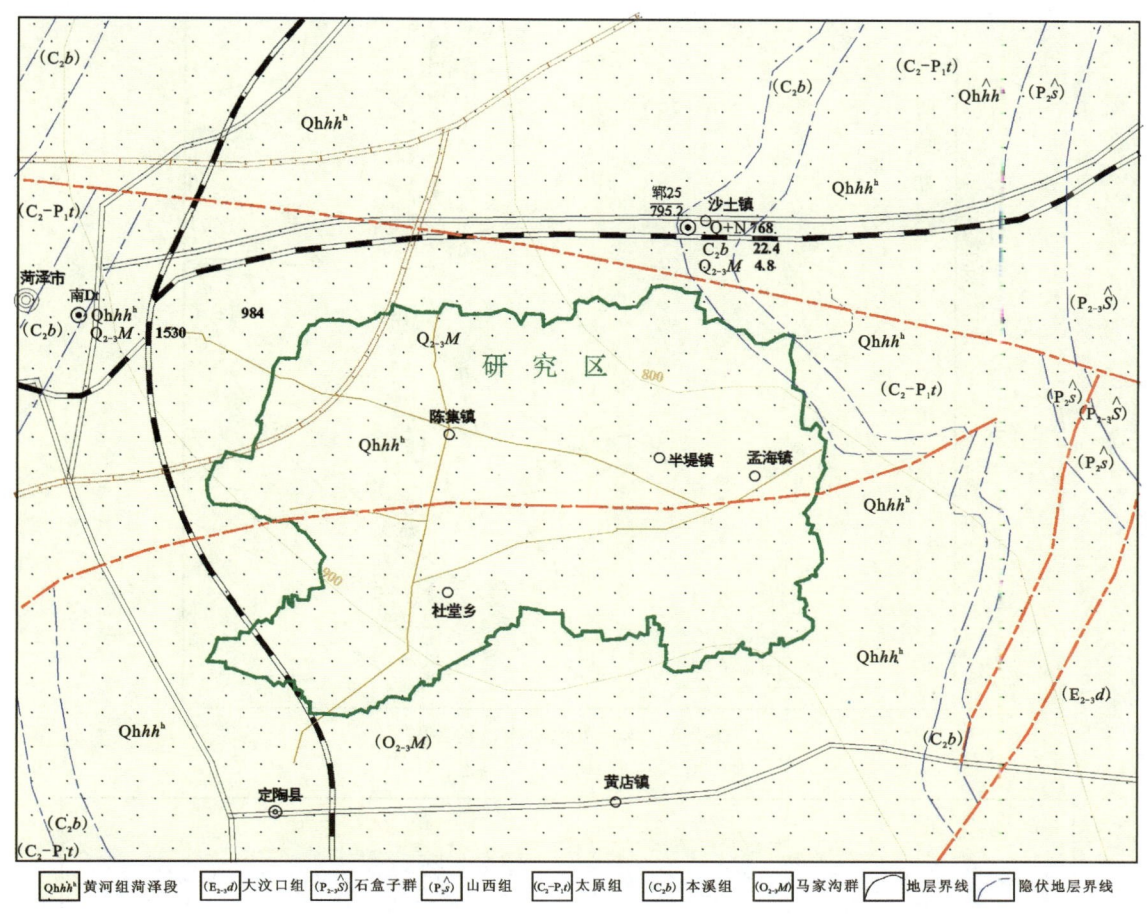

图 2-4 研究区地质图

菏泽断裂：位于研究区北部，西起东明陆圈，经本区北部向东延伸，倾向南，燕山期形成，为区域凹凸断块的控制性断裂。

（三）包气带岩性

定陶县包气带岩性主要为近代河流冲积而成，岩性分布与古河道及现代河道相吻合。本次研究区内孟海、杜堂、半堤、陈集 4 个乡镇均为潮土（李书海，2003）。

定陶县土壤由黄河泛滥冲积而成。由于历史上黄河改道和多次决口泛滥，沉积物交错分布，加以风力侵蚀和人为活动的影响，形成了砂岗地、缓平坡地、浅平洼地 3 种微地貌类型。由于地貌的差异，直接决定着土壤质地、潜水和植被等自然因素分异，因此在不同的地貌条件下，土壤质地、水分、盐分、热量平衡状况、物理和化学性质均有所不同，因而形成了众多不同类型的土壤。本次研究区微地貌类型为缓平坡地。

定陶县土壤成土母质均为黄河冲积物，受历次黄河泛滥影响，土壤剖面形成了不同质地的土壤夹层。本次取样发现，不同类型土壤深至 1.1~1.3m 处均变为黏质潮土。本次研究区土壤均属于潮土土类，下分潮土和盐化潮土两个亚类。

1. 潮土亚类

潮土亚类在研究区内广泛分布（图 2-6），约占研究区总面积的 91.1%。由于所处微地貌类型的不同，耕层质地存在明显的差异，以此又划分为砂质潮土、壤质潮土和黏质潮土 3 个土属。

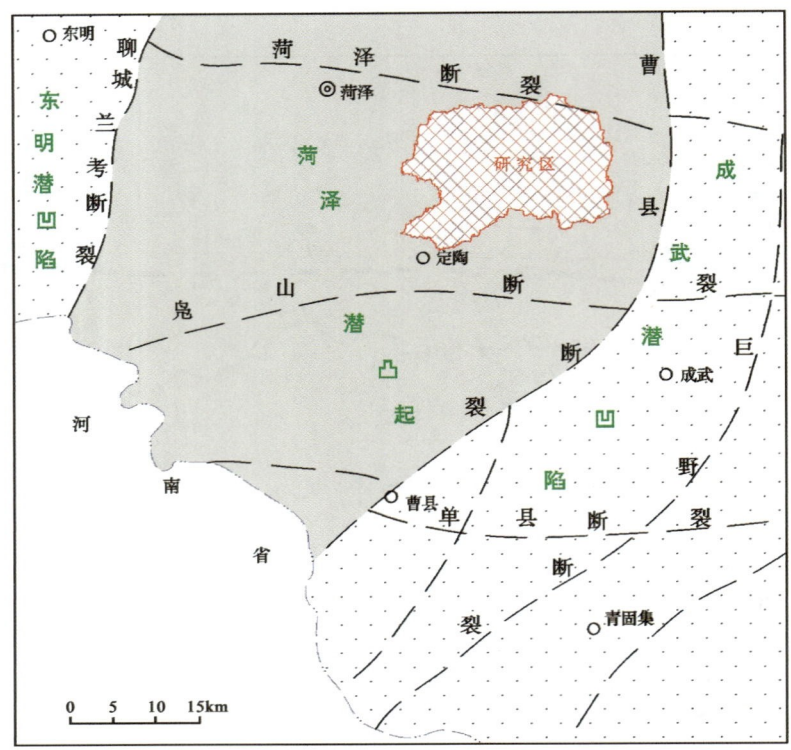

图 2-5 研究区地质构造纲要图

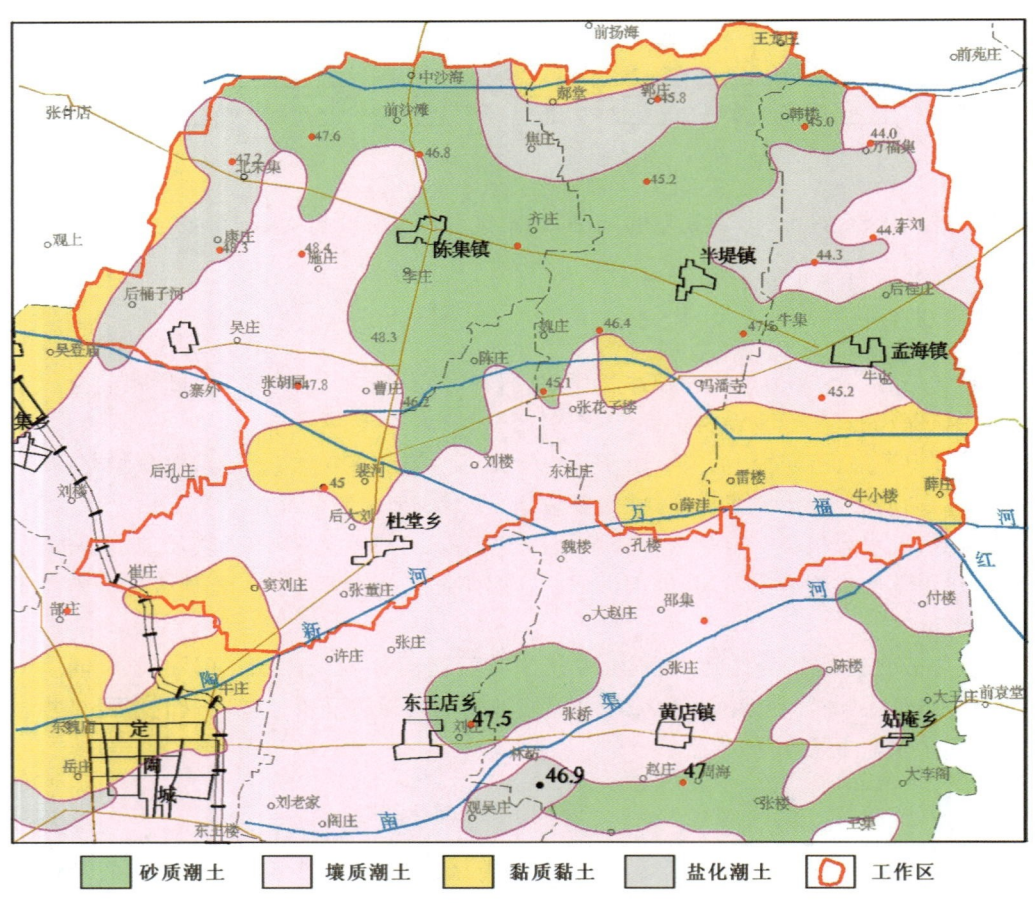

图 2-6 研究区土壤类型分布图

1)砂质潮土

研究区内分布最广的一类,主要分布在研究区内陈集-半堤-孟海缓坡高地处,占潮土亚类面积的43.6%,占研究区总面积的20.6%。耕层土壤质地为砂土或沙壤土。土壤黏粒含量极低,以粉砂粒为主,毛管水上升高度低,地下水浸润不到土体上部,土壤天然含水量低,土粒结持性弱,易遭风蚀。土壤物理性状较好,土质松暄,通气和透水性能强,耕作性能好,土温高,上升速度快,有利于土壤状分的转化和农作物根系的生长、发育。但该种土壤化学性状较差,根据菏泽地区土壤主要养分含量分级标准,土壤有机质含量处于一般水平,有效氮、磷处于低于一般供应水平,钾处于较低供应水平,属潮土中肥力最低的土壤(表2-2)。

表2-2 菏泽地区土壤主要养分含量分级标准

分级标准		高	较高	一般	较低	低	极低
供给水平	w(有机质)/%	>1.5	1~1.5	0.8~1	0.6~0.8	0.4~0.6	<0.4
	w(碱解氮)/10^{-6}	>120	90~120	60~90	45~60	30~45	<30
	w(速效磷)/10^{-6}	>20	15~20	10~15	5~10	3~5	<3
	w(速效钾)/10^{-6}	>200	150~200	100~150	60~100	50~60	<50

注:该标准源于菏泽农业学校。

该种土壤适宜种植花生、棉花、瓜果类和其他需用氮肥较少的豆类作物,较不宜种植玉米,适宜发展桐、粮间作或辟为林地,以达到防风固沙的目的。在该土种上耕作时,一应注意客土改良,以提高土壤的蓄水保肥能力;二应增施有机肥、氮肥和磷肥;三应提高灌溉能力,实行井灌、河灌并举,以防干旱。

2)壤质潮土

壤质潮土是本次研究区内分布仅次于砂质潮土的一类土壤,主要分布在研究区南部杜堂乡附近开阔的缓平坡地地带,其他3个乡镇也有分布,但面积不大,占潮土亚类面积的37.6%,占研究区总面积的17.8%。耕层土壤质地以壤质或黏壤质土为主。耕层结构多呈屑粒状,土壤颗粒组成中黏粒含量较低,土粒结持性较弱,通透性较好,土质疏松多孔,有利于植物根系的生长和发育,适耕期长,具有良好的可耕作性。土壤有机质含量较高,碱解氮含量低,速效磷含量处于较高供应水平,钾的供应基本适度。

该类土壤剖面构型复杂多样,有均质壤、蒙金、夹砂层等类型。土体构型对土壤肥力影响明显。耕层之下为黏壤土或黏土的具有托水保肥作用,耕地良好,是肥力水平较高的蒙金型土壤;如耕层之下存在厚度砂土,易漏水漏肥,土壤产出率相应较低。

该类土壤适种作物广泛。由于土壤供氮水平低,因此在今后农业生产中应大力提倡秸秆还田,增施农家肥和氮肥,适量施加磷肥和钾肥,以培肥地力,提高农作物单位面积产出率。

3)黏质潮土

此种土壤在区内分布面积较小,4个乡镇均有零星分布,占潮土亚类面积的18.8%,占研究区总面积的8.9%,耕层土壤质地以黏土为主,属地势低洼处静水沉积物发育的土壤。土壤颗粒组成中黏粒含量高,耕层结构多呈块状或棱状结构,质地黏重,耕性不良。土壤水分活性差,通透性差,雨后水分不易下渗,因此,土壤易涝渍,干后土体收缩坚硬,地表开裂,促使表层水分大量消耗于蒸发,而下层水分向上补给缓慢,易发生毛管断裂,所以土壤又极怕旱。该种土壤适耕期短,耕后起大土堡,且不易耙碎。土壤潜在肥力高,有效肥力低,其有机质和各种养分的含量是潮土土类中最高的,有机质含量高达1.70%,速效磷和速效钾平均质量分数分别为25.5×10^{-6}、330×10^{-6},磷、钾供应充足。但由于土壤分布地势低洼,地下水水位高,土壤通透性差,土壤的潜在肥力不易发挥,氮素供应处于较低水平。

该类土壤适宜种植小麦、玉米、大豆等抗涝作物,而不宜种植谷子、地瓜、花生、棉花等农作物。由于黏质潮土质地黏重,耕层结构紧密,耕性差,通透性不良,不利于其较高潜在肥力的充分发挥,活性有效养分含量低。因此在今后的农业生产中,应通过增施有机肥和秸秆还田,勤松土保墒等措施,不断改善土壤的理化性状,促进营养元素向有效态的转化,以达到农作物稳产高产的目的。

2. 盐化潮土亚类

盐化潮土是潮土在成土过程中附加了盐渍化过程而形成的。其分布受微地貌类型的控制,主要分布于陈集镇和半堤镇北部缓平坡地下缘、大型洼地边缘和洼坡地带,一般是由潮土演变而来,多呈现斑状分布,占研究区内总面积的5.3%。

区内盐化潮土耕层质地类型以砂质壤土和壤土为主,浅层土壤易硬化,造成土壤板结,耕层结构多为团块状或碎屑状。耕层有机质含量一般,氮素供应水平低、磷素供应水平较高,钾的供给水平较低,土壤仍然表现出肥力不足的现象,农作物长势较差。

盐化潮土的盐分一般积聚在土壤表层,地表呈现白色盐斑。其对农作物的危害主要表现在苗期,易造成缺苗现象。适宜种植棉花、玉米和小麦。

二、地形地貌

定陶县属黄河冲积平原,地势西南高、东北低,高程在44.0~53.5m之间,高差9.5m,地面坡降1/5000左右,地形平坦。因受历次黄河决口泛滥的影响,加以风力侵蚀和人为活动的影响,形成缓平坡地(分布最广,面积最大,占总面积的71%)、浅平洼地、沙岗地3种微地貌类型。本次研究区位于定陶县东北部,地形均为缓平坡地。

缓平坡地:地势相对低平,地面平坦开阔,略有起伏,全区由西南向东北倾斜,地面坡降在1/5000~1/3000之间,详见图2-7。

图2-7 研究区地形地貌谷歌图

三、水文地质特征

该区水位埋藏较深,一般为 8～11m,局部地段小于 8m,潜水蒸发微弱,地下水主要接受大气降水补给,排泄方式以人工开采为主。

1. 地下水类型划分

根据地下水埋藏条件、水质结构等,将其划分为 3 个含水岩组:浅层地下水含水岩组(浅层地下水)、中深层地下水含水岩组(中深层地下水)和深层地下水含水岩组(深层地下水)。

1)浅层地下水含水岩组

该含水岩组在区内广泛分布,埋深一般为 20～40m,大部分埋深为 6～10m,地下水总体流向自西、南向东、北方向流动。岩性以粉细砂、粉砂为主,细砂、中砂次之,砂层累计厚度一般在 10～20m 之间。单井出水量一般在 20～40m³/h(降深 6m 时的水量)之间。水化学类型多以 HCO_3-$Na·Mg$ 型水或 $HCO_3·Cl$-$Na·Mg$ 型水为主,矿化度在 0.5～1.3g/L 之间。该含水岩组为研究区灌溉用水含水层。

2)中深层地下水含水岩组

本组为三层结构的中咸部分,分布于全区。顶板埋深为 20～40m,底板埋深为 120～180m,与上更新统界线近乎一致。因顶底板皆为以粉质黏土为主的隔水层所隔,故本层具承压性,与上、下淡水体间无明显的水力联系。该含水岩组岩性为细砂。

3)深层地下水含水岩组

本组为勘探深度(600m)内三层结构中的下淡部分,即中、下更新统承压含水岩组,在研究区皆有分布,且自西向东深层淡水含水层顶板埋深逐渐减小,由 250m 渐变为 200m。砂层岩性以中粗、中、细砂为主,砂层累计厚度为 30～40m,降深 20m 时涌水量为 60～100m³/h。由于该含水岩组埋藏深度大,并为多层较厚且隔水性能好的黏性土所分隔,其上又覆于与本层无水力联系的上更新统咸水层,因此,具有较强的承压性。

区内农田灌溉用水以开采浅层地下水为主;中深层地下水为咸水,目前尚无开发利用价值,基本不开采;深层淡水仅限于城区生活和工业用水,少数乡镇个别行政村集中式生活饮用供水,基本上不用于农灌,因此本次调查工作期间只对浅层地下水进行调查、分析与研究。

2. 浅层地下水水化学特征

区内浅层地下水水化学成分的形成及分布主要受地形、地貌、水文、包气带岩性、水动力条件以及人为活动的影响。由于地形坡降小,地下水径流缓慢,地下水以垂直运动为主,浅层地下水水化学成分及其分布变化较大。

浅层地下水中 pH 值一般在 7.5～8.4 之间,阳离子以 Na^+、Mg^{2+} 为主,阴离子以 HCO_3^-、Cl^- 为主。平面上水化学分带明显,西部—千王、张湾、力本屯以 HCO_3-$Na·Mg$ 型水为主,向东逐渐过渡为 $HCO_3·Cl$-$Na·Mg$ 型水,至定陶县城东关渐变为 $SO_4·Cl$-$Na·Mg$ 型水。向东再由保宁、杜堂、东王店、田集、冉堌几乡镇的 HCO_3-$Na·Mg$ 型地下水,逐渐变为 $HCO_3·Cl$-$Na·Mg$ 型水、$HCO_3·Cl·SO_4$-$Na·Mg$ 型水,表现为水化学类型的过渡变化,矿化度、总硬度也随之逐渐增大。研究区的西部、东北部的井灌区地下水埋藏相对较深,农田灌溉主要取自浅层地下水,地下水垂直交替强烈,致使地下水逐渐淡化,水质良好,矿化度一般小于 1.2g/L,水化学类型属 HCO_3-$Na·Mg$ 型或 $HCO_3·Cl$-$Na·Mg$ 型,地下水总硬度(以 $CaCO_3$ 计,以下同)一般小于 450mg/L。定陶县中南部一带,地势相对低洼,地下水埋深一般小于 5m,潜水蒸发作用较强,地下水为 $HCO_3 \cdot Cl \cdot SO_4$-Na·Mg 型或 $Cl \cdot SO_4$-Na·Mg 型水,矿化度大于 2g/L,总硬度在 450mg/L 左右。在定陶城东,水化学类型为 $Cl \cdot SO_4$-Na·Mg 型水,总硬度一般大于 1000mg/L,矿化度在 2g/L 左右。浅层水中 F^- 离子含量变化较大,含量大于 1mg/L 的高氟区主要分布在本区的西、南大部,田集最高达 2.9mg/L。而低氟区分布于东北部,小于 1mg/L,一般在 0.5mg/L 左右。

四、地球化学特征

1. 浅层土壤酸化与局部土地盐碱化

研究区土壤均属于弱碱性土壤,不存在土壤酸化问题。

盐化潮土分布受微地貌类型的控制,主要分布于陈集镇和半堤镇西部、北部缓平坡地下缘、大型洼地边缘和洼坡地带,一般是由潮土演变而来,多呈现斑状分布,占研究区内总面积的 5.3%。行政区划上陈集镇、半堤镇、孟海镇均有少量分布。

区内盐化潮土耕层质地类型以砂质壤土和壤土为主,浅层土壤易硬化,造成土壤板结,耕层结构多为团块或碎屑状。耕层有机质含量一般,氮素供应水平低、磷素供应水平较高,钾的供给水平较低,土壤仍然表现出肥力不足的现象,农作物长势较差。

盐化潮土的盐分一般积聚在土壤表层,地表呈现白色盐斑。其对农作物的危害主要表现在苗期,易造成缺苗现象。

2. 有机氯农药残留

本次取样化验,浅层土壤有机污染分析中六六六仅检出 1 处、DDT 检出中均有 DDD 分项检出,其他 DDT 分项检出较少。水中六六六未检出,DDT 仅检出 2 处。

根据土壤中有机污染化验结果,DDT 中以 P,P'-DDD 为主,说明大部分地区土壤处于厌氧环境。另外,$[w(P,P'$-DDE$)+w(P,P'$-DDD$)]/w(P,P'$-DDT$)$ 基本大于 1,说明土壤中大部分的污染是过去形成的,母体中的 DDT 大部分已降解,没有新的污染源。需要注意的是,TYJ04 的 $[w(P,P'$-DDE$)+w(P,P'$-DDD$)]/w(P,P'$-DDT$)$ 为 0.36,小于 1,说明该点可能存在新的 DDT 污染,应该引起高度重视。

3. 土壤缺素问题

研究区内有机质与 2003 年相比变化不大,略有降低,按照新的标准,大部分地区有机质含量为四级和五级水平,属于稍缺—缺。

土壤中氮素主要是以有机态存在,约占土壤全氮量的 90%,所以土壤氮素含量主要取决于有机质含量,它们两者呈明显正相关。研究区内浅层土壤 N 元素为适中—稍缺,碱解氮含量稍缺—缺;深层土壤 N 元素为适中—缺,以稍缺为主,N 元素含量总体比浅层土壤略低。

对于速效磷含量而言,不同类型土壤供磷水平存在一定差异,由高到低依次为黏质潮土>盐化潮土>壤质潮土>砂质潮土。一般来说,有机质含量高的土壤,其有效磷相应也高。但对于全磷而言,土壤全磷和有机质含量并无明显相关性。

研究区内浅层土壤 P 以缺乏为主,有效磷以适中—稍缺为主;深层土壤 P 元素各种情况均有,相比较于浅层土壤以五级为主且超过半数,深层土壤 P 元素含量总体比浅层土壤要高。

研究区内 K 元素总体差异不大。浅层土壤研究区内 K 元素以丰为主,速效钾丰—很丰为主。深层土壤 K 元素以丰为主,且深层土壤 K 含量和浅层土壤含量规律类似。

研究区内浅层土壤质量养分指标 B 元素分布不均衡,差异十分明显,有效硼以适中为主;深层土壤质量养分指标 B 元素大部分很丰。

研究区内浅层土壤质量养分指标 Zn 元素很丰—适中,有效锌含量基本适中。深层土壤质量养分指标 Zn 元素大部分区域很丰—适中。

研究区内浅层土壤质量养分指标 Cu 元素大半为丰—适中,有效铜稍缺。深层土壤质量养分指标 Cu 元素分布不均。

研究区内有效铁很丰,有效钼丰—稍缺为主,有效锰含量丰—很丰。

4. 土壤重金属超标问题

土壤中某些重金属如 Pb、Cr、Cd 等达到一定浓度时,表现为很强的毒效应,表现为可抑制或干扰土壤营养元素的代谢及有效性。

研究区内浅层土壤中 Hg、Cr、Ni、Cu、Sb 所有取样点单项污染指数均小于 1,单项指标土壤环境为清洁,土壤环境地球化学等级为一等。As、Cd、Pb、Zn 绝大部分取样点 p 小于 1,只有个别点 $1 < p \leqslant 2$,即绝大部分区域该 4 个元素土壤环境为清洁,个别点为轻微污染,可能与地表人类活动或工业污染有关系。

土壤的 pH 值影响植物对铅的吸收,在酸性土壤中,铅更易于被植物吸收。本次研究区内土壤为弱碱性,不利于山药对铅的吸收。

第三节　社会经济及工农业发展概况

一、农业生产及经济现状

根据 2012 年定陶县政府资料,2012 年,全县粮食总产 52.4 万 t,比 2011 年增产 3.4 万 t,增长 6.9%;农业总产值 38.51 亿元,增长 3.4%;农业增加值 21.19 亿元,增长 3%;农民人均纯收入达到 8149 元,比 2011 年增加 1053 元,增长 14.9%。

2012 年落实种粮直补和农资综合补贴、良种补贴、油价补贴等国家扶持政策,共兑付种粮直补和农资综合补贴 8883 万元,严格执行了小麦、玉米、棉花良种补贴政策,落实小麦良种补贴面积 75 万亩（1 亩≈666.7m^2）,供应良种 468.75 万 kg,棉花良种补贴面积 7100 亩,每亩补贴 15 元;玉米良种补贴面积 73.08 万亩,每亩补贴 10 元;全县补贴能繁母猪 12 621 头,补贴资金 126.21 万元;农机补贴 990 万元,受益农户 713 户,补贴农机具 3464 台。

2015 年,定陶区地区生产总值由"十一五"末的 70.6 亿元增加到 145 亿元,比 2010 年增加 74.4 亿元,年均增长 11.5%;公共财政预算收入由 3.63 亿元增加到 7.7 亿元,比 2010 年增长 1.12 倍,年均增长 16.2%;社会消费品零售总额由 42.9 亿元增加到 85.8 亿元,比 2010 年增长 1 倍,年均增长 13.7%;金融机构各项存款余额由 58.1 亿元增加到 147.3 亿元,比 2010 年增长 1.53 倍,年均增长 20.4%;贷款余额由 32.7 亿元增加到 83.2 亿元,比 2010 年增长 1.54 倍,年均增长 20.5%;累计完成固定资产投资

274.3亿元,是"十一五"的1.6倍;农民人均可支配收入由5850元增加到9830元,比2010年增加3980元,年均增长10.9%;城镇居民可支配收入由9193元增加到15 550元,比2010年增加6357元,年均增长11%。

2022年,定陶区实现地区生产总值(GDP)271.51亿元,按可比价格计算,比上年增长5.7%。其中,第一产业增加值34.5亿元,增长4.9%;第二产业增加值104.04亿元,增长7.3%;第三产业增加值132.97亿元,增长4.7%。按常住人口计算全区人均地区生产总值51 011元。定陶区城镇居民人均可支配收入31 180元,比上年增长5.3%;农民居民人均可支配收入18 232元,比上年增长7.5%;全体居民人均可支配收入23 803元,比上年增长6.3%。城镇居民人均消费支出18 440元,比上年减少3.0%;农民居民人均消费支出13 972元,比上年增长2.7%;全体居民人均消费支出15 894元,比上年减少0.2%。城乡居民物质文化生活水平进一步提高。

二、土地利用现状分析

研究区行政区划隶属菏泽市定陶县陈集镇、孟海镇、半堤镇和杜堂乡。

陈集镇位于定陶县北部,面积约57km²(合8.6万亩),其中水浇地77 569.54亩,旱地94.20亩,果园230.74亩,有林地925.76亩。

孟海镇位于定陶县东北部,面积约73km²(合11.0万亩),其中水浇地68 368.58亩,果园44.87亩,有林地543.75亩。

半堤镇位于定陶县东北部,面积约73km²(合11.0万亩),其中水浇地89 542.43亩,旱地38.17亩,果园93.75亩,有林地877.54亩。

杜堂乡位于定陶县新城区,面积约56km²(合8.4万亩),其中水浇地46 091.63亩,旱地28.01亩,果园145.16亩,有林地630.45亩,详见表2-3。

表2-3 研究区农用土地利用现状表

农用地类型	陈集镇	杜棠乡	半提镇	孟海镇	小计	农用中占比/%
水浇地面积/亩	77 569.54	46 091.63	89 542.43	68 368.58	281 572.15	98.72
旱地面积/亩	94.20	28.01	38.17	0	160.38	0.06
果园面积/亩	230.74	145.16	93.75	44.87	514.52	0.18
有林地面积/亩	925.76	630.45	877.54	543.75	2 977.50	1.04
合计/亩	78 820.24	46 895.25	90 551.89	68 957.20	285 224.55	
乡镇面积/亩	86 000	84 000	110 000	110 000	390 000	
农用地占比/%	91.65	55.83	82.32	62.69	73.13	

总体来说,研究区土地利用程度高,农用地资源丰富。农用地面积占土地总面积的73.13%。

研究区内以种植山药为主,由于山药在同一块地里只能种植两年,两年后该地块只能种植别的农作物,所以目前山药种植范围大不如前,很少成大片种植,较多零星种植地块。

三、山药的生长习性和种植方法

(一)山药的生长习性

山药喜高温干燥,怕霜冻。生育期长,从栽植到收获需要180天以上,所以各地均一年一茬。山药属无性繁殖,在生产上主要是露地栽培,春种秋收,栽培期间因各地气候条件不同而异。10℃时开始发芽,茎叶生长适宜温度为25～28℃,块茎生长适宜地温为20～24℃,但块茎极耐寒,在冻土-15℃条件下也能安全越冬。

山药为短日照植物,能耐阴,但在生长与块茎膨大期仍需较强的光照,有利于茎叶生长和块茎的养分积累。生产中设支架栽培,能改善光照条件,有利于增加产量。山药较耐干旱,发芽期要求土壤湿润,疏松透气。在茎叶生长期到块茎形成初期要求适量的水分供应,以利于根系渗透入土层和块茎的形成。在块茎生长盛期,要求湿润的土壤条件,以免影响产量。山药不耐涝,应选地势高、排水好的地块种植。

山药对土壤要求不严,山坡平地均可栽培,但以排水良好、肥沃疏松、土层深厚的砂壤土最好。在黏重的土壤中,虽然块茎较小,但组织紧密、品质优良。山药需肥量大,最适宜施用有机肥,但肥料必须充分腐熟,并与土壤搅拌,否则会产生烧根或引起分叉。

(二)山药的栽培技术

1. 良种繁育

铁棍山药采用无性繁育。

1)铁棍山药笼头

铁棍山药笼头,又名铁棍山药栽,是铁棍山药根茎上端有芽的一节。

每年秋末冬初挖铁棍山药时,选颈短芽头饱满、粗壮无病虫害的山药,将上部笼头取15～20cm长折下,重40～60g。

折下的笼头,放室内通风处晾晒一星期,或在日光下稍晒,使断面伤口愈合,然后贮藏于室内。

铁棍山药笼头从收到种,其间相隔4～6个月,在室内温度低于0℃时,要盖稻草等物防冻,待来年4月份取出,经整理后即可作为种栽,届时在已整好的地里种植。

2)铁棍山药段(闷头栽)

在铁棍山药笼头不足的情况下,可使用铁棍山药段代替。

在种前一个月,将铁棍山药块茎按10～15cm分折成段,每段重60～80g。

分折后的铁棍山药段用600倍50%多菌灵+48%乐斯本1000倍浸泡30min左右。

铁棍山药段种植,出苗期晚15～20d,所以种植前要埋在湿沙中催芽。

3)良种来源

铁棍山药栽使用3～4年以后,就产生退化,产量和品质均明显下降,因此需建立良和繁育基地。

良种繁育,选用焦作产地所繁育的铁棍山药种栽,以确保品质和道地性。

繁育种栽使用零余子(山药豆)。

每年10月下旬,铁棍山药叶发黄时,选个大、圆、无损伤、无病虫害的零余子,拌湿沙,放室内冬藏,来年清明前后取出,放日光下稍晒,即可进行种植。

2. 选地整地

1)常规种植技术

新茬地一般在冬前,深翻晾晒(不要打乱土层),种植铁棍山药需深翻80～90cm,种栽繁殖需深翻

40～50cm。

春季整地时每亩施优质腐熟农家肥500kg,腐熟饼肥100kg,优质氮、钾、三元复合肥50kg作底肥,进行整地。

2)开沟种植技术

铁棍山药开沟种植原因:产量、品质好、商品率高、效益佳;投资不多(每亩250～300元)且省力;拓宽对土壤质地的选择,扩大种植区域;行距加宽有利于田间管理。

开沟种植:一般行距90cm,沟深80～120cm,同时自然隆起30～35cm的高垄。

开沟前先定出一条线,然后在线上撒施肥料,亩施优质干鸡粪100kg,复合肥50kg,硫酸钾30kg。

施肥中严禁使用硝态氮肥。

3. 适时播种

当5cm地温稳定在10℃时即可进行种植,一般在4月10日至4月20日。

种植密度铁棍山药7000～8000株/亩,株行距10cm×70cm。播后覆土3～5cm,蹲实保墒即可。

铁棍山药种植后要在四周挖排水沟,并与外沟相通,尤其是开沟种植更为重要,保证雨季排水畅通,不致塌沟,提高产量和商品率。

4. 田间管理

1)搭架

铁棍山药搭架有利于通风透光、提高产量,减少病虫危害。一般出苗后即可扎杆搭架高1.5m左右,每株一根,在距地面1～1.2m处交叉捆牢。

2)中耕锄草

出苗后应及时锄草,避免与铁棍山药争夺养分,前期可浅锄,后期以人工拔除为主。

3)适时浇水

铁棍山药种植前浇一次底墒水,种植后墒情不足时可补一次小水,保证山药正常出苗,有条件的以喷溉最好。山药上满架后应结合追肥进行浇水,注意立秋前浇水要少、要小,促使块根下扎,立秋以后(8月中旬),可灌一次大水(也叫拦头水),有利于铁棍山药膨大。开沟种植应用喷灌浇水,防止塌沟。

5. 病虫害的防治

危害山药的病害主要有炭疽病、茎腐病、白涩病、线虫病、黑斑病等,虫害主要是地下害虫和叶蜂。防茫关键是预防为主,结合农业措施和化学防治;把病虫危害造成的损失降低到最低限度。

(1)笼头消毒:种植前选择色泽鲜艳,粗壮,无病斑,长15～20cm的笼罩头,于发芽前后50%多菌灵600倍和48%乐斯本1000倍稀释液浸泡30min左右,捞出晾干即可,可杀死种栽上所带的线虫和其他病菌。

(2)田间防治:进入7月份后是多种病虫害盛发的时期,要及时开展病虫害的防治工作。发病初期是用药的关键时期。

炭疽病,用65%代森锰锌500～600倍液,或700%甲基托布津800倍液,喷洒2～3次,每次间隔7～10天,兼治白涩病。

茎腐病,可用40%菌核净500～800倍液喷洒茎叶,结合50%多菌灵400～500倍液灌根,共灌2～3次,每次间隔10天。高温多雨季节及时排除田间积水,增加喷药次数。

防治叶蜂,应在1～2龄幼虫盛发期,选用除虫菊素喷洒灭虫。

(3)采收前30天,禁止使用农药。

(4)在铁棍山药病虫害防治过程中,禁止使用国家明令禁止的农药。

6. 采收与加工

采收时间,霜降后叶片枯落时,即可收获,也可在越冬来春收获。

收获时,在铁棍山药地的一头;顺行挖深 70～80cm 的沟,然后顺次将铁棍山药小心挖出,防止损伤,去净泥土,折下上部笼头贮藏作种栽,其余部分顺次加工成铁棍山药片、铁棍山药粉等。

贮存时,将铁棍山药笼头及成品断截面用生石灰粉处理防止腐烂,置 2～5℃阴凉通风处保存。

第三章 土壤元素地球化学特征与质量等级划分

为了解研究区化学元素组成特征及土壤背景值，项目组在2016年12月系统地进行了土壤的取样工作，分浅（第Ⅰ环境）、深（第Ⅱ环境）两个层次进行。第Ⅰ环境样品采集深度为0～0.2m，以了解由于人为影响土壤元素的含量、分布及其组成特征，在该环境中，土壤中的物理、化学和生物活动最为活跃，是区内一切生物赖以生存的重要层位，同时与人类活动关系密切，该环境受人类影响最大；第Ⅱ环境样品采集深度为1.5～2.0m，以了解土壤元素背景值的含量、分布及其组分特征，本区土壤全部为黄河冲积作用形成，在此深度内，基本是一个没有受到人类活动影响的原始环境。

第一节 研究区土壤元素现状

土壤是农作物生长的基质，又是养分的提供者。研究区内土壤母质虽同源于黄河上游黄土高原沉积的黄土，但由于沉积时所处地形地貌、地下水影响的不同，土壤类型也各不相同，由此而引起的土壤营养元素含量也存在较大差异。

一、土壤主要元素

1. 矿物质

根据《山东省定陶县生态农业地质背景调查报告》(2003)，研究区不同质地、不同类型土壤中矿物成分的含量差别较大，随着土壤颗粒由粗变细，SiO_2的含量由多变少，而Al、Fe、K、P等的含量增高。一般细粒含有效营养元素比粗粒土多。从本区SiO_2的含量来看，砂粒在土壤中占主导地位。

2. 有机质

根据《山东省定陶县生态农业地质背景调查报告》(2003)，"除盐化潮土中有机质含量一般外，其他类型土壤中有机质供给水平均较高，平均有机质含量达1.136%。随着土壤质地黏重程度的增高，有机质含量逐渐增高，尤其以黏质潮土中有机质含量最高，最大达2.18%，平均为1.70%，处于高供给水平"。而本次取样化验研究区有机质含量最高为2.037%，平均为1.011%，与2003年相比，有机质变化不大，略有降低，按照新的标准，大部分地区有机质含量为四级和五级水平，属于稍缺—缺。

土壤肥力水平在很大程度上取决于土壤有机质的含量，为培育高肥力水平的土壤，必须使耕层土壤有机质不断得到保持和提高。由于目前耕层除作物根茬和根的分泌物外，其余用成分均被收获而取走，因此无论作物产量高与低，每年归还土壤的有机物的数量均较低，不足以补偿每年分解掉的土壤有机质。因此，要提高耕层有机质含量，必须不断向土壤增加有机质的投入量，促进土壤腐殖质的形成和积累，以保证其含量和生物降解性不致下降。

第三章 土壤元素地球化学特征与质量等级划分

目前,增加投入土壤有机质数量最有效的措施是秸秆还田和增施有机肥。秸秆还田有过腹还田、堆沤还田和直接还田多种形式。过腹还田的数量必须以发展畜牧业为基础,堆沤还田受人力和环境条件的限制,秸秆直接还田最宜推广,实地操作应根据各地具体情况进行。增施有机肥包括增施厩肥、家畜类尿和人类尿等有机物质的肥料,既可以增加土壤有机质,又有利于保护环境。本次调查发现,当地农业增加有机质的方法普遍采用的是秸秆还田的方式。

3. 氮

土壤中氮素主要是以有机态存在,约占土壤全氮量的90%,所以土壤氮素含量主要取决于有机质含量,它们两者呈明显正相关。研究区内浅层土壤N元素为适中—稍缺,碱解氮含量稍缺—缺;深层土壤N元素为适中—缺,以稍缺为主,N元素含量总体比浅层土壤略低。

造成不同土壤氮素含量水平不同的主要原因在于不同类型土壤的成土条件、成土特点和属性不同,导致了它们之间的生物积累数量和有机质、氮素矿化强度的不同,从而引起氮素的含量水平不一。黏质潮土黏粒含量高、质地黏重,土壤水分含量高,有机质矿化率低,积累量大,黏粒与有机质可形成复合胶体,对有机质的分解有阻缓作用,而氮素含量与有机质含量又密切正相关。因此黏质潮土的全氮和有效氮含量相对较高。而质地为砂质或砂壤质的砂质潮土、盐化潮土、黏粒含量低,通气透水性强,有机质的矿化率较高,有机质积累量少,因此氮素含量相应较低。

为了保证在耕作土壤中有充足的氮素供应,目前,除增施有机肥和秸秆还田外,普遍采用在土壤中施用化学氮肥等措施,主要包括硫铵、碳铵、硝铵、尿素、二铵等。另外,旱耕土壤采用翻耕、耙耱、晒垡等农作措施都能促进土壤氮素的矿化和有效氮含量的提高。

4. 磷

对于速效磷含量而言,不同类型土壤供磷水平存在一定差异,由高到低依次为黏质潮土＞盐化潮土＞壤质潮土＞砂质潮土。一般来说,有机质含量高的土壤,其有效磷相应也高。但对于全磷而言,土壤全磷和有机质含量并无明显相关性。

本次调查,研究区内浅层土壤P以缺乏为主,有效磷以适中—稍缺为主;深层土壤P元素各种情况均有,相比较于浅层土壤以五级为主且超过半数,深层土壤P元素含量总体比浅层土壤要高。

在今后的土壤改良和施肥中,可重视施用有机土杂肥,增加土壤有机质含量,进一步增强磷的有效性,促进土壤有效磷含量的提高。

5. 钾

研究区内K元素总体差异不大。浅层土壤研究区内K元素以丰为主,速效钾以丰—很丰为主,分析可能与浅层土壤施肥有关。深层土壤K元素以丰为主,且深层土壤K含量与浅层土壤含量规律类似。另外,山药根与茎叶K元素分布规律有一定的类似,分析山药含元素K多少与周围土壤中含量有很大的相关性。

二、土壤微量元素

土壤中的微量元素主要来源于成土母质。微量元素的形态有多种,一般分为水溶态、代换态、络合态和矿物态,其中矿物态占绝大部分。为了阐明对植物的可给性,常以有效态微量元素的含量作为评价指标。它主要包括除矿物态以外的其他3种形态的微量元素;而全量仅能视为微量元素的贮备。土壤微量元素的全量和有效态含量与土壤形成过程和土壤属性密切相关,全量主要取决于成土母质微量元素的含量,有效态含量受土壤酸碱反应、氧化还原电位、有机质含量等条件的影响。

土壤中微量元素含量的丰缺程度,是施用微量元素肥料的基础,从 20 世纪 80 年代开始,根据土壤类型及作物种类,在全省逐步推广施用微肥。自 90 年代以来,多元复合微肥开始有大面积的应用。

1. 硼

土壤有机质含量高,土壤有效硼的含量相应也高;黏质潮土质地黏重,有利于有效硼的保持和固定,而砂质潮土有利于有效硼的淋失。

根据前人研究资料,土壤酸碱度也是影响硼有效性的一个重要因素。土壤 pH 值在 4.5～6.7 之间,硼的有效性最高,水溶性硼与 pH 值呈正相关;pH 值在 7.1～8.1 之间,水溶性硼与 pH 值呈负相关。本次化验结果,研究区土壤 pH 值在 7.57～8.14 之间,属于弱碱性土壤,pH 值均在 7.1 以上,山药对硼的吸收不多。

研究区内浅层土壤质量养分指标 B 元素分布不均衡,差异十分明显,有效硼以适中为主;深层土壤质量养分指标 B 元素大部分很丰。因此,在今后土壤施肥中,不必过多地强调对硼肥的施用。

2. 锌

土壤中的锌来自成土矿物,存在于辉石、角闪石、黑云母等硅铝酸盐的晶格中。成土母质风化后,锌以 Zn^{3+}、$Zn(OH)^+$、$ZnCl^+$、$ZnNO_3^+$ 等形态进入土壤溶液,可形成氢氧化物和各种盐而沉淀,也可能参与土壤中的离子交换而被吸附。若土壤中 Zn 含量不足,豆类、水果易落花落果,作物抗寒能力差。

研究区内浅层土壤质量养分指标 Zn 元素很丰—适中,有效锌含量基本适中。深层土壤质量养分指标 Zn 元素大部分区域很丰—适中。

3. 铜

土壤中的铜主要来源于成土母质中的含铜矿物,主要含铜矿物是黄铜矿、孔雀石和含铜砂岩等。土壤有效铜对植物生长起直接作用,其含量一般作为土壤供铜的重要指标。铜在植物体内的功能是多方面的,它是多种酶的组成部分,与碳素同化、氮素代谢和呼吸作用以及氧化还原过程等均有密切关系。铜对植物的作用还表现在杀菌和防治病虫等方面。

研究区内浅层土壤质量养分指标 Cu 元素大半为丰—适中,有效铜稍缺。深层土壤质量养分指标 Cu 元素分布不均。

在今后农业生产中,可适当考虑局部地区增加铜肥的使用。

4. 铁

铁是土壤中含量较高的微量元素之一。土壤中的铁可以来源于母质风化的遗骸,但主要是成土过程中母质风化产物的再沉积,矿物中的铁在风化作用下释放出来形成氧化铁,常见的有赤铁矿、氢氧化铁等,含铁量低的母质,在成土过程中铁也会不断富集。

植物能够直接吸收利用的铁称为有效铁,其含量高低可作为衡量土壤供铁水平的指标,它包括水溶性铁、代换性铁和有机质释放出的一部分络合铁。

研究区内有效铁很丰。无论何种类型的土壤,有效铁含量均很丰富,表现为土壤(耕层)中有效铁富集。因此,在今后的土壤施肥中也不必过多强调对铁肥的使用。

5. 钼

钼是土壤中含量极少的微量元素。土壤中钼的主要来源是含钼矿物,主要含钼矿物是辉钼矿。研究区内浅层土壤有效钼以丰—稍缺为主。而根据《山东省定陶县生态农业地质背景调查报告(2003)》,全区钼均小于 0.2×10^{-6},有效钼更低。有效钼含量的增多分析可能与近年来钼肥施用增加有关。

6. 锰

土壤锰主要来自母质中的成土矿物,如辉石、角闪石、橄榄石等都是含锰较高的矿物。

研究区内浅层土壤有效锰含量丰—很丰,即大于 15×10^{-6}。区内无论何处、何种类型的土壤,区内耕层中有效锰含量均大大高于土壤中有效锰含量的临界值 5×10^{-6},锰素供应十分充足,因此,在今后土壤施肥中,也不需要再施用锰肥。

三、有毒元素

土壤中某些重金属如 Pb、Cr、Cd 等达到一定浓度时,表现为很强的毒效应,可抑制或干扰土壤营养元素的代谢及有效性。

研究区内浅层土壤红 Hg、Cr、Ni、Cu、Sb 等在所有取样点单项污染指数均小于1,单项指标土壤环境为清洁,土壤环境地球化学等级为一等。As、Cd、Pb、Zn 在绝大部分的取样点 p 小于1,只有个别点 $1<p\leq2$,即绝大部分区域该4个元素土壤环境为清洁,个别点为轻微污染。可能与地表人类活动或工业污染有关系。

土壤的 pH 值影响植物对铅的吸收,在酸性土壤中,铅更易于被植物吸收。本次研究区内土壤为弱碱性,不利于山药对铅的吸收。

第二节　研究方法

主要依据山东省地质调查技术标准《1∶5 万土地质量地质调查与评价技术要求(试行)》(2016年10月)和《多目标区域地球化学调查规范(1∶250 000)》(DZ/T 0258—2014)执行。

一、野外工作布置

首先在土地利用现状图上将坐标网格加密到 1km 一条,形成 1km² 的网格,将浅层土壤样点尽量布置在 1km 网格靠近中央的旱地或水浇地上,然后将初步形成的浅层土壤样点落到 googlearth 上,将各浅层土壤样点微调至可能种植山药的农地里。

由于山药种植两年后不能在原地种植,所以研究区范围内山药种植范围非常零散,现在大片种植山药的区域并不是很多,项目组对初步设计的浅层土壤取样点进行了查看,将每个网格中的浅层土壤样点微调至有山药种植的区域,将山药长势情况记录下来。如果网格内没有山药无法微调,则山药长势情况为"无"。最后按照山药长势"好""中""差""无"的分类在浅层土壤取样点编号中进行了体现(图 3-1~图 3-3)。其他样点的布设均基于浅层土壤样点进行。野外实际采样时按照设计时定好的点进行采集。

(一)样品编号

1. 编号顺序

在研究区范围内,以 1km 画网格,网格面积 1km² 为基本单元,在 1∶5 万的底图上对采样单元从左向右、自上而下连续顺序编号,在编号图框下方注明重复采样号。

图 3-1 长势好的山药

图 3-2 长势中等的山药

第三章 土壤元素地球化学特征与质量等级划分

图 3-3 长势差的山药

在每个基本单元中央拟定采样点,标号顺序由左至右自上而下为样品类别代号 001、样品类别代号 002、样品类别代号 003 等,当样品类别代号 002 有重复样时,则该点对应的重复样编号为样品类别代号 002-2,原样品编号为 002-1。

2. 样品类别代号

QT 为浅层土壤全量分析样;ST 为深层土壤全量分析样;TY 为土壤有效态分析样;TYJ 为土壤有机污染分析样;Z 为植物样;DQ 为地下水全分析及污染分析样;DQY 为地下水有机污染分析样;GQ 为灌溉水全分析样。

(二)样品布置

1. 浅层土壤全量分析采样点布设

浅层土壤样品基本采样密度为 1 件/km²,共布设样品 260 件,包括 6 个重复样。由于目前山药主要种植在陈集镇和半堤镇,原则上采样点尽量靠近这两个镇,到本次研究区内另外两个镇的边缘逐渐抽稀。取样点分布详见图 3-4。

2. 深层土壤全量分析采样点布设

深层土壤样品基本采样密度为 1 件/4km²,共布设样品 65 件,包含 2 个重复样,取样深度为 1.5~2m,因此该取样同时对应 130m 浅钻,另外增加 2 处土壤垂向剖面,剖面位置为 20cm、50cm、70cm、100cm、130cm、160cm、200cm。因此,在浅层土样和深层土壤样品之外增加 10 个样品,化验指标同深层土样,进行深层土样化验的共为 75 件。取样点分布详见图 3-5。

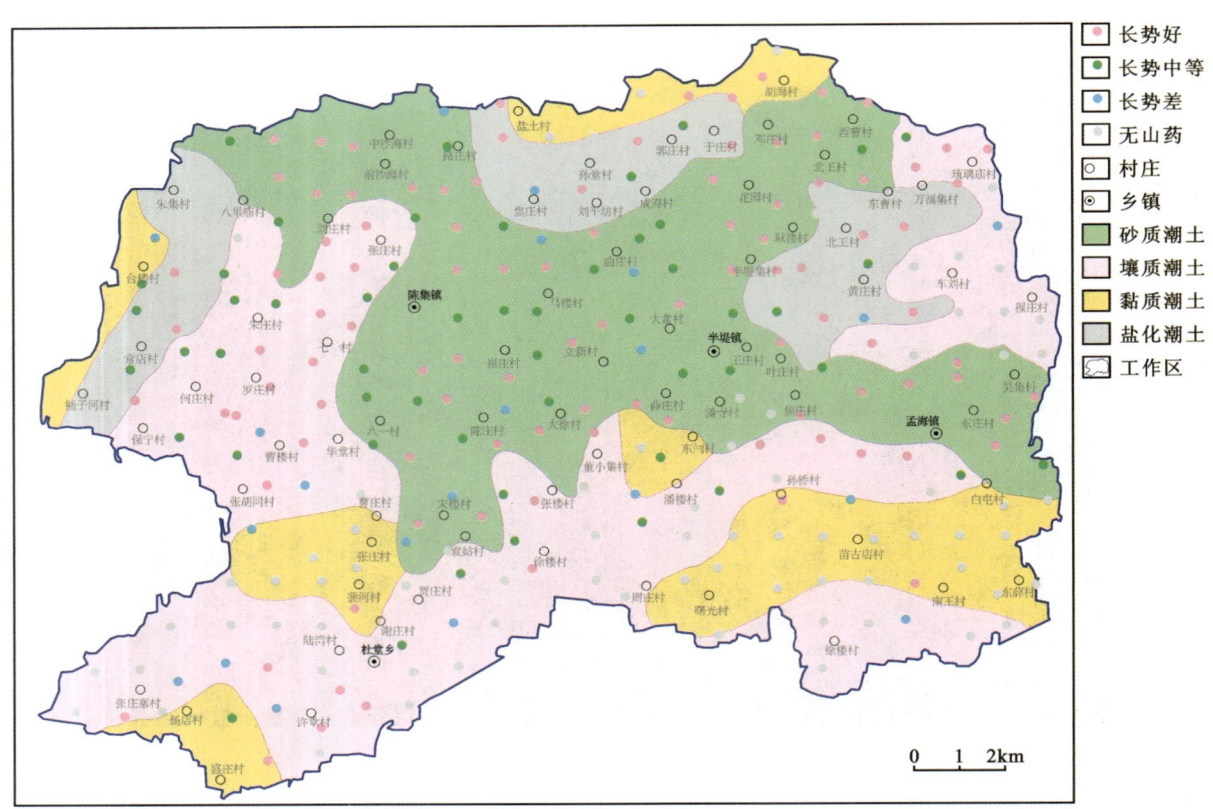

图 3-4 浅层土壤采样点及土壤类型图

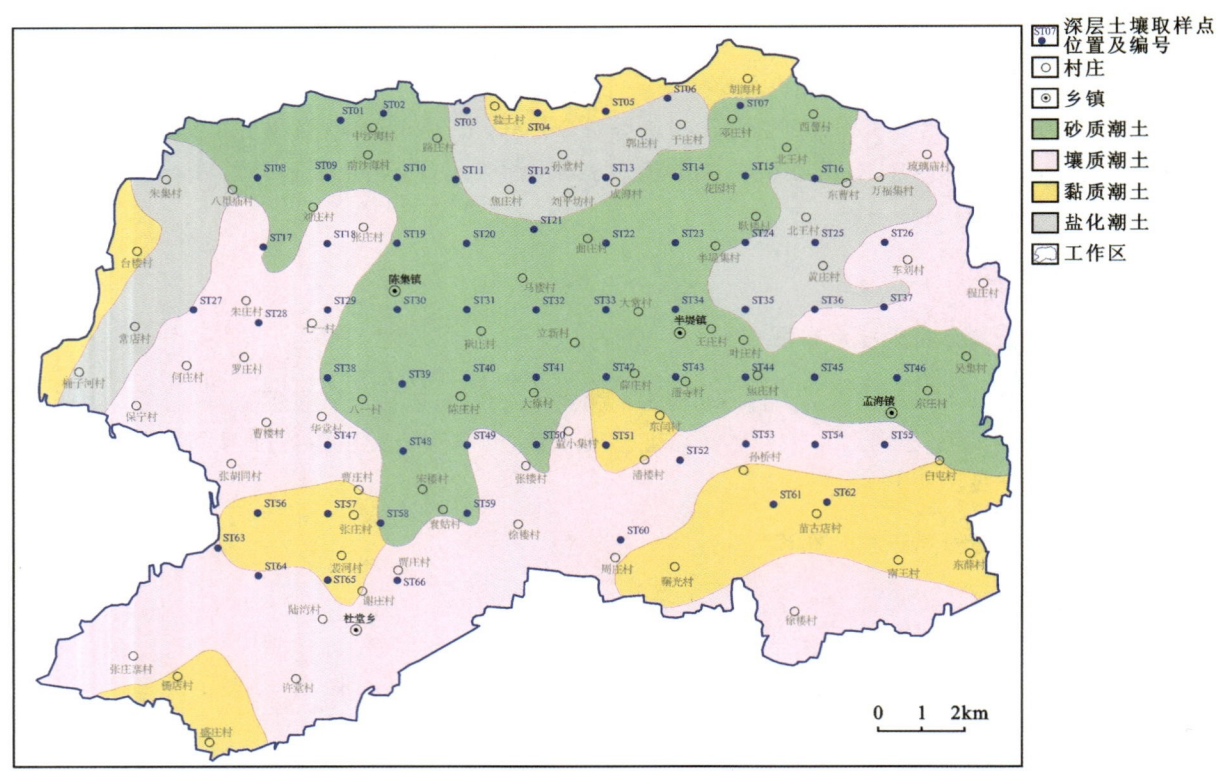

图 3-5 深层土壤采样点及土壤类型图

3. 土壤养分元素有效态分析采样

参考网格化土壤地球化学分析的结果,对有益元素分布比较集中或有利的区域,共部署 40 件土壤有效态分析样品,对其中阳离子交换量、速效铁、有效硼等 10 项进行有益元素有效态分析。取样位置为与植物样位于同一地块。

4. 土壤有机污染物采样

根据农业地质调查过程中发现的问题,对可能发生土壤污染而地区采取有机污染物样。其他地区大约按照 1 点/16km² 的网格密度采取,按照招标文件要求,共布设土壤有机污染物样品 25 件。取样点分布详见图 3-6。

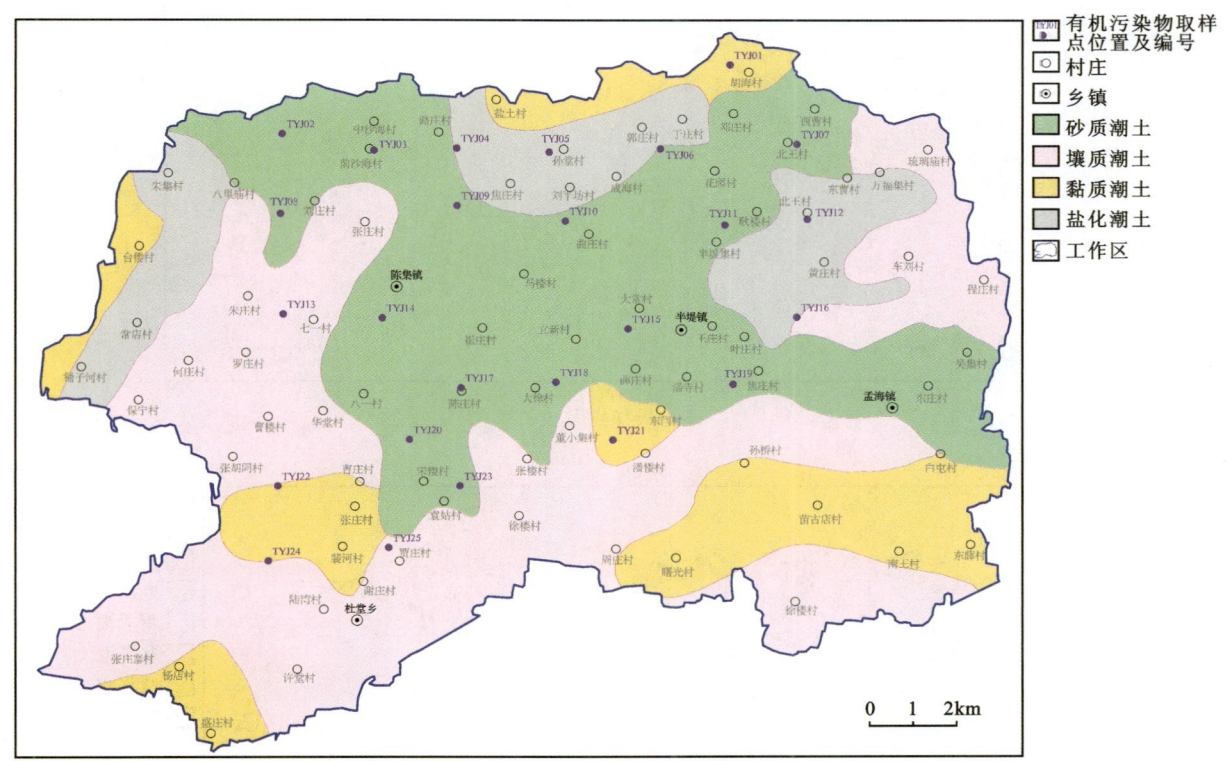

图 3-6 土壤有机污染物采样点及土壤类型图

5. 植物样品分析采样

与土壤有效态分析对应采取 40 件山药样品。并根据测试结果进行相关性分析,研究山药的营养成分的主控元素以及各种元素对山药生长的贡献率。为山药种植适宜区评价因子选择及评价计算提供依据。取样时按照山药的长势确定取样地块,40 件山药样品中有 35 件属于长势好的样品,3 件长势中等样品,2 件长势差样品。取样点布置详见图 3-7。

6. 地下水及灌溉水采样点布设

研究区灌溉用水根据现场调查情况取灌溉用水。在山药长势好的地块适当加密,或者针对污染源采集灌溉水样。由于种植区灌溉水均为机井灌溉,无地表水,因此,根据机井分布情况,考虑每个样点控制的灌溉范围,共采取地下水全分析加污染分析样 40 件,地下水有机污染分析样 20 件,灌溉水全分析样 10 件。取样位置位于目前山药种植区附近。各取样点分布详见图 3-8～图 3-10。

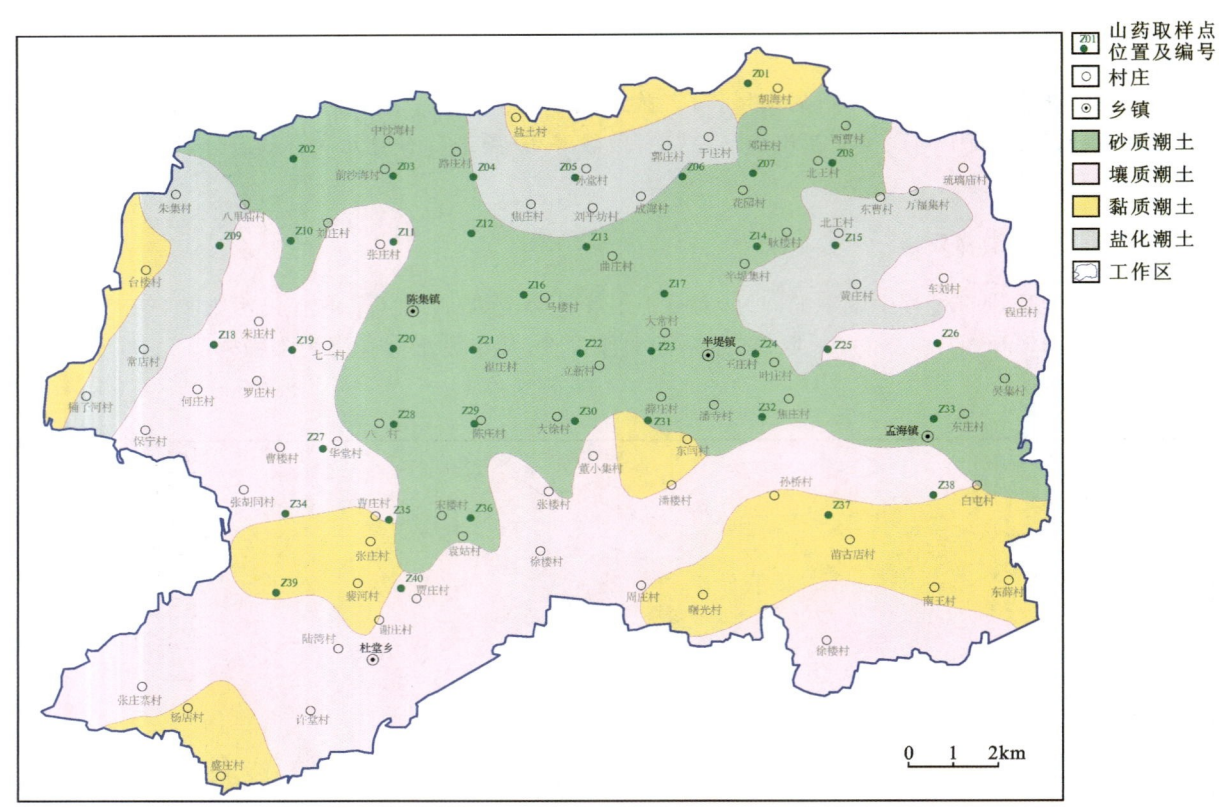

图 3-7 植物采样点及土壤类型图

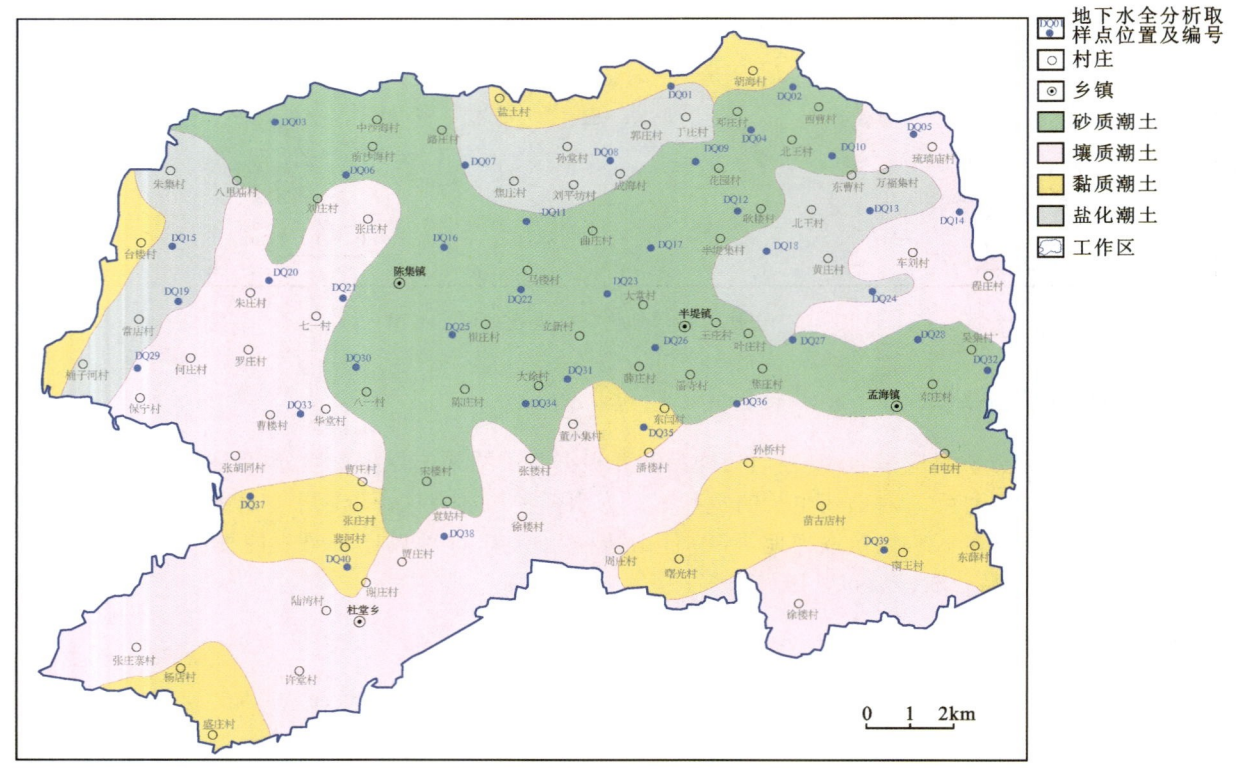

图 3-8 地下水全分析加污染分析样采样点及土壤类型图

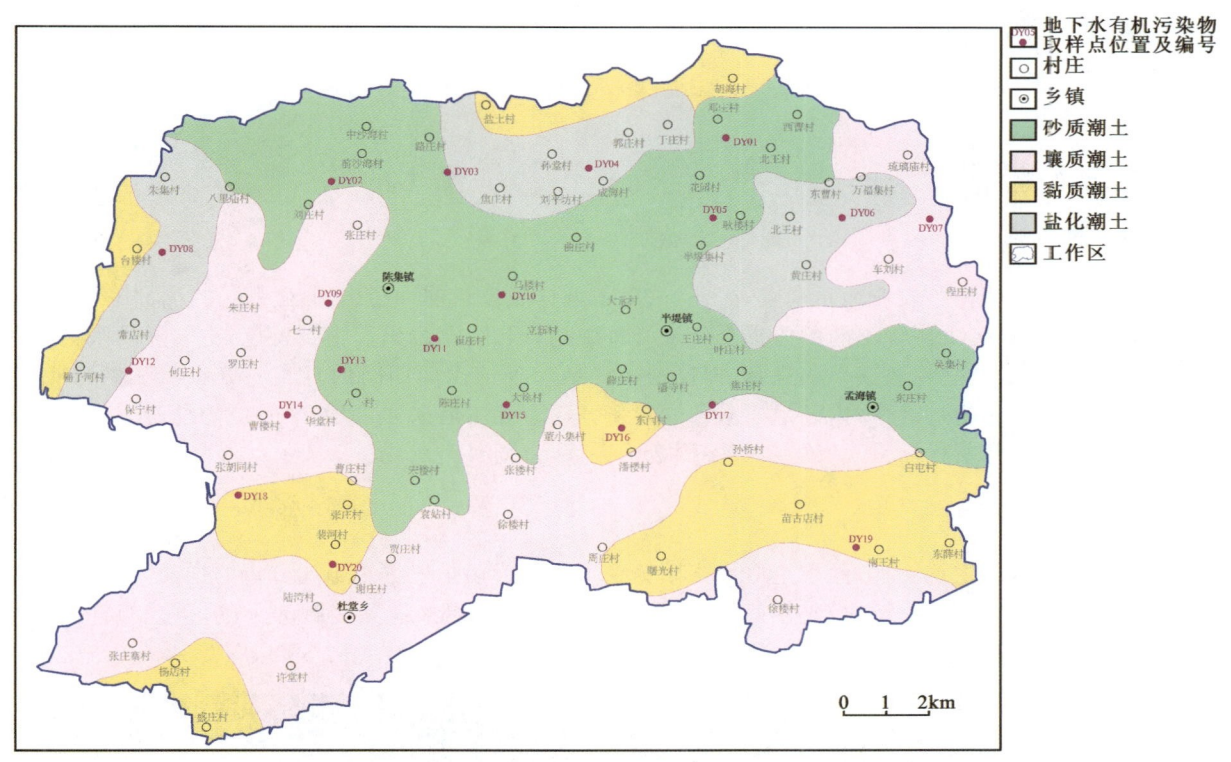

图 3-9　地下水有机污染分析样采样点及土壤类型图

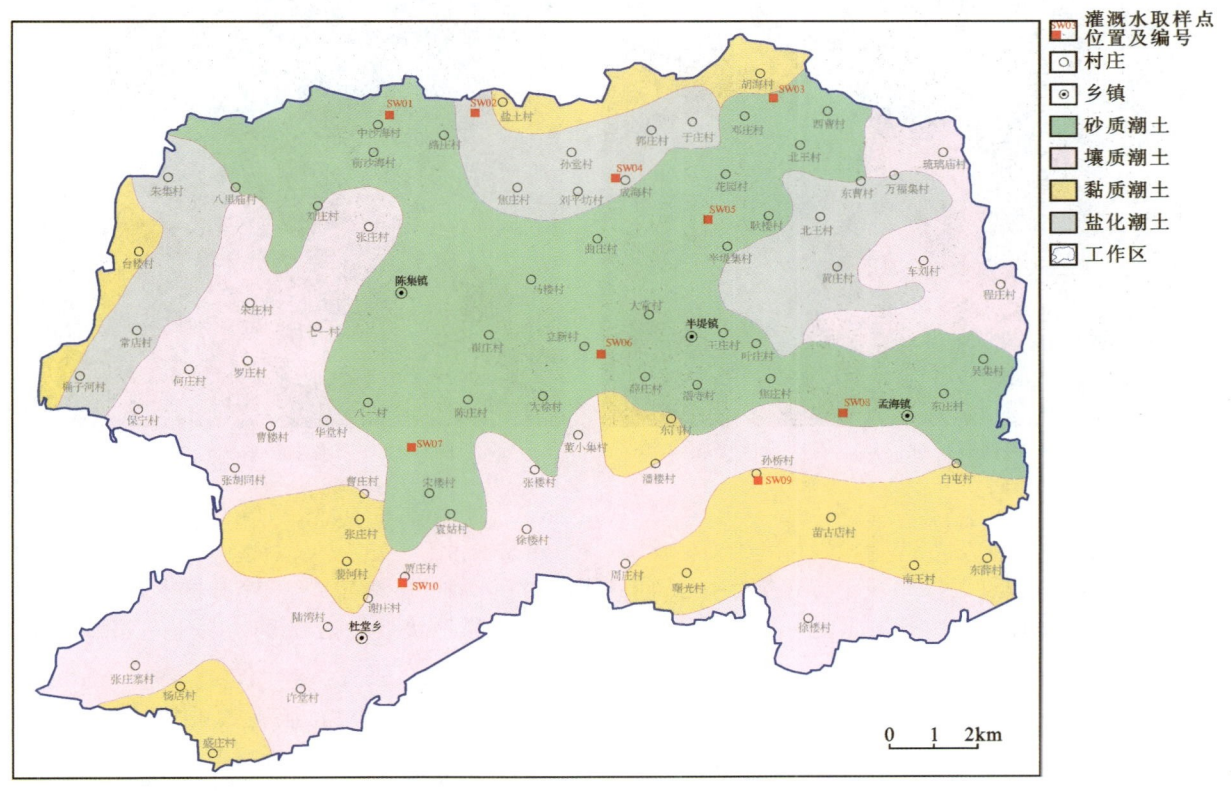

图 3-10　灌溉水采样点及土壤类型图

二、采样方法

(一)土壤地球化学采样

1. 采样时间

由于本次为山药特色农业地质调查,因此,采集土壤样品以目前种植山药区域为主。而山药种植不能连续耕种两年以上,去年种山药的位置今年未必种山药,因此,结合山药生长特色,土壤样品采集避开施肥期,但在作物成熟之后收获以前进行,以反映采样地块种植山药期间的真实养分状况和供肥能力,采集时间为12月,未超过3个月,满足要求。同时避开雨季和雪后采样,以防速效氮的淋洗。一个区域的土壤养分有效态分析样品采集,均在1～2周之内完成,以便进行对比。

2. 采样工具

浅层土壤用铁锹挖掘土样,深层土壤用洛阳铲挖掘土样。用于土壤重金属分析的样品,使用竹铲直接采取样品。用铁锹挖采样坑时,先挖好坑后,用竹铲去除与金属采样器接触的土壤,再采集样品。每个样品采集完后,清除干净采样工具上的泥土,再用于下个样品采集,详见图3-11、图3-12。

图3-11 用铁锹挖掘浅层土壤后用竹铲取样

图3-12 用洛阳铲取深层土壤

3. 采样方法

在布设的采样点上,以GPS定位点为中心,向四周辐射50～100m确定4～6个分样点,等份组合成一个混合样。采样地块为长方形时,采用"S"形布设分样点;采样地块近似正方形时,采用"X"形或棋盘形布设分样点,详见图3-13。

4. 采样部位

每个分样点的采土部位、深度及重量均一致。采集种植山药区域土壤混合样品时,一个混合土壤样均在同一具有代表性的山药地里采集。采样时避开了沟渠、林带、田埂、路边、旧房基、粪堆及微地形高低不平无代表性地段。

第三章 土壤元素地球化学特征与质量等级划分

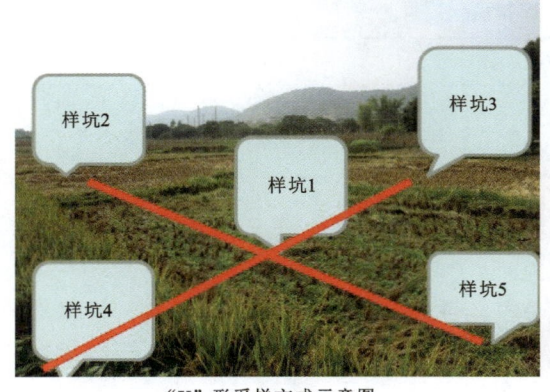
"X"形采样方式示意图

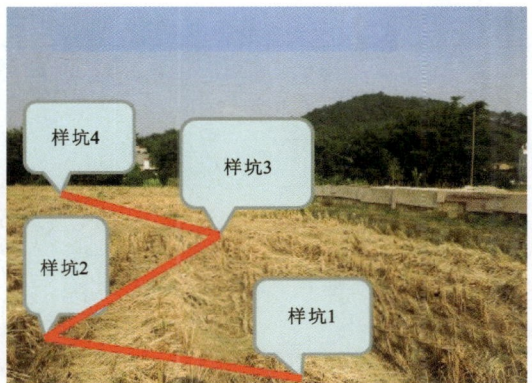
"S"形采样方式示意图

图 3-13 采样方式示意图

5. 采样深度

浅层土壤全量分析样、有效态分析样、有机污染分析样采样深度为 0~20cm,深层土壤全量分析样采样深度为 150~200cm。

6. 采样装袋

采集的各分样点土壤掰碎,挑出根系、秸秆、石块、虫体等杂物,充分混合后,四分法留取 1.0~1.5kg 装入样品袋。根据化验的元素种类,样品袋选择有密封条的聚乙烯塑料袋。样签用记号笔标注在塑料袋之外,伴随样品保留至样品加工全过程。

(二)水样采集

于农作物灌溉高峰期采集水样,每瓶水装水 90%,留出一定的空间。分析有机污染物的水样,样瓶均装满;水样采集瞬时完成。

水样在现场密封好,贴上水样标签;运送中做好防震、防冻及阳光照射;及时进行采样的原始记录:位置、工程号、采样号、层位、现场的外观指标。送样时填写好送样单和送样说明。

采样容器为新购买尚未使用的聚乙烯塑料桶,采样时用源水冲洗仪器 3 次。选取经常提水的井(孔)取样,保证取得水样为含水层内新鲜水。取样后密封,保存时间均未超过 20 天。

(三)植物样品采样

由于山药指的是位于地下的山药根,样品测试需参照萝卜、胡萝卜等块茎植物,根、叶分别供测,因此样品采集时整株进行采集。于山药收获盛期,在采样点地块内视不同情况进行采样,保证采样植株完整性,并采用四分法进行缩样,每份样品鲜重 1~2kg。

三、定点原则及建标

野外采样工作手图采用预先布置采样点位的工作布置图。野外采样采用便携式 GPS 联合手机 GPS 工具箱同时进行高效导航及测定点位坐标。由于设计工作之前已经提前勘查打点,因此到达预计采样点后,直接进行样品采样,采样合格后,用 GPS 定点同时标绘于手图上,并记录在采样记录卡上。

(一)GPS 定点及航迹监管

GPS 仪在使用前进行校对和设置,校准误差<15m。本次工作收集到定陶县国土资源局局提供的测区控制点:高斯正形投影 3°分带,中央子午线 115°30′,1980 西安坐标系,1985 国家高程基准(表 3-1)。

表 3-1 研究区控制点一览表

点名	点号	等级	高程/m	备注
潘楼	HZ025	C 级	45.088	埋石
东李庙	HZD173	D 级	47.027	埋石

野外工作前一天检查 GPS 电池电量,当电量不足时及时更换电池。采样过程中使 GPS 随时保持航迹自动输入状态,一般选择 100m 自动生成一个航迹点。

每天工作后,将 GPS 中存储的采样点信息传入计算机。航迹数据和航迹图件由孙晓涛管理及存档。

(二)建标

采样点在不超过 50m 范围内的显眼处用红油漆标明样品号,本次标志位置按以下顺序选择:电线杆、桥、机井、房屋外墙、树干等。所标样品号位于路边较显眼位置,并进行拍照,近景和远景各 1 张,作为电子文档备份(图 3-14)。

图 3-14 建标照片

四、记录及原始资料整理

野外采样时填写采样记录卡,记录样品编号、袋号及样品各种特征,土壤、植被和地貌及环境特征。记录使用 2H 铅笔在现场记录,做到应在野外记录的内容不回驻地后填写。记录卡填写内容齐全、正确,字迹工整、清洁,不重抄、不涂改。

原始资料的整理按统一标准进行。每个采样小组在完成当天野外工作后,在当日及时将手图上的实际采样点上墨编号,并将 GPS 上的点转到手提电脑上。阶段工作结束,项目部对各小组工作进行检查,各类原始资料进行系统整理、完善和补充。野外工作结束后,对各小组的记录卡、点位、各种参数统计,装订成册,并将室内填写部分补充完善后。记录卡内容在资料整理结束后录入计算机保存,一并归档。

五、样品处理方法与送样

(一)土壤样

样品晾晒和加工场地均无污染。从野外采回的土壤样品当天清理登记后,置于干净整洁的室内通风场地晾晒,无暴晒、烘烤、雨淋,及酸、碱等气体和灰尘污染。在风干过程中,适时进行翻动,并将大土块用木棒敲碎以防治黏泥结块,加速干燥,同时剔除土壤以外的杂物。风干后的土壤样品,按照规范要求进行了初加工。

(二)植物样

植物样在野外处理后及时送样,保证叶、根的完整,由分析测试单位进行加工。

(三)野外送样与收样

野外作业组填写送样单一式两份,样品加工组根据工作任务布置图和小组送样单验收各组样品,并检查小组样品送样单,样品内外标签号、采样点位图、记录卡是否吻合,发现问题及时解决。检查无误后双方签字负责。

加工组分类有规则地堆放样品,野外小组将送样单装定成册作为原始资料保存。

(四)送样单填写及送样

样品加工组及时分批次向化验室送样。送样单上写明送样批次号、送样号,送样单上留出了监控样的样号位置,重复样在送样单中不注明。

(五)副样保管

样品副样保存在聚乙烯塑料瓶中,并统一放化验室保管,样品库管理人员按送样单检查验收,确认无误后交接双方在送样单上(一式两份)签字,双方各执一份。

六、分析测试方法

化验工作由山东省第一地质矿产勘查院实验室、山东省物化探勘查院岩矿测试中心、山东省分析测试中心、中国冶金地质总局山东局测试中心和华北有色地质勘查局燕郊中心实验室共同完成。各实验室检测项目详见表3-2。

表3-2 化验单位及检测项目汇总表

取样类别	化验单位	检测项目
土壤	山东省第一地质矿产勘查院实验室	有机质、P、K、B、Mn、Zn、Cu、Se、Mo、pH、As、Cd、Cr、Hg、Pb、Ni、Co、V、Sb、Ca、Fe、S、Ge、Sr
土壤	山东省物化探勘查院岩矿测试中心	F、N、I
土壤	山东省分析测试中心	有机污染物
土壤	华北有色地质勘查局燕郊中心实验室	土壤养分有效态
地下水	山东省分析测试中心	氰化物、有机污染物
水样(地下水、灌溉水)	山东省第一地质矿产勘查院实验室	全分析
植物样	中国冶金地质总局山东局测试中心	As、Cd、Hg、Cr、Pb、Ni、Cu、Zn、Se、Fe、B、Mn、Mo、I、有机质、N、P、K、Ca、Co、V、Ge、Sr
平行样(土壤样)	鲁南地矿工程勘察院实验室	有机质、P、K、B、Mn、Zn、Cu、Se、Mo、pH、As、Cd、Cr、Hg、Pb、Ni、Co、V、Sb、Ca、Fe、S、Ge、Sr
平行样(水样)	鲁南地矿工程勘察院实验室	全分析

化验室接收样品后,按照每分析批次50件左右的样品划分分析批次,并按照分析批次,编写样品分析号,样品分析号和样品一一对应,并具有唯一性。

(一)分析测试方法

1. 土壤样测试方法

1)设备

AFS820　原子荧光光度计

BS224S　电子分析天平

2100DV　电感耦合等离子体发射光谱仪

2)测试方法

GB/T 22105—2008《土壤质量》

HJ 803—2016《土壤和沉积物　12种金属元素的测定　王水提取-电感耦合等离子体质谱法》

2. 灌溉水样

1)设备

TU-1810　紫外可见分光光度计(YQ059)

2）测试方法

DZ/T 0064—1993《地下水质检验方法》

3. 地下水样

1）设备

TU-1810　紫外可见分光光度计

2100DV　电感耦合等离子体发射光谱仪

2）测试方法

GB/T 14848—2017《地下水质检测方法》

GB/T 5750.9—2023《生活饮用水标准检测方法　第9部分:农药指标》

4. 山药根

1）设备

ICE3500　原子吸收分光光度计（YQ003）

X Series2　电感耦合等离子体质谱仪（YQ006）

IRIS Intrepid Ⅱ XSP　等离子体发射光谱仪（YQ031）

TU-1810　紫外可见分光光度计（YQ059）

AFS-820　型双道原子荧光光度计（YQ064）

2）测试方法

DZ/T 0253.1—2014《生态地球化学评价动植物样品分析方法　第1部分:锂、硼、钒等19个元素量的测定　电感耦合等离子体质谱(ICP-MS)法》

GB 5009.93—2017《食品安全国家标准　食品中硒的测定》

GB/T 5009.151—2003《食品中锗的测定》

GB 5009.17—2021《食品安全国家标准　食品中总汞及有机汞的测定》

DB53/T 288—2009《食品中铅、砷、铁、钙、锌、铝、钠、镁、硼、锰、铜、钡、钛、锶、锡、镉、铬、钒含量的测定 电感耦合等离子体 原子发射光谱(ICP-AES)法》

NY/T 2017—2011《植物中氮、磷、钾的测定》

5. 山药茎叶

1）设备

ICE3500　原子吸收分光光度计（YQ003）

X Series2　电感耦合等离子体质谱仪（YQ006）

IRIS Intrepid Ⅱ XSP　等离子体发射光谱仪（YQ031）

TU-1810　紫外可见分光光度计（YQ059）

AFS-820　型双道原子荧光光度计（YQ064）

CPA124S　电子天平（YQ069）

2）测试方法

DZ/T 0253.1—2014《生态地球化学评价动植物样品分析方法　第1部分:锂、硼、钒等19个元素量的测定　电感耦合等离子体质谱(ICP-MS)法》

GB 5009.93—2017《食品安全国家标准　食品中硒的测定》

GB/T 5009.151—2003《食品中锗的测定》

GB 5009.17—2021《食品安全国家标准　食品中总汞及有机汞的测定》

DB53/T 288—2009《食品中铅、砷、铁、钙、锌、铝、钠、镁、硼、锰、铜、钡、钛、锶、锡、镉、铬、钒含量的

测定 电感耦合等离子体 原子发射光谱(ICP-AES)法》

NY/T 2017—2011《植物中氮、磷、钾的测定》

GB 5009.3—2016《食品安全国家标准 食品中水分的测定》

(二)分析指标

(1)土壤样品分析的元素(指标):有机质、氮、磷、钾、硼、锰、锌、铜、硒、钼、碘、pH 值、砷、镉、铬、汞、铅、镍、钴、钒、锑、钙、铁、硫、氟、锗、锶27 项。

(2)营养元素有效态分析样:碱解氮、速效钾、有效磷、阳离子交换量、有效铁、有效硼、有效锰、有效钼、有效铜、有效锌等 10 项。

(3)有机污染分析:主要分析持久性含氯有机污染物六六六、DDT 总项及各分项。

(4)灌溉水水样分析指标:分为地下水全分析及污染分析样、地下水有机污染分析样以及地表灌溉水全分析样。

地下水全分析及污染分析指标主要是 pH 值、K^+、Na^+、Ca^{2+}、Mg^{2+}、NH_4^+、Fe^{2+}、Fe^{3+}、HCO_3^-、Cl^-、SO_4^{2-}、F^-、NO_3^-、NO_2^-、H_2SiO_3、HPO_4^{2-}、HBO_2、COD、Sr、Li、总硬度、溶解性总固体等指标,以及氰化物、锌、硒、铜、钼、锰、钡、六价铬、三价铬、铅、汞、砷、镉、偏硅酸等有害成分测试。

地下水有机污染分析主要分析持久性含氯有机污染物六六六、DDT 总项及各分项。

地表灌溉水全分析指标主要是 pH 值、K^+、Na^+、Ca^{2+}、Mg^{2+}、NH_4^+、Fe^{2+}、Fe^{3+}、HCO_3^-、Cl^-、SO_4^{2-}、F^-、NO_3^-、NO_2^-、H_2SiO_3、HPO_4^{2-}、HBO_2、COD、Sr、Li、总硬度、溶解性总固体,另有总 P、总砷、总汞、总镉、六价铬、总铅、总铜、总锌、总硒、总硼、氟化物、COD_{Cr}、氯化物、碘化物、硫化物等指标。

(5)植物样分析指标:砷、镉、汞、铬、铅、镍、铜、锌、硒、铁、硼、锰、钼、碘、有机质、氮、磷、钾、钙、钴、钒、锗、锶等 23 项。

(三)分析方法技术要求

1. 土壤元素全量检出限

土壤样品分析元素指标检出限见表 3-3,部分有机污染物测试指标及检出限要求见表 3-4。

表 3-3 土壤样品元素分析检出限要求(10^{-6})

元素	检出限	元素	检出限	元素	检出限
As	1	Mn	10	Sn	1
B	1	Mo	0.3	Zn	4
Cd	0.03	N	20	V	5
Cl	20	Ni	2	pH	0.1**
Co	1	P	10	SiO_2	0.1*
Cr	5	Pb	2	TFe_2O_3	0.05*
Cu	1	Tl	0.1	MgO	0.05*
F	100	S	30	CaO	0.05*
Hg	0.005	Sb	0.05	K_2O	0.05*
I	0.5	Se	0.01	Corg	0.1*

注:** 表示无量纲;* 表示计量单位为 10^{-2}。

表 3-4 土壤样品中部分有机污染物分析方法检出限（10^{-6}）

类别	组分	检出限
有机氯	六六六	0.001～0.005
	DDT	0.005～0.01

2. 土壤元素全量分析准确度与精密度

分析方法的准确度用国家一级标准物质进行考核，用选定的土壤样品分析方法，对每个国家一级标准物质分析 12 次，并分别计算每件标准物质每种元素测量值的平均值与标准值之间的对数偏差（$\overline{\Delta \lg C}$），其结果符合表 3-5 准确度的要求。

分析方法的精密度，是指在一定条件下对样品进行多次测定，各次测定数据之间符合程度，反映了多次测定值波动幅度的大小。分析方法的精密度用国家一级标准物质进行考核，用选定的分析方法，对每个样品分析 12 次，并分别计算每件标准物质每种元素 12 次测量值与标准值之间的相对标准偏差（RSD%），其结果符合表 3-5 精密度的要求。

表 3-5 分析方法准确度、精密度要求

含量范围	准确度 $\overline{\Delta \lg C}(GBW) = |\lg \overline{C_i} - \lg C_s|$	精密度 $RSD\%(GBW) = \dfrac{\sqrt{\dfrac{\sum_{i=1}^{i}(C_i - C_s)^2}{n-1}}}{C_s} \times 100$
检出限 3 倍以内	≤0.1	≤17
检出限 3 倍以上	≤0.05	≤10
>1%	≤0.04	≤8

注：$\overline{C_i}$ 为每个 GBW 标准物质 12 次实测值的平均值；C_s 为 GBW 标准物质的标准值；n 为每个 GBW 标准物质测量次数；C_i 为每个 GBW 标准物质单次实测值。

3. 土壤元素有效量

不同元素有效态和元素浸提性含量分析对试样的粒度、质量和状态要求不同，详见表 3-6。土壤中元素有效态和元素浸提性含量分析方法，等效采用 LY/T 1210-1275 系列《森林土壤分析方法》。分析方法允许在浸提原则（浸提剂及浸提条件）不变的情况下，对取样量、测定方法可作适度调整，但无论采用何种方法测定，其方法的检出限必须满足表 3-7 的要求。

表 3-6 分析项目对样品的要求

分析项目	一次测试需要样量/g	样品粒度（mm）及状态要求	分析项目	一次测试需要样量/g	样品粒度（mm）及状态要求
铵态氮	1.0～2.0	2（风干土）	有效钼	25.0	2（风干土）
硝态氮	50.0	2（新鲜土）	交换性锰	10.0	2（新鲜土）
有效磷	5.0	2（风干土）	易还原锰	10.0	2（新鲜土）
缓效钾	5.0	2（风干土）	有效硫	10.0	2（风干土）
速效钾	5.0	2（风干土）	有效硅	10.0	2（风干土）

续表 3-6

分析项目	一次测试需要样量/g	样品粒度(mm)及状态要求	分析项目	一次测试需要样量/g	样品粒度(mm)及状态要求
交换性钾钠钙镁	2.0~5.0	2(风干土)	有机质	1.0	0.149(风干土)
阳离子交换量	2.0~5.0	2(风干土)	有效硼	20.0	2(风干土)
有效铜、锌、铁和浸提性铅、钴	10.0~25.0	2(风干土)	pH 值	10.0	2(风干土)

表 3-7 土壤元素浸提性、交换性及有效态等含量分析方法检出限要求(10^{-6})

项目	检出限(D_L)	项目	检出限(D_L)	项目	检出限(D_L)
铵态氮	1.25	有效硫	0.10	有效铜	0.02
硝态氮	1.25	有效(活性)硅	0.10	有效锌	0.02
有效磷	0.25	有效铁	0.02	浸提性钴	0.02
速效钾和交换性钾、钠	1.25	有效硼	0.005	浸提性铅	0.02
缓效钾	1.25	有效(活性)锰	0.01	阳离子交换量	2.5mmol/L
交换性钙和镁	1.25	有效钼	0.005	有机质	250

分析方法的准确度及精密度采用国家一级标准物质进行考查。选择 2~3 个标准物质,每个标准物质测定 5~8 次,测定结果按单个元素单个标准物质计算测定值与标准值的相对误差 RE,其测量值与标准值的相对误差允许限,等同采用样品分析相对偏差允许限。同时计算 5~8 次测定的 RSD,考查分析方法精密度,RSD 满足 ≤20%。

4. 灌溉水样品分析

水质样品的分析方法均按照水质分析系列国家标准分析方法进行。需进行可过滤性、不可过滤性金属含量分析的水样,需用 0.45μm 滤膜过滤,滤液经酸化和硝化后,测量可过滤性金属含量,滤膜残留物与滤膜一起消化,测量不可过滤性金属量。灌溉水部分分析指标的检出限要求见表 3-8。

表 3-8 分析元素(指标)的检出限要求(mg/L)

元素	检出限	元素	检出限	元素	检出限	元素(指标)	检出限
As	0.0004	Cd	0.05	Hg	0.0004	Pb	0.01
Ba	0.01	Cu	0.05	Mg	5	Se	0.0002
Be	0.005	Cr	0.004	Mn	0.01	Zn	0.05
Ca	8	Cl	1	Mo	0.001	酚	0.002
Co	0.05	F	0.05	Ni	0.03	pH 值	0.1(无量纲)
CN^-	0.002	Fe	0.03	NO_2^-	0.003		

5. 植物样品分析

山药根、茎、叶,经洗净后,用专门的切碎机切碎或用不锈钢工具切碎后,再用无污染破碎机,粉碎至 20~40 目(0.84~0.42mm)过筛,干燥后消化分析。符合表 3-9 分析检出限要求,分析质量参数达到国标分析方法要求。

表 3-9　农作物样品分析方法的检出限要求（10^{-6}）

元素	小麦、玉米、水稻等		脱水蔬菜	
	检出限	允许限	检出限	允许限
Hg	0.01	0.02	0.005	0.01
As	0.3	0.7	0.3	0.5
Pb	0.1	0.5	0.1	0.2
Cd	0.1	0.1～0.2	0.03	0.05
Cr	0.5	1.0	0.2	0.5
Cu	1.0	10	1.0	10
Zn	1.0	50	1.0	20
Ni	0.1	0.4	0.1	0.3
F	1.0	1.0～1.5	1.0	1.0

准确度控制：每一批分析样品（不限样品数量），插入同类型标准物质 1～2 件与样品同时分析，并计算单个样品单次测定值与标准物质推荐值的相对误差 RE，满足 RE≤30%；精密度控制：采用重复分析方法控制样品分析的精密度，每件样品进行 100% 的重复分析，双份分析的相对偏差 RE≤30%。

（四）分析测试质量监控

土壤和岩石样品分析质量控制，包括实验室内部质量控制和实验室外部质量控制，监控样均匀插入到测试样品中。

1. 土壤样品准确度控制

采用分析国家一级标准物质方法进行控制。按不同样品类别，每 50 件样品插入 2 件同类别国家一级标准物质，与样品一起分析，按 100 个号码为统计单元，分别计算每种元素，每件标准物质，每次测定的测量值与标准值的对数差（ΔlgC），符合日常分析准确度要求，一次原始合格率达到了 100%。

2. 土壤样品精密度控制

采用分析国家一级标准物质方法进行控制。分别计算每种元素 4 件标准物质或监控样测量值与监控标准值之间的平均对数差的标准偏差（λ），符合日常分析精密度要求，一次原始合格率达到了 85%。

3. 日常分析质量监控图

将 1 和 2 计算的对数差（ΔlgC），和对数差的标准偏差（λ）绘制质量监控图，以 ΔlgC 或 λ 为纵坐标，以对应的分析批次为横坐标，标绘在厘米方格纸上，形成实验室的日常分析质量监控图，以便随时发现不合格的分析批次，及时查明问题和纠正。

4. 报出率控制

报出率大于或等于 95% 说明选用的分析方法检出限完全满足本研究区样品分析要求。报出率低于 95% 说明选用的分析方法检出限不能满足研究区样品元素含量要求，采取有效措施或采用更灵敏分析方法，降低方法检出限。本次工作报出率均为 95% 以上。

5. 突变点的重复性检验（异常点抽查检查）

本次工作重复性检验比例为3%。突变点的重复性检验双份测定的相对偏差允许限等同采用样品重复性检验双份测定的相对偏差允许限，并统计合格率，达到了一次原始合格率≥85%。

6. 日常分析中质量分析人员自我控制

分析人员在每批分析中严格按照要求，做全过程空白试验，作工作曲线，标准物质与样品同时分析，计算公式正确，计算结果均进行了复查。

（五）工作亮点

本次等值线图中立体网格图的采用区别于以往平面等值线图的效果，可以将元素变化情况更加直观有效地表现出来，可在立体网格图上放置其相应的平面等值线图进行对照，这是本次工作的创新和亮点之一。增加垂直剖面分析，在对比时先将各指标各自做归一化处理，然后进行对比，这样可以更好地反映各元素的变化情况，最终结果需要量化时再按照各元素归一化时采用的分母量化出来，这是本次工作的创新和亮点之二。通过相关分析和显著性分析，对比山药根、山药茎叶、浅层土壤、深层土壤和地下水的相关性，并验证相关性的真伪，分析山药与周围环境元素的关系，这是本次工作的创新和亮点之三。对土壤中不同元素进行了相关性和显著性分析，以便发现土壤中不同元素的聚集规律，对土壤将来的改良方案提供基础数据，这是本次工作的创新和亮点之四。

另外，本次工作设计阶段将地形图与googlearth有机结合，通过googlearth可以更加清晰地进行查看，避免采样点选在沟渠、林带、田埂、路边、旧房基、粪堆及微地形高低不平无代表性地段。这样做，可以有效减少实际采样时对采样点进行的变更，提高工作效率和工作精度。

第三节 土壤元素含量及富集情况

浅层土壤和深层土壤元素含量及K值统计详见表3-10和表3-11。浅层土壤相比于深层土壤K值详见表3-12。

进行pH值参数统计时，先将土壤pH值换算成$[H^+]$平均浓度进行统计计算，然后再换算为pH值。公式如下：

$$[H^+] = 10^{-pH}, [H^+]_{平均浓度} = \frac{\sum_{j=1}^{n} -pHi}{n}, i 为序号, pH = -\lg[H^+]_{平均浓度}$$

原始数据正态分布检验用偏度系数和峰度系数，这两个系数均小于1的为近似正态分布，大于1的根据生成直方图的形状来定，如果非正态分布，则需要用均值加减3倍离差为限剔除异常数据，直至满足正态分布为准。

变异系数主要用于判断元素分布的均匀程度，参照以下经验值进行判别：变异系数<0.4为元素分布均匀；0.4≤变异系数<1.0，为元素分布较均匀；1.0≤变异系数<1.5，为元素分布不均匀；变异系数≥1.5，为元素分布极不均匀。

同时，利用K值（背景值/基准值）比较各元素的富集或贫乏程度。总体分三大类：第一类为表层土壤，分别用菏泽地区浅层土壤基准值、山东省浅层土壤基准值比值计算的K值；第二类为深层土壤，分别用菏泽地区深层土壤基准值、山东省深层土壤基准值比值计算的K值；第三类为表层土壤，用深层土壤比值计算的富集系数（K值）。

前两类K值按照以下经验值进行判别：$K<0.80$为明显偏低（▢），$0.80≤K<0.90$为偏低（▢），

$0.90 \leq K < 1.10$ 为接近(），$1.10 \leq K \leq 1.20$ 为偏高(），$K > 1.20$ 为明显偏高(）。

第三类富集系数 K 值按照以下经验值进行判别：$K < 0.90$ 为表层土壤贫化(），$0.90 \leq K < 1.10$ 为基本一致(），$1.10 \leq K < 1.30$ 为表层土壤略富集(），$1.30 \leq K \leq 2.0$ 为表层土壤富集(），$K > 2.00$ 为表层土壤强富集(）。

表 3-10 浅层土壤元素含量及 K 值统计表

浅层土壤元素(指标)	单位	原始数据			剔除离散值后统计值			菏泽地区		山东省	
		平均值	标准差	变异系数	样本数	基准值	变异系数	背景值	K 值	背景值	K 值
pH 值	无量纲	7.83	0.08	0.01	252	7.83	0.01	8.19	0.96	7.32	1.07
S		0.02	0.08	3.42	243	0.01	0.49	0.021 9	0.46	0.021 1	0.47
K		2.17	0.41	0.19	252	2.17	0.19	2.31	0.94	2.47	0.88
Fe	10^{-2}	1.8	0.53	0.3	252	1.8	0.3	4.24	0.42	4.31	0.42
Ca		2.6	1.26	0.48	252	2.6	0.48	5.83	0.45	3.36	0.77
N		0.1	0.02	0.18	252	0.1	0.18	0.086	1.16	0.089	1.12
有机质	10^{-3}	10.11	3.25	0.32	252	10.11	0.32	12.59	0.80	13.62	0.74
Mn		652.51	148.97	0.23	252	652.51	0.23	572	1.14	576	1.13
Zn		78.34	21.86	0.28	251	77.4	0.21	63.7	1.22	63.3	1.22
Cu		24.47	4.45	0.18	252	24.47	0.18	22.7	1.08	22.6	1.08
Mo		0.92	0.38	0.41	252	0.92	0.41	0.59	1.56	0.58	1.59
Cr		64.39	18.24	0.28	251	63.95	0.26	62.2	1.03	62	1.03
Pb		28.54	13.41	0.47	252	28.54	0.47	20.2	1.41	23.6	1.21
Ni		31.87	6.64	0.21	252	31.87	0.21	28.3	1.13	27.1	1.18
Co	10^{-6}	12.45	2.51	0.2	252	12.45	0.20	11.8	1.06	11.9	1.05
V		81.12	13.29	0.16	252	81.12	0.16	77	1.05	75.6	1.07
P		680.67	804.97	1.18	227	436.14	0.67	1012	0.43	824	0.53
Sr		225.69	27.47	0.12	252	225.69	0.12	208	1.09	203	1.11
B		108.33	225.38	2.08	217	51.74	0.74	52.6	0.98	42.7	1.21
As		13.17	2.85	0.22	252	13.17	0.22	10.7	1.23	8.6	1.53
Sb		1.02	0.17	0.17	252	1.02	0.17	0.97	1.05	0.75	1.36
F		535.56	135.14	0.25	252	535.56	0.25	559	0.96	521	1.03
I		3.97	1.37	0.34	252	3.97	0.34	2.07	1.92	1.96	2.03
Hg		34.04	31.72	0.93	248	30.87	0.57	31	1.00	31	1.00
Se	10^{-9}	228.77	113.79	0.5	252	228.77	0.50	180	1.27	180	1.27
Ge		328.54	267.42	0.81	252	328.54	0.81	1310	0.25	1300	0.25
Cd		342.4	162.56	0.47	252	342.4	0.47	153	2.24	132	2.59

注：浅层土壤原始数据量为 252 件。

从表 3-10 可以看出，浅层土壤元素剔除离散值后，变异系数基本 <0.4，少量为 $0.4\sim1.0$，说明最终采用的数据为均匀一较均匀。

浅层土壤元素 S、Fe、Ca、P、Ge 平均值相对于菏泽地区背景值，K 值明显偏低，说明研究区内这些元素较为贫乏，可能与山药生长早期对这些元素的吸收较菏泽地区其他作物要多一些有关。有机质平均值相对于菏泽地区背景值 K 值偏低，pH 值、K、Cu、Cr、Co、V、Sr、B、Sb、F、Hg 与菏泽地区背景值接近，说明这些元素基本不受地表作物和自然环境影响。N、Mn、Ni 相对于菏泽地区背景值偏高，Zn、Mo、Pb、As、I、Se、Cd 相对于菏泽地区背景值明显偏高。

浅层土壤元素 S、Fe、Ca、有机质、P、Ge 平均值相对于山东省背景值，K 值明显偏低，说明研究区内这些元素较为贫乏，可能与山药生长早期对这些元素是吸收较山东省其他作物要多一些有关。K 平均值相对于山东省背景值 K 值偏低，pH 值、Cu、Cr、Co、V、F、Hg 与山东省背景值接近，说明这些元素基本不受地表作物和自然环境影响。N、Mn、Ni、Sr 相对于山东省背景值偏高，Zn、Mo、Pb、B、As、Sb、I、Se、Cd 相对于山东省背景值明显偏高（表 3-11）。

表 3-11 深层土壤元素含量及 K 值统计表

深层土壤元素（指标）	单位	原始数据			剔除离散值后统计值			菏泽地区		山东省	
		平均值	标准差	变异系数	样本数	基准值	变异系数	背景值	K 值	背景值	K 值
pH 值	无量纲	7.85	0.1	0.01	64	7.85	0.01	8.67	0.91	8.01	0.98
S	10^{-2}	0.02	0.01	0.93	61	0.01	0.55	0.014 6	0.68	0.013 4	0.75
K		2.25	0.28	0.13	64	2.25	0.13	2.21	1.02	2.42	0.93
Fe		2.51	0.67	0.27	64	2.51	0.27	3.84	0.65	4.36	0.58
Ca		4.59	1.48	0.32	64	4.59	0.32	5.77	0.80	3.59	1.28
N		0.1	0.1	1.02	63	0.09	0.19	0.028	3.21	0.037	2.43
有机质	10^{-3}	4.57	2.75	0.6	64	4.57	0.60	2.59	1.76	4.48	1.02
Mn	10^{-6}	631.29	178.28	0.28	64	631.29	0.28	498	1.27	590	1.07
Zn		78.17	23.67	0.3	64	78.17	0.30	56.5	1.38	58.6	1.33
Cu		23.75	8.27	0.35	64	23.75	0.35	19.5	1.22	21.3	1.12
Mo		1.05	0.58	0.55	64	1.05	0.55	0.54	1.94	0.57	1.84
Cr		56.66	19.09	0.34	64	56.66	0.34	60.4	0.94	62.6	0.91
Pb		36.62	44.6	1.22	62	28.96	0.41	17.9	1.62	21.4	1.35
Ni		32.25	7.37	0.23	64	32.25	0.23	25.5	1.26	27.9	1.16
Co		12.21	2.48	0.2	64	12.21	0.20	10.6	1.15	12.5	0.98
V		80.08	17.66	0.22	64	80.08	0.22	75	1.07	78.7	1.02
P		860.62	904.47	1.05	64	860.62	1.05	599	1.44	492	1.75
Sr		222.86	25.91	0.12	64	222.86	0.12	204	1.09	197	1.13
B		222.27	323.84	1.46	62	175.95	1.05	48.7	3.61	41.4	4.25
As		12.95	4.34	0.34	64	12.95	0.34	9.6	1.35	8.7	1.49
Sb		1.03	0.29	0.28	64	1.03	0.28	0.93	1.11	0.79	1.30
F		608.06	191.85	0.32	64	608.06	0.32	503	1.21	508	1.20
I		2.41	1.79	0.74	64	2.41	0.74	1.25	1.93	1.76	1.37

续表 3-11

深层土壤元素(指标)	单位	原始数据			剔除离散值后统计值			菏泽地区		山东省	
		平均值	标准差	变异系数	样本数	基准值	变异系数	背景值	K值	背景值	K值
Hg	10^{-9}	14.89	8.07	0.54	64	14.89	0.54	15	0.99	16	0.93
Se		127.71	62.04	0.49	63	122.12	0.36	90	1.36	100	1.22
Ge		93.7	169.09	1.8	57	53.6	0.65	1280	0.04	1320	0.04
Cd		311.63	95.55	0.31	64	311.63	0.31	102	3.06	92	3.39

注：深层土壤原始数据量为64件。

从表 3-11 中可以看出，深层土壤元素剔除离散值后，变异系数基本<0.4，少量为0.4~1.0，仅P和B略大于1，说明最终采用的数据主要为均匀—较均匀。

深层土壤元素 S、Fe、Ge 平均值相对于菏泽地区背景值，K 值明显偏低，Ca 平均值相对于菏泽地区背景值 K 值偏低，pH 值、K、Cr、V、Sr、Hg 与菏泽地区背景值接近，Co、Sb 相对于菏泽地区背景值偏高，N、有机质、Mn、Zn、Cu、Mo、Pb、Ni、P、B、As、F、I、Se、Cd 相对于菏泽地区背景值明显偏高。

深层土壤元素 S、Fe、Ge 平均值相对于山东省背景值，K 值明显偏低，pH 值、K、有机质、Mn、Cr、Co、V、Hg 与山东省背景值接近，Cu、Ni、Sr、F 相对于山东省背景值偏高，Ca、N、Zn、Mo、Pb、P、B、As、Sb、I、Se、Cd 相对于山东省背景值明显偏高。

通过对比浅层土壤与深层土壤分别与菏泽市和山东省背景 K 值（表 3-12），发现 Ca、N、有机质、Mn、Cu、Ni、Co、P、B、Sb、F 均出现深层土壤比浅层土壤与菏泽市和山东省背景值比都更加富集，尤其是与菏泽市背景值相比富集程度更加明显。分析可能是与研究区种植山药有关，山药生长早期对以上元素吸收较多。

表 3-12 浅层土壤与深层土壤对比富集系数(K值)统计表

土壤元素(指标)	单位	浅层土壤剔除离散值后统计值			深层土壤剔除离散值后统计值			K 值
		样本数	基准值	变异系数	样本数	基准值	变异系数	
pH 值	无量纲	252	7.83	0.01	64	7.85	0.01	1.00
S	10^{-2}	243	0.01	0.49	61	0.01	0.55	1.00
K		252	2.17	0.19	64	2.25	0.13	0.96
Fe		252	1.8	0.3	64	2.51	0.27	0.72
Ca		252	2.6	0.48	64	4.59	0.32	0.57
N		252	0.1	0.18	63	0.09	0.19	1.11
有机质	10^{-3}	252	10.11	0.32	64	4.57	0.6	2.21
Mn	10^{-6}	252	652.51	0.23	64	631.29	0.28	1.03
Zn		251	77.4	0.21	64	78.17	0.3	0.99
Cu		252	24.47	0.18	64	23.75	0.35	1.03
Mo		252	0.92	0.41	64	1.05	0.55	0.88
Cr		251	63.95	0.26	64	56.66	0.34	1.13
Pb		252	28.54	0.47	62	28.96	0.41	0.99
Ni		252	31.87	0.21	64	32.25	0.23	0.99

续表 3-12

土壤元素（指标）	单位	浅层土壤剔除离散值后统计值			深层土壤剔除离散值后统计值			K 值
		样本数	基准值	变异系数	样本数	基准值	变异系数	
Co	10^{-6}	252	12.45	0.2	64	12.21	0.2	1.02
V		252	81.12	0.16	64	80.08	0.22	1.01
P		227	436.14	0.67	64	860.62	1.05	0.51
Sr		252	225.69	0.12	64	222.86	0.12	1.01
B		217	51.74	0.74	62	175.95	1.05	0.29
As		252	13.17	0.22	64	12.95	0.34	1.02
Sb		252	1.02	0.17	64	1.03	0.28	0.99
F		252	535.56	0.25	64	608.06	0.32	0.88
I		252	3.97	0.34	64	2.41	0.74	1.65
Hg	10^{-9}	248	30.87	0.57	64	14.89	0.54	2.07
Se		252	228.77	0.5	63	122.12	0.36	1.87
Ge		252	328.54	0.81	57	53.6	0.65	6.13
Cd		252	342.4	0.47	64	311.63	0.31	1.10

从表 3-12 中可以看出，浅层土壤元素 Fe、Ca、Mo、P、B、F 较深层土壤贫化，说明山药生长早期对这些元素吸收较多。pH 值、S、K、Mn、Zn、Cu、Pb、Ni、Co、V、Sr、As、Sb 与深层土壤元素基本一致，说明这些元素受人类活动和环境影响较小，主要受成土母质影响。N、Cr、Cd 较深土元素略富集，I、Se 较深土元素富集，有机质、Hg、Ge 较深土元素强富集。

另外，浅层土壤元素与深层土壤元素大部分变异系数相近，说明浅层土壤在风化过程中对深层土壤有一定的继承性。

第四节 土壤养分地球化学特征

本次工作对深层土壤、浅层土壤、山药根、山药茎叶做相关分析和差异显著性分析。相关分析中相关系数 0～0.09 不相关，0.1～0.3 弱相关（蓝色），0.3～0.5 中等相关（绿色），0.5～1 强相关（红色）。差异性显著分析中 $t<0.05$ 为差异显著。差异显著时相关系数才是准确的（表格颜色与相关分析数据一样），差异性不显著，表明相关系数为偶然因素引起的（黄色）。

一、土壤养分元素与指标地球化学特征

本次化验的养分元素有氮、磷、钾、钙、硫、有机质。

浅层土壤钾和钙的分布规律有一定类似。另外，氮、磷、钾、钙含量高的区域山药长势总体较好。深层土壤元素之间分布规律无相似性，磷、钾、有机质含量高的区域山药长势较好。

（一）钙和钾

浅层土壤钾和钙的分布规律有一定类似。孟海镇至杜堂乡之间以南有一东西条带状低值，该区域

无山药种植,有较明显的规律性,低值周边区域基本上无山药或山药长势不好。钙含量最高点位于研究区东部孟海镇白屯村以东,最低点位于研究区中南部杜堂乡张胡同村至白屯村之间条带状区域。总体钙含量较高处山药长势较好。钾整体北部高、南部低,含量最高点位于研究区中部偏南半堤镇董小集村至孙桥村之间,最低点位于研究区中南部杜堂乡张胡同村至白屯村之间条带状区域。速效钾未达检出限。含量整体为中间高、四周低,最高点位于研究区中部陈集镇西北,最低点位于研究区东部和北部陈集镇焦庄村周边、孟海镇以南。

深层土壤钙和钾分布规律不类似,钙呈点状不规律相对富集,基本呈正态分布。含量最高点位于研究区中部偏西南和东南的杜堂乡曹庄村、半堤镇焦庄村以西,最低点位于研究区东南边缘孟海镇徐楼村附近。钾区域总体较为稳定,变化不大,东南部值偏低。含量最高点位于研究区东北部孟海镇焦庄村附近,最低点位于研究区东南部半堤镇曙光村附近。总体钾含量高的区域山药长势较好。

山药根钙含量呈点状不规律相对富集。含量最高点位于孟海镇黄庄村以北,最低点位于半堤镇刘平坊村西北。

山药茎叶钙含量呈点状不规律富集。含量最高点位于孟海镇程庄村以西,最低点位于杜堂乡许堂村以南。

山药根钾含量呈点状不规律相对富集。分布规律与茎叶有类似,与深层土壤 K 分布局部互补。含量最高点位于陈集镇台楼村以东,最低点位于半堤镇刘平坊村西北。

山药茎叶钾含量呈点状不规律富集。含量最高点位于陈集镇焦庄村以南,最低点位于半堤镇薛庄村以南。

钙和钾的相关性分析和显著性分析详见表 3-13。

表 3-13 K 和 Ca 元素相关性及差异显著性分析表

元素/部位		相关性分析表			差异性显著分析表		
		根	茎叶	浅层土壤	根	茎叶	浅层土壤
Ca	茎叶	0.496	/	−0.080	$3.11×10^{-33}$	/	$6.91×10^{-15}$
	浅层土壤	0.036	−0.080	/	$7.22×10^{-51}$	$6.91×10^{-15}$	/
	深层土壤	−0.492	−0.542	0.191	$4.06×10^{-11}$	$9.51×10^{-5}$	0.175 532
K	茎叶	0.197	/	0.330	$2×10^{-9}$	/	$5.53×10^{-15}$
	浅层土壤	−0.119	0.330	/	$3.19×10^{-62}$	$5.53×10^{-15}$	/
	深层土壤	−0.213	0.195	0.427	$3.72×10^{-19}$	$2.84×10^{-7}$	0.934 576

由表 3-13 可知,山药根和茎叶钙含量呈现中等相关,其含量变化有一定的相似性。山药根与深层土壤钙含量出现了中等的负相关,山药根含量高的区域深层土壤钙含量一般较低,山药茎叶与深层土壤出现了强相关,山药茎叶钙含量高的区域深层土壤含量低,山药根和茎叶钙含量与浅层土壤无相关性,而浅层土壤和深层土壤钙含量有弱相关性,其含量变化有部分的相似性,分析可能是山药生长前期对钙吸收极少,后期山药根快速生长阶段大量吸收钙,根吸收后较多地转移到茎叶中。

山药根和茎叶中钾含量呈现弱相关,其含量变化有一定的相似性,山药根钾含量高的区域山药茎叶含量呈现低的趋势。山药根和浅层土壤及深层土壤钾含量出现了弱的负相关,而山药茎叶钾含量与浅土有中等的正相关,与深层土壤有正的弱相关,而深层土壤和浅层土壤中钾含量并没有相关性。分析可能是山药生长过程中一直稳定地需要钾,在其生长过程中不断地从浅层土壤到深层土壤中吸收一定的 K 元素,吸收后更多地转移到茎叶中。

另外,山药根中钙和钾含量较高的区域山药一般长势好。茎叶中钙和钾含量与山药长势未见规律性。

(二)氮

浅层土壤中在陈集镇北、西、南及半堤镇东部略有富集。含量最高点位于研究区东部半堤镇黄庄村东北,含量最低点位于研究区西南杜堂乡周边。总体 N 含量较高处山药长势较好。碱解氮西南部及东北较高,与浅层土壤中氮有类似的富集规律。含量最高点位于研究区西南部及东北部杜堂乡裴河村周边、半堤镇薛庄村东南,最低点位于研究区东部孟海镇黄庄村以南。

深层土壤仅 1 处高值外,全区含量较少,较为稳定,该点作为异常考虑。含量最高点位于研究区东部孟海镇东庄村以东,最低点位于研究区东部及西部陈集镇西南,孟海镇以南及以北区域。

山药根氮元素含量呈点状不规律相对富集。含量最高点位于陈集镇何庄村东南,最低点位于陈集镇曹庄村以东。

山药茎叶氮元素含量呈点状不规律富集。含量最高点位于孟海镇黄庄村以北,最低点位于杜堂乡许堂村以南。

氮的相关性分析和显著性分析详见表 3-14。

表 3-14　N 元素相关性及差异显著性分析表

元素/部位		相关性分析表			差异性显著分析表		
		根	茎叶	浅层土壤	根	茎叶	浅层土壤
N	茎叶	0.127	/	0.121	1.57×10^{-26}	/	5.42×10^{-40}
	浅层土壤	0.320	0.121	/	1.48×10^{-47}	5.42×10^{-40}	/
	深层土壤	0.305	0.299	−0.237	2.2×10^{-21}	5.83×10^{-19}	2.37×10^{-5}

由表 3-14 可知,山药根和茎叶氮含量呈现弱相关性,其含量变化有一定的相似性。山药根与浅层土壤和深层土壤氮含量均出现了正的中等相关,同时山药茎叶与浅层土壤和深层土壤氮含量均出现了正的弱相关,其含量变化有部分的相似性,而浅层土壤与深层土壤存在负的弱相关,且根据垂向变化规律,浅层土壤氮含量略高于深层土壤,分析可能是山药生长中对氮需求量极少,根吸收后较少地转移到茎叶中。

(三)磷

浅层土壤中磷呈点状不规律富集。含量最高点位于研究区中西部陈集镇周边,最低点位于研究区西北部陈集镇台楼村以西。总体磷含量较高处山药长势较好。有效磷呈点状不规律相对富集,与浅层土壤中磷含量分布有一定的类似。含量最高点位于研究区西部陈集镇台楼村以东,最低点位于研究区东南部陈集镇中沙海村以西。

深层土壤陈集镇北部有一片高值,其余均较为稳定。含量最高点位于研究区北部陈集镇焦庄村附近,最低点位于研究区东北部半堤镇胡海村至琉璃庙村附近。总体磷含量高的区域山药长势较好。

山药根磷含量呈点状不规律富集。含量最高点位于半堤镇半堤集村西南,最低点位于半堤镇刘平坊村西北。

山药茎叶磷含量呈点状不规律相对富集。含量最高点位于半堤镇潘楼村以东,最低点位于孟海镇西南。

磷的相关性分析和显著性分析详见表 3-15。

第三章　土壤元素地球化学特征与质量等级划分

表 3-15　P 元素相关性及差异显著性分析表

元素/部位		相关性分析表			差异性显著分析表		
		根	茎叶	浅层土壤	根	茎叶	浅层土壤
P	茎叶	−0.102	/	−0.050	8.81×10^{-10}	/	0.806 995
	浅层土壤	−0.266	−0.050	/	0.062 367	0.806 995	/
	深层土壤	−0.582	−0.239	0.664	0.085 09	0.627 79	0.187 967

由表 3-15 可知，山药根和茎叶磷含量呈现负的弱相关性，其余未见相关性。分析山药对土壤中磷的吸收无规律，存在从根向茎叶中转移。另外，山药茎叶磷含量高的区域山药长势未必好，山药长势好的取样点周边山药茎叶磷含量以中等为主。山药根磷含量较高的区域对应山药长势较好。

（四）硫

浅层土壤硫除两处相对高值外，全区基本低值。含量最高点位于研究区东部陈集镇八一村东南和孟海镇程庄村南，最低点位于研究区东南部孟海镇程庄村北和东庄村东南，为未达检出限。

深层土壤硫除个别点较高之外，其余均较低。含量最高点位于研究区东部孟海镇白屯村以西，最低点区域内大面积分布。

山药未化验硫元素。研究区内土壤中含量非常低。

（五）有机质

浅层土壤有机质呈点状不规律富集。含量最高点位于研究区东南部孟海镇孙桥村，最低点位于研究区东南部孟海镇南正村西部及北部。

深层土壤有机质除 4 处相对高值外，全区较为稳定。含量最高点位于研究区中部杜堂乡大徐村以西，最低点位于研究区西部陈集镇七一村、桶子河村附近。总体有机质含量高的区域山药长势较好。

山药根有机质含量总体较为稳定，个别相对高值，与深层土壤有机质分布局部互补。含量最高点位于杜堂乡张楼村以西，最低点位于陈集镇曹庄村以东。

山药茎叶有机质含量呈点状不规律富集。含量最高点位于半堤镇薛庄村以南、陈集镇曹庄村以东、陈集镇东北，最低点位于陈集镇朱集村西北。

有机质的相关性分析和显著性分析详见表 3-16。

表 3-16　有机质相关性及差异显著性分析表

元素/部位		相关性分析表			差异性显著分析表		
		根	茎叶	浅层土壤	根	茎叶	浅层土壤
有机质	茎叶	−0.183	/	−0.060	4.34×10^{-6}	/	4.22×10^{-5}
	浅层土壤	−0.011	−0.060	/	0.251 556	4.22×10^{-5}	/
	深层土壤	−0.094	0.132	−0.334	7.22×10^{-8}	2.3×10^{-5}	1.43×10^{-7}

对比图和分析表可知，山药根和茎叶有机质含量呈现负的弱相关，分析可能与有机质从山药根向茎叶中转移有关。土壤与山药根有机质含量无相关性，说明山药生长过程中从土壤中吸收有机质极少。另外，山药茎叶有机质含量高的区域一般对应长势好的取样点。而山药根有机质含量与山药长势无相关性。

二、土壤微量元素地球化学特征

本次化验的土壤微量元素有铁、锰、锌、铜、硼、钼、钴、钒、锗、锶。其微量元素在研究区内的分布详见表3-6和表3-7。

(一)铁、钒、钴、锰

浅层土壤中铁在孟海镇至杜堂乡之间以南有一东西条带状低值，该区域无山药种植。Fe低值带与V高值带、Co高值带、Ni高值带、Pb高值带、Mn高值带、K低值带较为对应，均属于无山药或山药长势不好。其他区域呈点状不规律相对富集。含量最高点位于研究区东南部孟海镇白屯村以东，最低点位于研究区中南部孟海镇至杜堂乡之间以南的东西条带上。有效铁含量呈点状不规律相对富集，总体趋势与浅层土壤中铁有一定相似性。含量最高点位于研究区东南部孟海镇孙桥村东南，最低点位于研究区西部陈集镇台楼村以西。钒高值周边区域基本上无山药或山药长势不好。含量最高点位于研究区东南部孟海镇白屯村以东，最低点位于研究区北部半堤镇于庄村东北及半堤镇立新村西北和东北。钴高值周边区域基本上无山药或山药长势不好。含量最高点位于研究区东南部孟海镇白屯村以东，最低点位于研究区西部孟海镇徐楼村东北、半堤镇立新村西北、孟海镇东曹村以南、陈集镇保宁村以西。锰呈点状不规律富集，含量最高点位于研究区东南部孟海镇白屯村以东，最低点位于研究区中部半堤镇西北及东南。有效锰呈点状不规律相对富集，与浅层土壤锰含量未见规律性。含量最高点位于陈集镇保宁村以西，最低点位于半堤镇立新村西南。

深层土壤该4元素间未见规律性。铁呈点状不规律相对富集。含量最高点位于研究区西南部陈集镇曹庄村西北，最低点位于研究区东南部半堤镇曙光村西部与南部、孟海镇南王村西南。钒呈点状不规律相对富集。含量最高点位于研究区西南部陈集镇曹庄村西北，最低点位于研究区东南部半堤镇曙光村以南。钴全区较为稳定。含量最高点位于研究区中南部陈集镇焦庄村西南，最低点位于研究区东南部半堤镇曙光村西南。锰呈点状不规律富集。含量最高点位于研究区西南部陈集镇曹庄村西北、陈集镇焦庄村西南，最低点位于研究区东南部半堤镇曙光村以南。

山药根铁含量东北部偏高，其余偏低，与深层土壤Fe分布局部互补。含量最高点位于孟海镇万福集村以北，最低点位于半堤镇刘平坊村西北。

山药茎叶铁含量呈点状不规律富集。含量最高点位于陈集镇朱庄村东北，最低点位于孟海镇万福集村以北。

山药根钒含量总体东部偏高，其余偏低，与深层土壤V分布大体互补。含量最高点位于半堤镇潘楼村以东，最低点位于陈集镇朱庄村以南。

山药茎叶钒含量呈点状不规律富集，个别高值。含量最高点位于陈集镇朱庄村东北，最低点位于孟海镇万福集村以北。

山药根钴含量东北部偏高，其余偏低，与深层土壤Co分布大体互补。含量最高点位于孟海镇万福集村以北，最低点位于半堤镇刘平坊村西北。

山药茎叶钴含量呈点状不规律富集，个别高值。含量最高点位于陈集镇朱庄村东北，最低点位于半堤镇胡海村以东。

山药根锰含量呈点状不规律相对富集。含量最高点位于陈集镇何庄村东南，最低点位于半堤镇刘平坊村西北。

山药茎叶锰含量西部偏高，其余偏低。含量最高点位于陈集镇何庄村东南，最低点位于半堤镇刘平坊村西南。

铁的相关性分析和显著性分析详见表3-17。

表 3-17　铁、钒、钴、锰元素相关性及差异显著性分析表

元素/部位		相关性分析表			差异性显著分析表		
		根	茎叶	浅层土壤	根	茎叶	浅层土壤
V	茎叶	0.04	/	−0.074	8.98×10^{-15}	/	3.07×10^{-67}
	浅层土壤	−0.039	−0.074	/	1.23×10^{-66}	3.07×10^{-67}	/
	深层土壤	−0.295	−0.418	−0.084	6.9×10^{-16}	9.77×10^{-16}	0.466 483
Mn	茎叶	0.457	/	0.328	1.63×10^{-29}	/	1.93×10^{-49}
	浅层土壤	0.170	0.328	/	4.91×10^{-54}	1.93×10^{-49}	/
	深层土壤	−0.330	−0.549	0.149	3.86×10^{-14}	5.9×10^{-13}	0.573 885
Fe	茎叶	−0.044	/	0.058	3.64×10^{-19}	/	3.79×10^{-66}
	浅层土壤	0.271	0.058	/	3.56×10^{-67}	3.79×10^{-66}	/
	深层土壤	−0.283	−0.260	−0.069	8.69×10^{-15}	1.66×10^{-14}	0.331 866
Co	茎叶	−0.165	/	−0.060	7.04×10^{-20}	/	1.64×10^{-47}
	浅层土壤	−0.004	−0.060	/	3.92×10^{-48}	1.64×10^{-47}	/
	深层土壤	0.049	−0.544	0.397	5.27×10^{-16}	8.37×10^{-16}	0.184 375

对比图和分析表可知，山药根和浅土铁含量呈现弱相关性，其含量变化有一定的相似性。山药茎叶和根都与深土铁含量出现了弱的负相关，说明山药对铁有一定的吸收。

山药茎叶和深层土壤钴含量存在一定的强相关，其他无相关性。说明山药对钴无明显的吸收。

另外，山药根和茎叶中铁含量较高的区域山药一般长势好。但是含量低的区域也有长势好的，分析铁元素对山药长势好应该为必要条件。钒、钴和锰元素根和茎叶中含量高低与长势无规律。

（二）锌

浅层土壤中锌与山药相关性不大，仅半堤镇东北有一处高值，其余均为低值。含量最高点位于研究区中部半堤镇半堤集村东北，最低点位于研究区东南部孟海镇徐楼村东北。有效锌仅研究区西北部及东北部 2 处高值外，全区含量较少，较为稳定。含量最高点位于研究区东北部孟海镇吴集村东南。与浅层土壤锌含量总体趋势有一定相似性。

深层土壤锌呈点状不规律富集，东南部偏少。含量最高点位于研究区东部陈集镇曹庄村西北，最低点位于研究区东南部半堤镇曙光村以南。

山药根锌含量呈点状不规律相对富集。含量最高点位于杜堂乡张楼村以西，最低点位于陈集镇焦庄村以北。

山药茎叶锌含量呈点状不规律相对富集。含量最高点位于陈集镇朱庄村东北，最低点位于孟海镇东薛村周边。

锌的相关性分析和显著性分析详见表 3-18。

表 3-18　锌元素相关性及差异显著性分析表

元素/部位		相关性分析表			差异性显著分析表		
		根	茎叶	浅层土壤	根	茎叶	浅层土壤
Zn	茎叶	−0.021	/	−0.073	1.64×10^{-21}	/	2×10^{-44}
	浅层土壤	0.351	−0.073	/	5.97×10^{-49}	2×10^{-44}	/
	深层土壤	0.176	−0.098	0.155	7.11×10^{-11}	1.3×10^{-9}	0.914 846

对比图和分析表可知,山药根和浅层土壤与深层土壤锌含量分别呈现中等相关性,分析可能是山药整个生长周期对锌都有一定的吸收,生长前期对锌吸收较多,茎叶中未见较高转移。

另外,山药根和茎叶中锌含量与山药长势未见规律性。

（三）铜

浅层土壤中铜呈点状不规律富集。含量最高点位于研究区东南部孟海镇白屯村以东,最低点位于研究区东南部孟海镇徐楼村东北。有效铜仅西北部1处高值外,全区含量较少,较为稳定。含量最高点位于陈集镇张庄村西南。

深层土壤铜呈点状不规律相对富集。含量最高点位于研究区西南部陈集镇曹庄村西北,最低点位于研究区东南部半堤镇曙光村西南。与浅层土壤含量总体趋势有一定的类似性。

山药根铜含量南部偏高,其余偏低。含量最高点位于半堤镇曙光村周边,最低点位于陈集镇焦庄村以北。

山药茎叶铜含量总体东南部偏高。含量最高点位于半堤镇潘楼村以东,最低点位于孟海镇琉璃庙村周边。

铜的相关性分析和显著性分析详见表3-19。

表3-19 铜元素相关性及差异显著性分析表

元素/部位		相关性分析表			差异性显著分析表		
		根	茎叶	浅层土壤	根	茎叶	浅层土壤
Cu	茎叶	0.261	/	−0.051	4.25×10^{-29}	/	7.91×10^{-44}
	浅层土壤	0.074	−0.051	/	2.28×10^{-50}	7.91×10^{-44}	/
	深层土壤	−0.403	−0.348	0.144	3.95×10^{-11}	3.62×10^{-9}	0.050 343

对比图和分析表可知,山药根和茎叶铜含量呈现弱相关性,其含量变化有一定的相似性。山药根和茎叶与深层土壤铜含量出现了中等的负相关,与浅层土壤无相关性。分析可能是山药生长前期对铜吸收极少,后期山药根快速生长阶段大量吸收铜。

另外,山药根和茎叶中铜含量与山药长势未见规律性。

（四）硼

浅层土壤中硼总体较低,仅有几处高值位于陈集镇和半堤镇连线以北区域。含量最高点位于研究区北部半堤镇曲庄村东北,最低点位于研究区西北部半堤镇半堤集村西北及西南。有效硼呈点状不规律相对富集。含量最高点位于研究区东部孟海镇黄庄村周边,最低点位于研究区中部陈集镇东北。有效硼含量变化规律与浅土中未见明显规律性。

深层土壤硼仅2处高值外,全区含量较少,较为稳定。含量最高点位研究区西北部于陈集镇路庄村以西。

山药根硼含量半堤镇北部Z13附近有高值,其余偏低较为稳定。含量最高点位于半堤镇半堤集村西南,最低点位于半堤镇刘平坊村西北。

山药茎叶硼含量西北部偏高,其余偏低。与Se分布类似,含量最高点位于陈集镇八里庙村以北,最低点位于杜堂乡许堂村周边、半堤镇薛庄村以南。

硼的相关性分析和显著性分析详见表3-20。

表 3-20 硼元素相关性及差异显著性分析表

元素/部位		相关性分析表			差异性显著分析表		
		根	茎叶	浅层土壤	根	茎叶	浅层土壤
B	茎叶	0.101	/	−0.033	1.04×10^{-28}	/	0.000 978
	浅层土壤	−0.064	−0.033	/	6×10^{-6}	0.000 978	/
	深层土壤	0.015	−0.137	−0.028	0.000 802	0.004 274	0.093 186

对比图和分析表可知,山药茎叶硼含量和深层土壤呈现负的弱相关性,其他未见相关性。分析可能是山药生长期对硼的需求较少。

另外,山药根和茎叶中硼含量与山药长势未见规律性。

(五) 钼

浅层土壤中钼呈点状不规律富集。含量最高点位于研究区东南部陈集镇崔庄村以西及孟海镇白屯村以东,最低点位于研究区西部半堤镇大常村西南及孟海镇苗古店村以南。有效钼呈点状不规律相对富集。含量最高点位于研究区西部陈集镇何庄村东南,最低点位于研究区东部半堤镇花园村以东、孟海镇黄庄村东南。有效钼与浅层土壤中钼总体分布有一定规律性。

深层土壤钼呈点状不规律相对富集。含量最高点位于研究区西部杜堂乡陈庄村西南,最低点位于研究区东南部孟海镇徐楼村西南。

山药根钼含量呈点状不规律相对富集。与深层土壤 Mo 分布类似。含量最高点位于陈集镇东北,最低点位于陈集镇保宁村周边。

山药茎叶钼含量东南部偏高,其余偏低。含量最高点位于孟海镇白屯村以北。

钼的相关性分析和显著性分析详见表 3-21。

表 3-21 钼元素相关性及差异显著性分析表

元素/部位		相关性分析表			差异性显著分析表		
		根	茎叶	浅层土壤	根	茎叶	浅层土壤
Mo	茎叶	0.088	/	−0.102	4.63×10^{-15}	/	8.47×10^{-12}
	浅层土壤	−0.038	−0.102	/	7.14×10^{-20}	8.47×10^{-12}	/
	深层土壤	0.009	−0.231	0.452	1.44×10^{-7}	4.25×10^{-5}	0.190 974

对比图和分析表可知,山药茎叶钼含量与浅层土壤和深层土壤都呈现负的弱相关性,根中钼含量和土壤无相关性。分析可能是山药生长期对钼元素需求较少,较多地转移到茎叶中。

另外,山药根和茎叶中钼含量与山药长势未见规律性。

(六) 锗

浅层土壤中锗呈点状不规律相对富集。含量最高点位于研究区东北部半堤镇胡海村以东,最低点位于研究区南部陈集镇保宁村以西。

深层土壤锗仅北部 1 处高值外,全区含量较少,较为稳定。含量最高点位于研究区西南部杜堂乡裴河村以西,最低点位于研究区西南部杜堂乡许堂村以南。

山药根锗含量未达到检出限。

山药茎叶锗含量总体北部偏高。含量最高点位于半堤镇花园村以东,最低点位于陈集镇七一村周边。

锗的相关性分析和显著性分析详见表 3-22。

表 3-22　锗元素相关性及差异显著性分析表

元素/部位		相关性分析表			差异性显著分析表		
		根	茎叶	浅层土壤	根	茎叶	浅层土壤
Ge	茎叶	根未检出	/	−0.004	根未检出	/	0.000 112
	浅层土壤	根未检出	−0.004	/	根未检出	0.000 112	/
	深层土壤	根未检出	0.260	0.053	根未检出	0.054 787	0.976 016

对比图和分析表可知,山药根中锗含量极少,未达到检出限。山药茎叶与土壤锗元素未见相关性。分析可能是山药生长期对锗吸收极少。

另外,山药茎叶中锗含量与山药长势未见规律性。

(七)锶

浅层土壤中锶呈点状不规律相对富集。含量最高点位于研究区北部陈集镇焦庄村西北及孟海镇程庄村以西,最低点位于研究区南部孟海镇南王村以南。

深层土壤锶全区较为稳定。含量最高点位于研究区西部陈集镇曹庄村西北,最低点位于研究区东南部孟海镇南王村东南。

山药根锶含量呈点状不规律相对富集,与深层土壤 Sr 分布局部互补。含量最高点位于孟海镇黄庄村以北,最低点位于半堤镇刘平坊村西北。

山药茎叶锶含量东部及西北部偏高,其余偏低。含量最高点位于孟海镇程庄村以西,最低点位于半堤镇薛庄村以南。锶的相关性分析和显著性分析详见表 3-23。

表 3-23　锶元素相关性及差异显著性分析表

元素/部位		相关性分析表			差异性显著分析表		
		根	茎叶	浅层土壤	根	茎叶	浅层土壤
Sr	茎叶	0.201	/	0.510	2.48×10^{-35}	/	5.16×10^{-7}
	浅层土壤	0.087	0.510	/	5.84×10^{-71}	5.16×10^{-7}	/
	深层土壤	−0.125	0.159	0.372	1.91×10^{-23}	0.015 017	0.432 663

对比图和分析表可知,山药根和茎叶锶含量呈现弱相关性,茎叶和根都与深层土壤锶含量呈现弱相关。分析可能是山药生长前期对锶吸收极少,后期山药根快速生长阶段大量吸收锶,一部分转移到茎叶中。

另外,山药根和茎叶中锶含量与山药长势未见规律性。

三、土壤硒、碘、氟等微量营养元素地球化学特征

本次化验的土壤微量营养元素有硒、碘、氟、镍。

(一)硒

浅层土壤中硒大部分区域属于足硒情况,且硒含量是否足够和山药长势无关系。含量最高点位于研究区西南部陈集镇焦庄村东北及孟海镇程庄村以西,最低点位于研究区西部陈集镇华堂村。

深层土壤硒仅 1 处高值外,全区含量较少,较为稳定。含量最高点位于研究区中部半堤镇立新村西北,最低点位于研究区东南部孟海镇徐楼村周边、陈集镇中沙海村以西。

山药根硒含量呈点状不规律相对富集,与深层土壤 Se 分布大体互补。含量最高点位于半堤镇半堤集村以西,最低点位于孟海镇琉璃庙村周边。

山药茎叶硒含量西北部偏高,其余偏低。含量最高点位于陈集镇八里庙村以北,最低点位于杜堂乡许堂村周边。

硒的相关性分析和显著性分析详见表 3-24。

表 3-24 硒元素相关性及差异显著性分析表

元素/部位		相关性分析表			差异性显著分析表		
		根	茎叶	浅层土壤	根	茎叶	浅层土壤
Se	茎叶	0.262	/	0.008	3.7×10^{-27}	/	1.02×10^{-5}
	浅层土壤	0.147	0.008	/	5.73×10^{-20}	1.02×10^{-5}	/
	深层土壤	−0.313	−0.147	−0.202	0.000 147	4.23×10^{-5}	4.25×10^{-5}

对比图和分析表可知,山药根和茎叶硒含量呈现弱相关性,山药根和茎叶硒含量均是西高东低。根和浅层土壤也呈现弱相关。深层土壤分别与根和茎叶呈现中等相关和弱相关。分析可能是山药生长前期对硒有一定吸收,该时期内向茎叶中转移较少,较多地留在根中,后期山药根快速生长阶段吸收硒较多,一部分转移到茎叶中。

另外,山药根和茎叶中硒含量与山药长势未见规律性。

研究区内 Se 丰缺程度详见图 3-15～图 3-17。研究区内浅层土壤大部分地区为足硒,研究区西部和北部部分地区为硒缺乏,缺乏地区山药长势中等—好,深层土壤大部分地区 Se 缺乏—潜在 Se 不足,只有中部和西南部小范围区域内为足 Se。山药长势情况和深层土壤 Se 含量无规律性。另外,根据垂直剖面数据显示,两处山药长势好的地方 Se 垂向上变化不大。根据山药根化验结果,Se 含量最大值为 $0.01\mu g/kg$,基本上含 Se 相当少。山药茎叶中 Se 含量最大值为 $0.14\mu g/kg$,最小值为 $0.03\mu g/kg$,含量远大于根含量。浅层土壤中 Se 含量最大值为 $0.47\mu g/kg$,深层土壤中含量最大为 $0.48\mu g/kg$,土壤中 Se 含量远大于山药含量。因此,分析土壤中 Se 含量对山药生长好坏基本无影响。

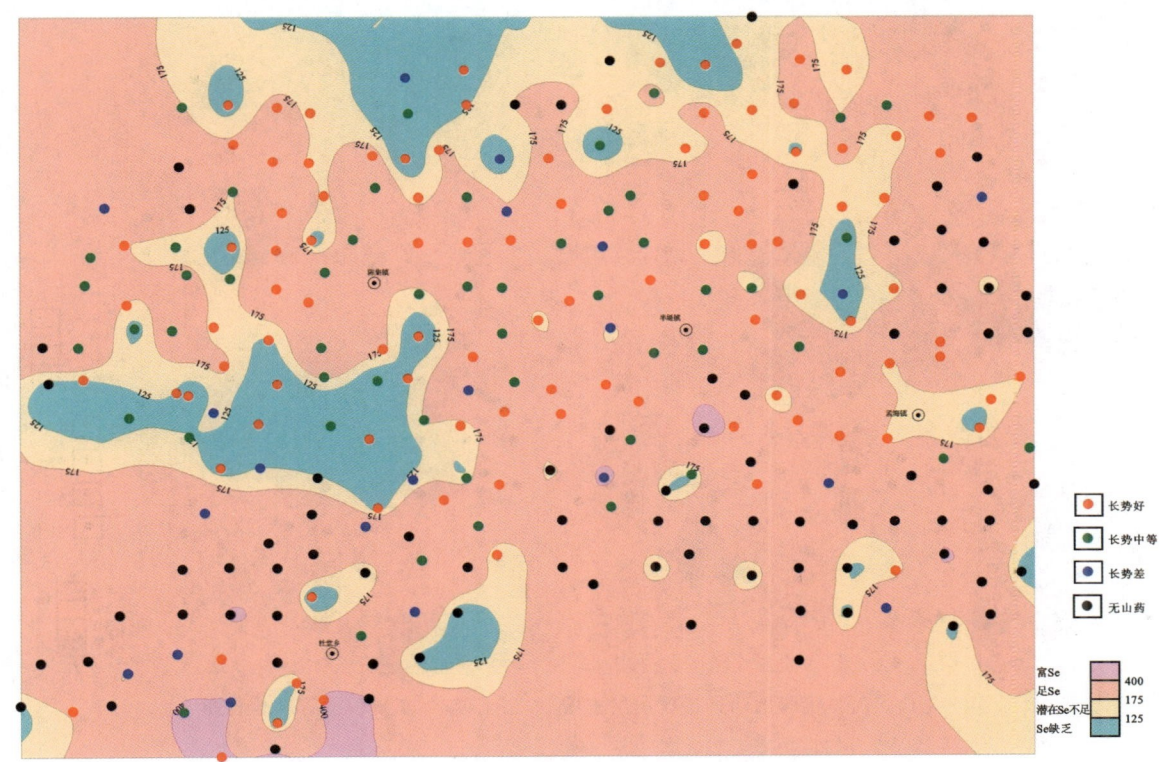

图 3-15 菏泽定陶山药种植区浅层土壤 Se 丰缺程度等值线图

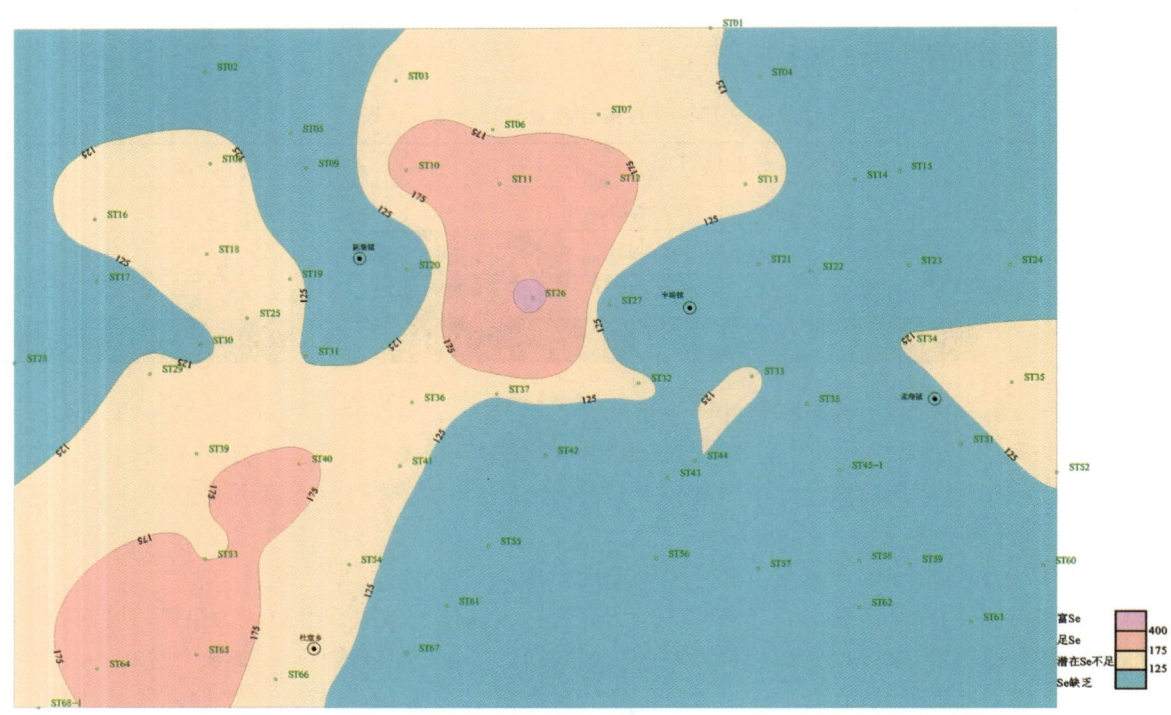

图 3-16　菏泽定陶山药种植区深层土壤 Se 丰缺程度等值线图

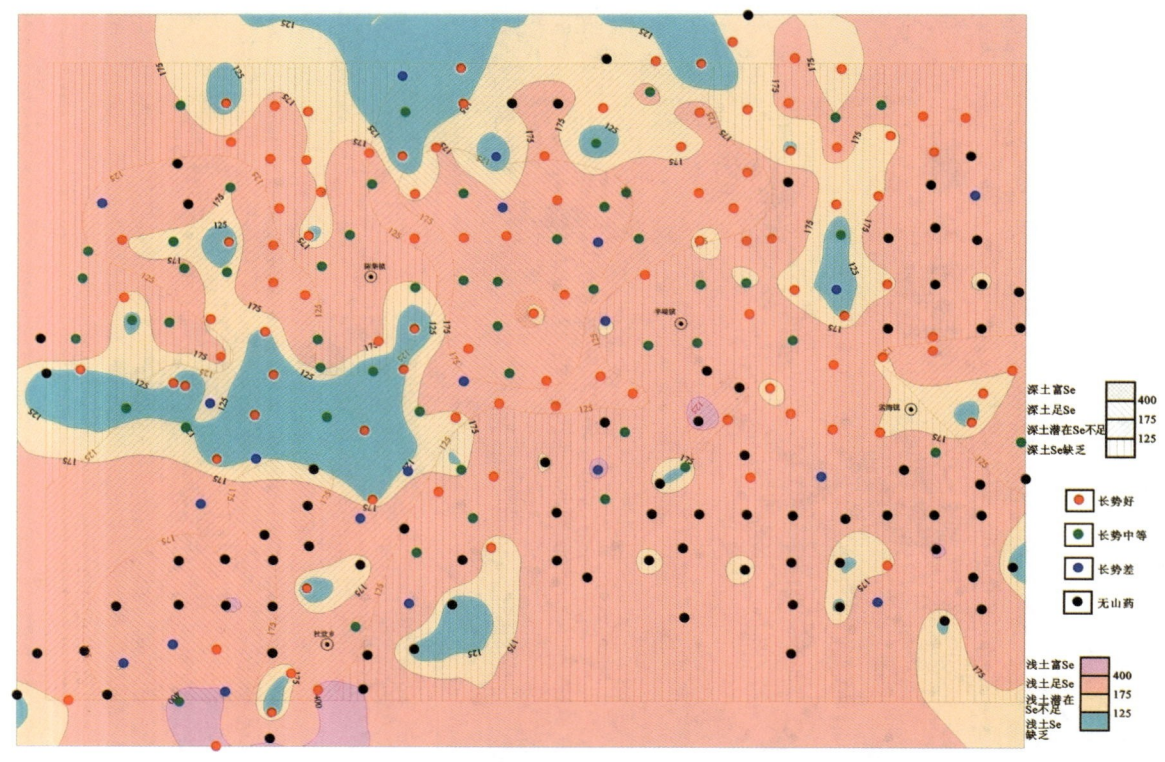

图 3-17　菏泽定陶山药种植区浅层土壤、深层土壤 Se 丰缺程度等值叠合图

（二）碘

浅层土壤中碘呈点状不规律富集，且全区含量为适量—高。与山药长势无关系。含量最高点位于研究区西北部陈集镇中沙海村以西，最低点位于研究区中部半堤镇曲庄村东南。

深层土壤碘呈点状不规律相对富集。含量最高点位于研究区中部陈集镇焦庄村西南，最低点位于研究区西南部陈集镇保宁村西南、杜堂乡张庄寨村西北。

山药根碘含量呈点状不规律相对富集。含量最高点位于陈集镇台楼村东南，最低点位于半堤镇刘平坊村西北。

山药茎叶碘含量呈点状不规律富集。含量最高点位于孟海镇黄庄村以北，最低点位于半堤镇于庄村周边。

碘的相关性分析和显著性分析详见表3-25。

表3-25 碘元素相关性及差异显著性分析表

元素/部位		相关性分析表			差异性显著分析表		
		根	茎叶	浅层土壤	根	茎叶	浅层土壤
I	茎叶	0.153	/	0.314	3.04×10^{-34}	/	3.56×10^{-11}
	浅层土壤	0.164	0.314	/	9.45×10^{-37}	3.56×10^{-11}	/
	深层土壤	0.470	−0.120	−0.474	2.2×10^{-5}	0.701 345	0.003 362

对比图和分析表可知，山药根和茎叶碘含量呈现弱相关性，浅层土壤和根及茎叶碘含量分别呈现弱相关和中等相关，深层土壤和根及浅层土壤碘含量均呈现中等相关。分析可能是山药生长前期对碘有一定的吸收，较多地转移到茎叶中，后期山药根快速生长阶段更多地吸收碘，向茎叶中转移非常少。另外浅层土壤和深层土壤中碘含量的中等相关说明碘在土壤中主要来源于成土母质，受地表自然环境及人类活动影响极小。

另外，山药根和茎叶中碘含量与山药长势未见规律性。

研究区内I丰缺程度详见图3-18～图3-20。研究区内浅层土壤和深层土壤大部分地区均为碘适量，且I含量高低和山药长势情况无规律。因此，分析土壤中I含量对山药生长好坏基本无影响。另外，根据垂直剖面数据显示，两处山药长势好的地方I由浅部到深部有增加的趋势。山药根中I含量最大值为$0.13\mu g/kg$，最小值为$0\mu g/kg$，山药茎叶中I含量最大值为$4.19\mu g/kg$，最小值为$0.62\mu g/kg$，含量远大于根含量。浅层土壤中I含量最大值为$8.94\mu g/kg$，深层土壤中含量最大为$10.7\mu g/kg$，土壤中I含量远大于山药含量。

（三）氟

浅层土壤中氟呈点状不规律富集。全区以边缘—高为主，与山药长势情况无相关性。含量最高点位于研究区南部孟海镇南王村东南及孟海镇孙桥村以南，最低点位于研究区西南部杜堂乡陈庄村东南。

深层土壤氟呈点状不规律相对富集。含量最高点位于研究区西南部陈集镇曹庄村西北、杜堂乡贾庄村西北，最低点位于研究区东北部半堤镇胡海村北部。

研究区内F丰缺程度详见图3-21～图3-23。研究区内浅层土壤大部分区域为F高和F适量，山药长势较好区域以F边缘为主。深层土壤大部分区域为F高和F过剩。山药长势较好的区域深层土壤F含量无规律性。另外，根据垂直剖面数据显示，两处山药长势好的地方F在$0.5\sim1.0m$范围内较多，该范围以浅和以深较少。因此，分析浅层土壤F含量过高可能会抑制山药的生长。

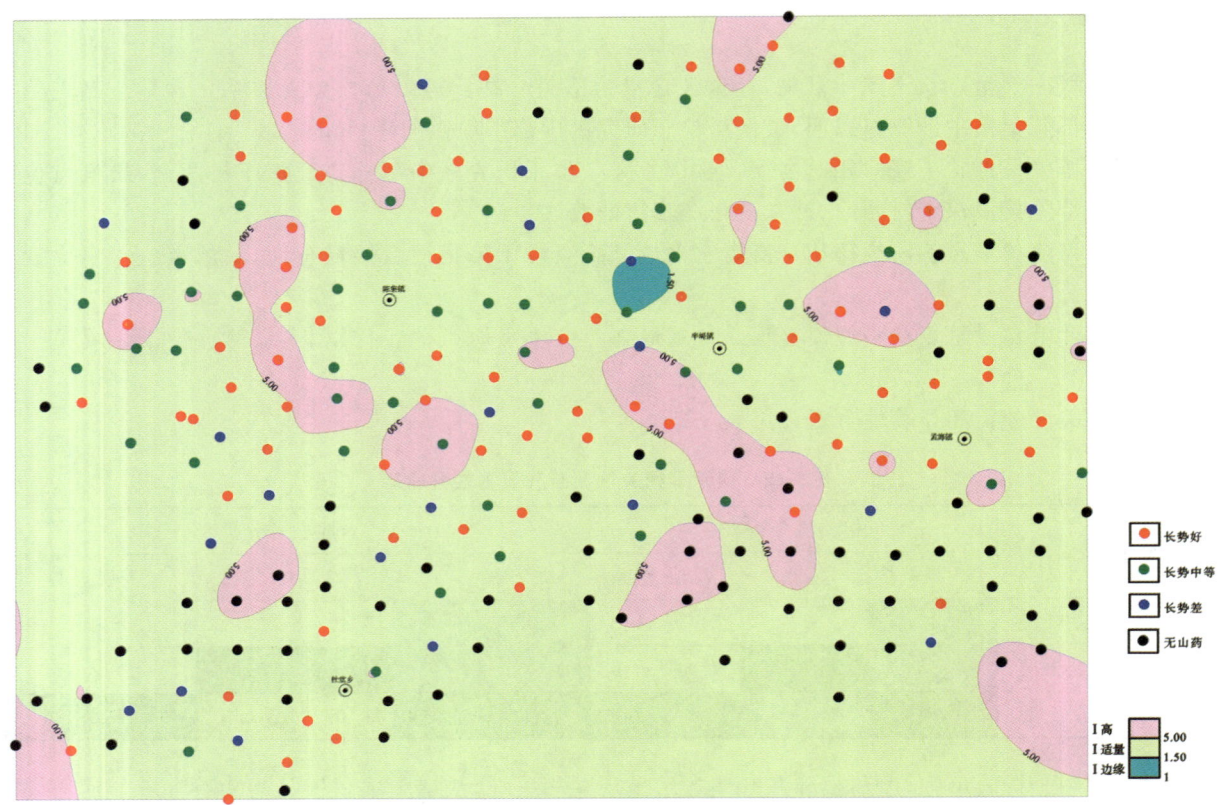

图 3-18 菏泽定陶山药种植区浅层土壤 I 丰缺程度等值线图

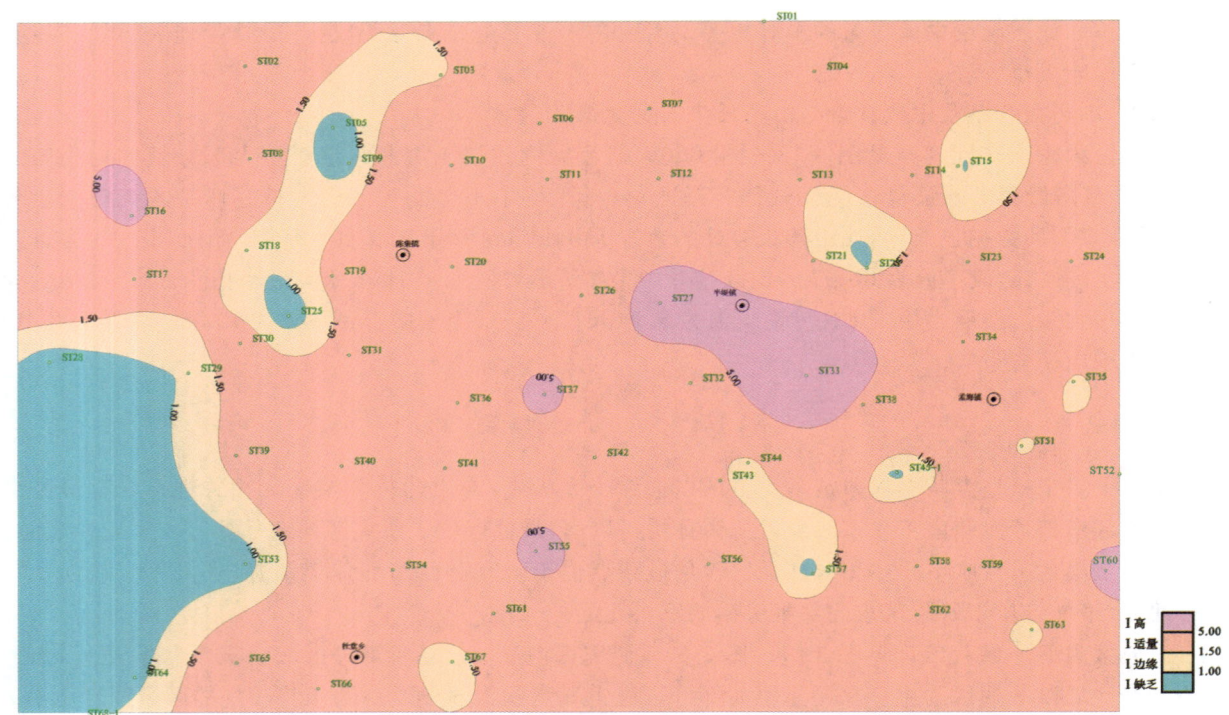

图 3-19 菏泽定陶山药种植区深层土壤 I 丰缺程度等值线图

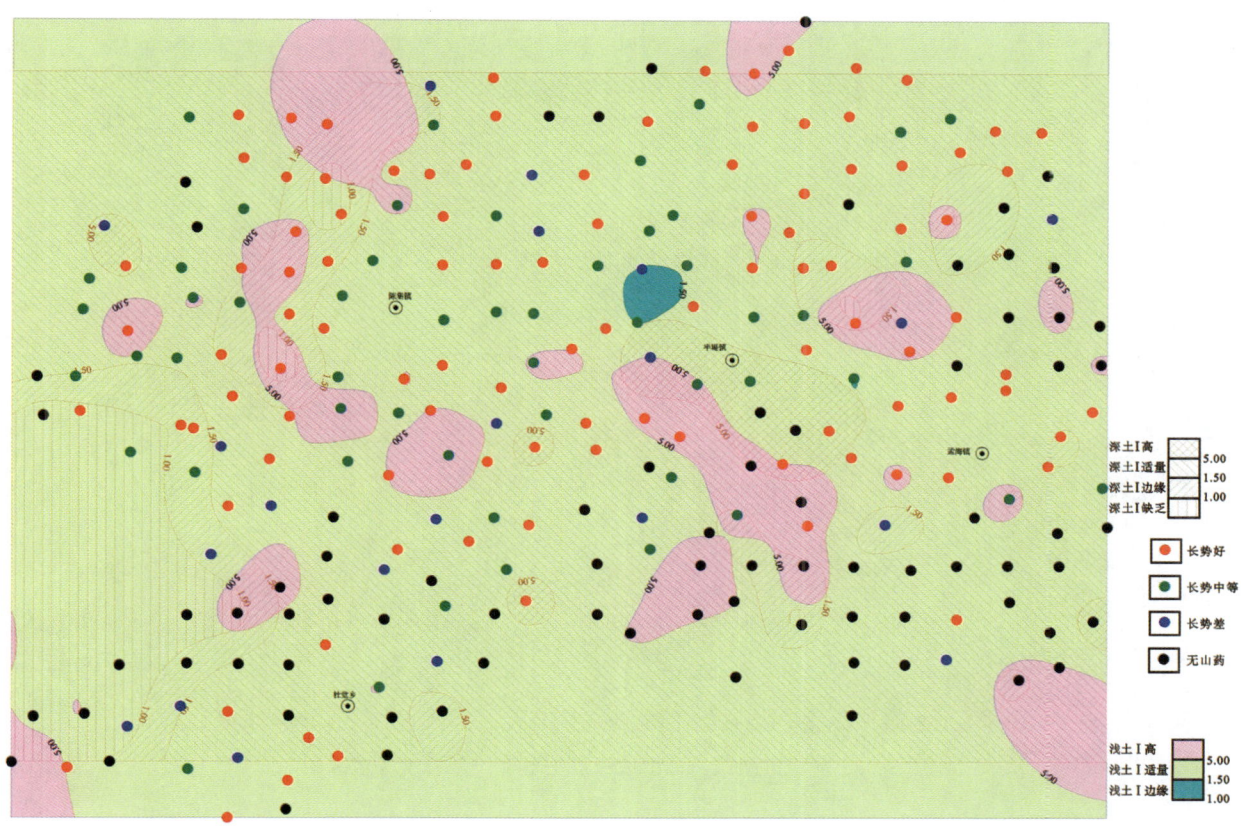

图 3-20 菏泽定陶山药种植区浅层土壤、深层土壤 I 丰缺程度等值叠合图

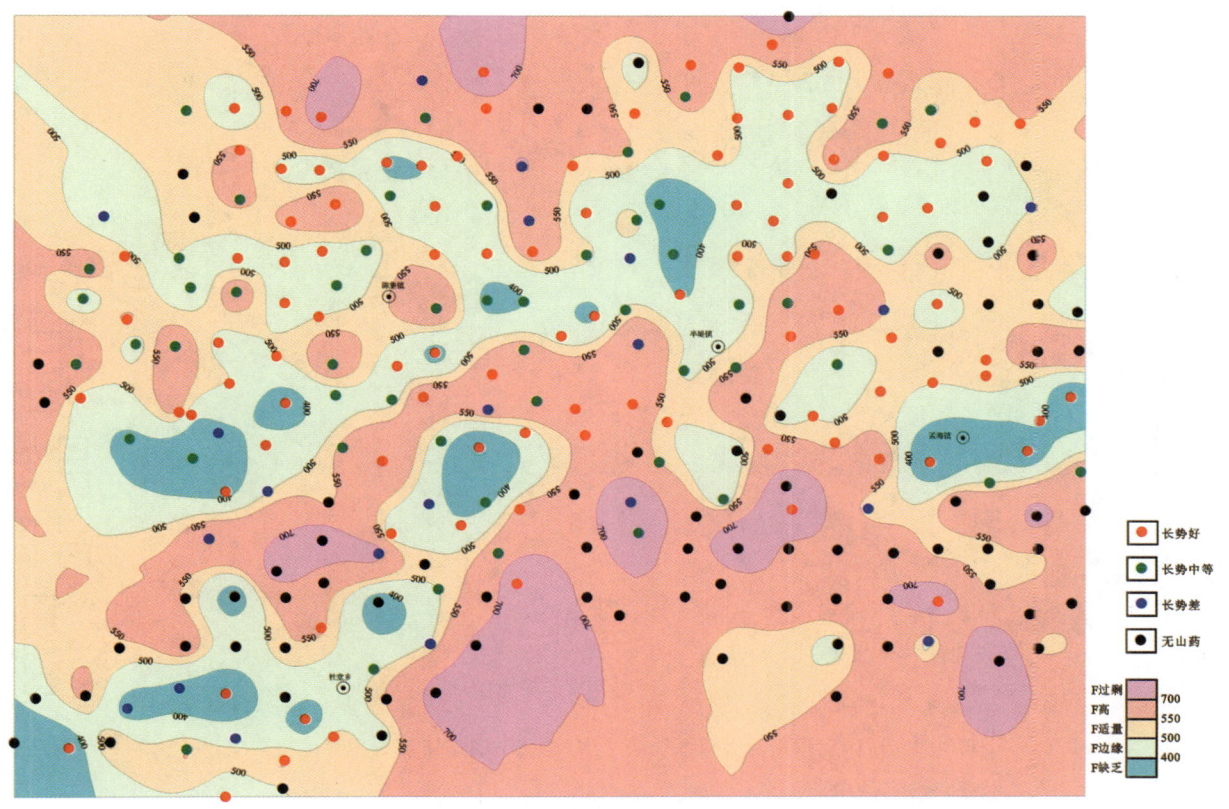

图 3-21 菏泽定陶山药种植区浅层土壤 F 丰缺程度等值线图

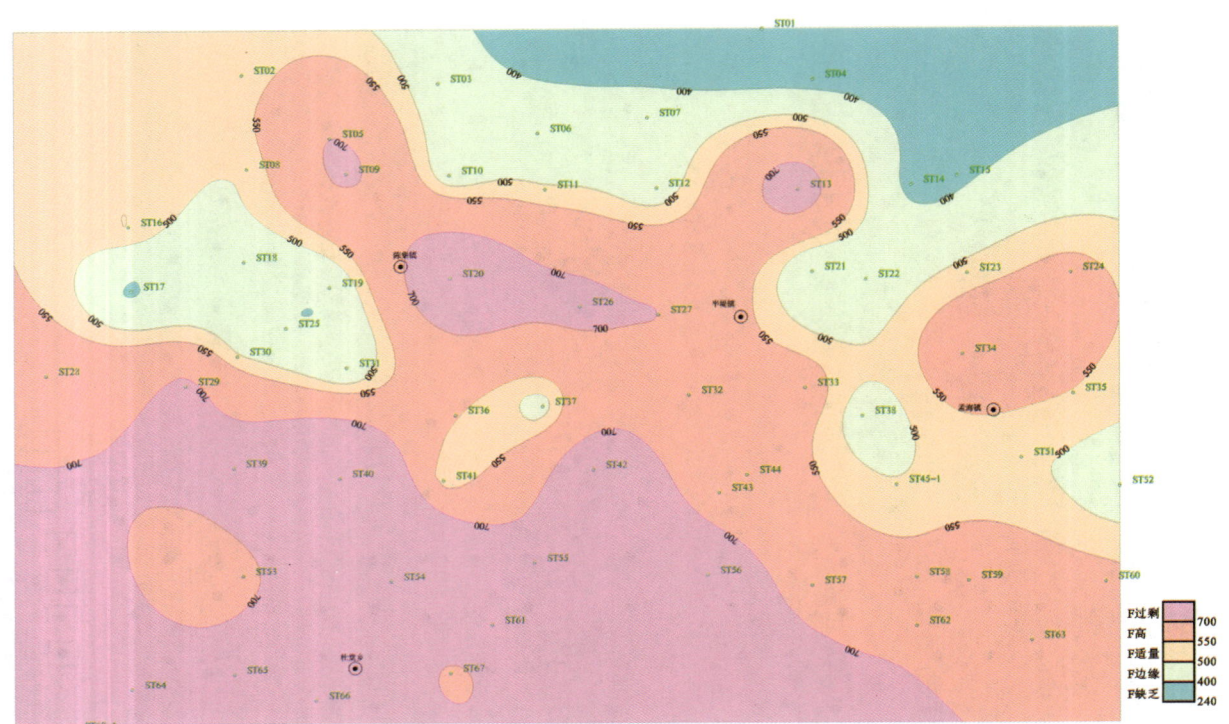

图 3-22　菏泽定陶山药种植区深层土壤 F 丰缺程度等值线图

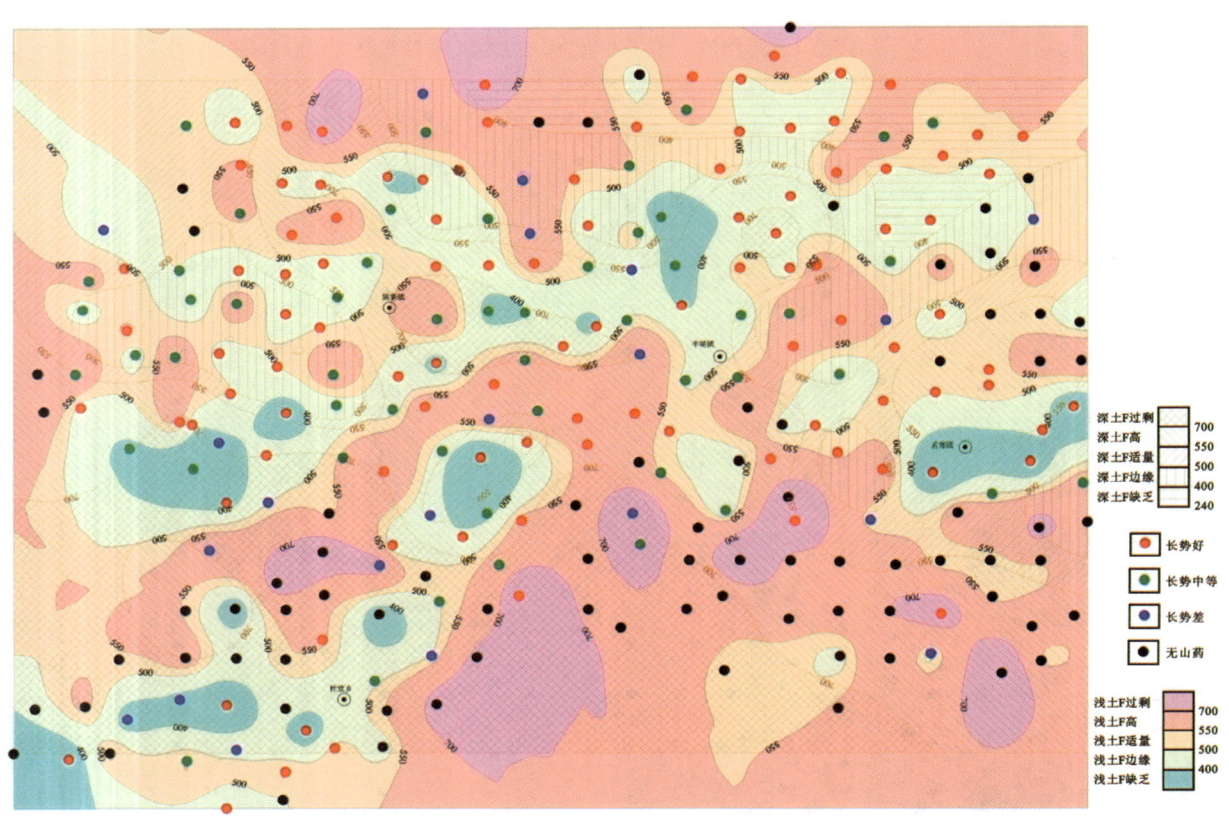

图 3-23　菏泽定陶山药种植区浅层土壤、深层土壤 F 丰缺程度等值叠合图

第三章 土壤元素地球化学特征与质量等级划分

（四）镍

浅层土壤中镍孟海镇至杜堂乡之间以南有一东西条带状相对高值，有较明显的规律性，高值周边区域基本上无山药或山药长势不好。Ni 高值带与 Pb 高值带、Mn 高值带、K 低值带较为对应，均属于无山药或山药长势不好。含量最高点位于研究区东南部孟海镇徐楼村西南及孟海镇白屯村以东，最低点位于研究区北部半堤镇于庄村东北。

深层土壤镍呈点状不规律相对富集，东南部偏低。含量最高点位于研究区中部陈集镇焦庄村西南，最低点位于研究区东南部孟海镇徐楼村以南。

山药根镍含量南部偏高为主，其余有零星高值，与深层土壤 Ni 分布大体互补。含量最高点位于半堤镇曙光村以北，最低点位于陈集镇焦庄村周边。

山药茎叶镍含量呈点状不规律相对富集。含量最高点位于半堤镇潘楼村东南，最低点位于孟海镇西曹村以西。

镍的相关性分析和显著性分析详见表 3-26。

表 3-26 镍元素相关性及差异显著性分析表

元素/部位		相关性分析表			差异性显著分析表		
		根	茎叶	浅层土壤	根	茎叶	浅层土壤
Ni	茎叶	0.181	/	−0.164	6.89×10^{-28}	/	3×10^{-41}
	浅层土壤	−0.007	−0.164	/	1.33×10^{-42}	3×10^{-41}	/
	深层土壤	−0.424	−0.589	0.591	1.29×10^{-14}	3.5×10^{-14}	0.571 813

对比图和分析表可知，山药根和茎叶镍含量呈现弱相关性，深层土壤和根及茎叶镍含量分别呈现中等相关和强相关。分析可能是山药生长前期对镍吸收极少，后期山药根快速生长阶段大量吸收镍，较多地转移到茎叶中。

另外，山药根和茎叶中镍含量与山药长势未见规律性。

第五节 土壤环境地球化学特征

一、土壤砷、镉、汞、铅、铬等重金属元素地球化学特征

本次化验的土壤重金属元素有砷、镉、汞、铅、铬、锑。

（一）砷

浅层土壤中砷除一处较高值外，其余均为较低值，全区较稳定。分布规律与浅层土壤中铁非常类似。含量最高点位于研究区东部孟海镇程庄村以南，最低点位于研究区东北部半堤镇胡海村以北。

深层土壤砷呈点状不规律相对富集。含量最高点位于研究区西南部陈集镇曹庄村西北，最低点位于研究区西部陈集镇七一村东北。

山药根砷含量整体东部偏高，西部偏低，与深层土壤砷分布大体互补。含量最高点位于研究区东北部半堤镇半堤集村西南，最低点位于研究区西南部陈集镇朱庄村以南。

山药茎叶砷含量呈点状不规律富集。含量最高点位于研究区西北部陈集镇朱庄村东北，最低点位

于研究区东部半堤镇薛庄村以南。

砷的相关性分析和显著性分析详见表3-27。

表3-27 砷元素相关性及差异显著性分析表

元素/部位		相关性分析表			差异性显著分析表		
		根	茎叶	浅层土壤	根	茎叶	浅层土壤
As	茎叶	0.101	/	0.141	1.65×10^{-29}	/	3.04×10^{-52}
	浅层土壤	−0.010	0.141	/	5.83×10^{-53}	3.04×10^{-52}	/
	深层土壤	−0.204	−0.313	−0.068	1.03×10^{-11}	2.04×10^{-11}	0.039 354

对比图和分析表可知,深层土壤与山药根和茎叶砷含量呈现中等相关性,浅层土壤与根砷含量无相关性。分析可能是山药生长前期对砷吸收极少,后期山药根快速生长阶段吸收砷较多,较多地转移到茎叶中。

另外,山药根和茎叶中砷含量与山药长势未见规律性。

（二）镉

浅层土壤中镉呈点状不规律富集。含量最高点位于研究区中部半堤镇立新村西南,最低点位于研究区西北部半堤镇郭庄村以北、孟海镇东曹村以北、半堤镇曲庄村周边、陈集镇朱集村周边、陈集镇台楼村以西。

深层土壤镉呈点状不规律相对富集。含量最高点位于研究区东南部孟海镇徐楼村以西,最低点位于研究区东部半堤镇半堤集村东南。

山药根镉含量呈点状不规律相对富集。含量最高点位于陈集镇桶子河村东南,最低点位于半堤镇孙堂村西南。

山药茎叶镉含量西部Z22偏高,其余偏低。含量最高点位于陈集镇桶子河村以东,最低点位于陈集镇东南。

镉的相关性分析和显著性分析详见表3-28。

表3-28 镉元素相关性及差异显著性分析表

元素/部位		相关性分析表			差异性显著分析表		
		根	茎叶	浅层土壤	根	茎叶	浅层土壤
Cd	茎叶	0.314	/	0.022	4.08×10^{-29}	/	3.74×10^{-18}
	浅层土壤	0.159	0.022	/	1.69×10^{-23}	3.74×10^{-18}	/
	深层土壤	−0.520	0.000	−0.014	4.21×10^{-12}	6.83×10^{-8}	0.007 822

对比图和分析表可知,山药根和茎叶镉含量呈现中等相关性,根和浅层土壤及深层土壤镉含量分别呈现弱相关和强相关。分析可能是山药生长前期对镉吸收极少,后期山药根快速生长阶段大量吸收镉,较多地转移到茎叶中。

另外,山药根和茎叶中镉含量与山药长势未见规律性。

（三）汞

浅层土壤中汞除3处较高值外,其余均为较低值,全区较为稳定。其含量分布及变化规律和浅层土壤中锌含量有一定的相似性。含量最高点位于研究区中部半堤镇薛庄村以南,最低点位于研究区西北部陈集镇朱集村东北、陈集镇华堂村。

深层土壤汞除个别点较高之外，其余均较低。含量最高点位于研究区东部孟海镇程庄村西南，最低点位于研究区东北部半堤镇胡海村以北。

山药根汞含量西北部偏高。含量最高点位于陈集镇桶子河村东南，最低点位于陈集镇曹楼村以南、半堤镇刘平坊村周边。

山药茎叶汞含量呈点状不规律富集。含量最高点位于陈集镇保宁村周边，最低点位于孟海镇白屯村西北。

汞的相关性分析和显著性分析详见表3-29。

表3-29 汞元素相关性及差异显著性分析表

元素/部位		相关性分析表			差异性显著分析表		
		根	茎叶	浅层土壤	根	茎叶	浅层土壤
Hg	茎叶	0.329	/	−0.394	$6.17×10^{-32}$	/	0.999 157
	浅层土壤	−0.101	−0.394	/	0.000 323	0.999 157	/
	深层土壤	0.006	0.254	−0.097	0.000 178	0.001 264	0.323 233

对比图和分析表可知，山药根和茎叶汞含量呈现中等相关性，浅层土壤和根汞含量呈现弱相关。分析可能是山药生长前期对汞有一定的吸收，后期山药根快速生长阶段吸收汞极少，生长前期吸收的汞较多地转移到茎叶中。

另外，山药根和茎叶中汞含量与山药长势未见规律性。

（四）铅

浅层土壤中铅孟海镇至杜堂乡之间以南有一东西条带状相对高值，有较明显的规律性，高值周边区域基本上无山药或山药长势不好。Pb高值带与Mn、K低值带较为对应，均属于无山药或山药长势不好。含量最高点位于研究区西南部杜堂乡许堂村以东，最低点位于研究区东部半堤镇大常村西北。

深层土壤铅仅北部1处高值外，全区含量较少，较为稳定。含量最高点位于研究区北部半堤镇成海村西北，最低点位于研究区东南部半堤镇周庄村以南。

山药根铅含量东北部偏高，其余偏低，与深层土壤铅分布大体互补。含量最高点位于孟海镇黄庄村以北。

山药茎叶铅含量呈点状不规律富集。含量最高点位于陈集镇朱庄村东北、半堤镇立新村西北，最低点位于孟海镇万福集村以北。

铅的相关性分析和显著性分析详见表3-30。

表3-30 铅元素相关性及差异显著性分析表

元素/部位		相关性分析表			差异性显著分析表		
		根	茎叶	浅层土壤	根	茎叶	浅层土壤
Pb	茎叶	−0.106	/	0.163	$5.44×10^{-16}$	/	$6.89×10^{-38}$
	浅层土壤	0.005	0.163	/	$5.53×10^{-24}$	$6.89×10^{-38}$	/
	深层土壤	−0.174	−0.299	−0.424	0.060 814	0.028 772	0.437 617

对比图和分析表可知，山药根和茎叶铅含量呈现弱相关性，深层土壤和根及茎叶铅含量分别呈现中等相关和强相关。分析可能是山药生长前期对铅吸收极少，后期山药根快速生长阶段大量吸收铅，较多地转移到茎叶中。

另外，山药根和茎叶中铅含量与山药长势未见规律性。

（五）铬

浅层土壤中铬除一处较高值外,其余均为较低值,全区较为稳定。含量最高点位于研究区西南部杜堂乡杨店村东北,最低点位于研究区中部半堤镇立新村以北。

深层土壤铬呈点状不规律相对富集。含量最高点位于研究区中部杜堂乡陈庄村西南、陈集镇焦庄村西南,最低点位于研究区东部孟海镇程庄村以北。

山药根铬含量南部偏高,其余偏低。含量最高点位于杜堂乡张楼村以西。

山药茎叶铬含量呈点状不规律富集。含量最高点位于陈集镇朱庄村东北。

铬的相关性分析和显著性分析详见表3-31。

表3-31 铬元素相关性及差异显著性分析表

元素/部位		相关性分析表			差异性显著分析表		
		根	茎叶	浅层土壤	根	茎叶	浅层土壤
Cr	茎叶	−0.033	/	0.037	1.16×10^{-11}	/	1.1×10^{-23}
	浅层土壤	−0.029	0.037	/	2.98×10^{-30}	1.1×10^{-23}	/
	深层土壤	−0.663	−0.585	0.480	6.21×10^{-9}	1.95×10^{-7}	0.180 911

对比图和分析表可知,深层土壤和山药根及茎叶铬含量均呈现强相关性,未见其他相关性。分析可能是山药生长前期对铬吸收极少,后期山药根快速生长阶段大量吸收铬,同时转移到茎叶中。

另外,山药根和茎叶中铬含量与山药长势未见规律性。

（六）锑

浅层土壤中锑全区较为稳定,该元素与山药相关性不大。含量最高点位于研究区东部孟海镇白屯村以东,最低点位于研究区中部半堤镇胡海村以北。

深层土壤锑全区较为稳定。含量最高点位于研究区西南部陈集镇曹庄村西北,最低点位于研究区西部陈集镇七一村东北。

山药未分析锑元素。

二、土壤酸碱度地球化学特征

浅层土壤pH值最小值为7.57,位于杜堂乡张庄寨村西南；最大值为8.14,位于陈集镇马楼村以南。平均值为7.83,变异系数为0.01,研究区内变化很小,整体呈弱碱性。

深层土壤pH值最小值为7.63,位于陈集镇七一村东北、半堤镇于庄村东北；最大值为8.17,位于半堤镇成海村西北。平均值为7.85,变异系数为0.01,研究区内变化很小,整体呈弱碱性。

深层土壤整体pH值略大于浅层土壤,但均属于弱碱性。

三、土壤有机污染地球化学特征

土壤有机污染均为浅层土壤,化验结果详见表3-32。从表中可知,DDT中以P,P'-DDD为主,说明大部分地区土壤处于厌氧环境。另外,$[w(P,P'-DDE)+w(P,P'-DDD)]/w(P,P'-DDT)$基本大于1,说明土壤中大部分的污染是过去形成的,母体中的DDT大部分已降解,没有新的污染源。需要注意的是,

TYJ04 的 $[w(P,P'\text{-DDE})+w(P,P'\text{-DDD})]/w(P,P'\text{-DDT})$ 为 0.36，小于 1，说明该点可能存在新的 DDT 污染，应该引起高度重视。

表 3-32　土壤中有机污染物化验结果汇总表

编号	总 DDT	P,P'-DDD	P,P'-DDE	O,P-DDT	P,P'-DDT	$[w(P,P'\text{-DDE})+w(P,P'\text{-DDD})]/w(P,P'\text{-DDT})$
TYJ01	0.085	0.006	0.059	0.007	0.013	5
TYJ02	0.008	0.008				>1
TYJ03	0.01	0.006	0.004			>1
TYJ04	0.057	0.007	0.008		0.042	0.36
TYJ05	0.005	0.005				>1
TYJ06	0.004	0.004				>1
TYJ07	0.006	0.006				>1
TYJ08	0.008	0.008				>1
TYJ09	0.012	0.005	0.007			>1
TYJ10	0.005	0.005				>1
TYJ11	0.005	0.005				>1
TYJ12	0.004	0.004				>1
TYJ13	0.005	0.005				>1
TYJ14	0.012	0.004	0.008			>1
TYJ15	0.008	0.008				>1
TYJ16	0.005	0.005				>1
TYJ17	0.005	0.005				>1
TYJ18	0.004	0.004				>1
TYJ19	0.004	0.004				>1
TYJ20	0.043	0.005	0.038			>1
TYJ21	0.005	0.005				>1
TYJ22	0.005	0.005				>1
TYJ23	0.005	0.005				>1
TYJ24	0.008	0.008				>1
TYJ25	0.007	0.007				>1

第六节　灌溉水环境地球化学特征

根据现场调查，研究区地下水水位 6~8m。本次化验的灌溉水各元素在研究区内的分布如下。

pH 值：弱碱性。含量最高点位于陈集镇桶子河村周边，最低点位于陈集镇焦庄村以南。

K^+：西部及东北偏高，其余偏低。含量最高点位于孟海镇琉璃庙村西北，最低点位于半堤镇立新村周边、杜堂乡张庄寨村以西。

Na^+：西部及东北偏高，其余偏低。含量最高点位于陈集镇曹楼村以东，最低点位于半堤镇潘寺村东南。

Ca^{2+}：东北偏高，其余偏低。含量最高点位于孟海镇琉璃庙村周边，最低点位于陈集镇桶子河村、常店村、台楼村周边。

Mg^{2+}：西南偏高，其余偏低。含量最高点位于陈集镇曹楼村以东，最低点位于陈集镇桶子河村以西。

NH_4^+：西南偏高，其余偏低。含量最高点位于陈集镇张胡同村以南，最低点位于孟海镇以北。

Fe^{2+}/Fe^{3+}：东南偏高，其余偏低。含量最高点位于陈集镇焦庄村西南，最低点位于陈集镇朱集村周边、半堤镇胡海村以北。

HCO_3^-：西部及东北偏高，其余偏低。含量最高点位于陈集镇曹楼村东北，最低点位于陈集镇崔庄村以西。

Cl^-：西部及东北偏高，其余偏低。含量最高点位于陈集镇曹楼村以东，最低点位于陈集镇桶子河村以西。

SO_4^{2-}：西部及东北偏高，其余偏低。含量最高点位于陈集镇曹楼村以东，最低点位于杜堂乡张庄寨村以西。

F^-：东北偏高，其余偏低。含量最高点位于孟海镇琉璃庙村以北，最低点位于陈集镇八一村周边。

NO_3^-：东北偏高，其余偏低。含量最高点位于孟海镇琉璃庙村周边，最低点位于陈集镇曹楼村以东。

NO_2^-：东南偏高，其余偏低。含量最高点位于陈集镇焦庄村西南，最低点位于陈集镇朱集村周边。

H_2SiO_3：北部偏低，其余偏高。含量最高点位于孟海镇东薛村周边，最低点位于陈集镇焦庄村周边。

HPO_4^{2-}：东北偏低，其余偏高。含量最高点位于陈集镇曹楼村以东、半堤镇潘寺村以南，最低点位于孟海镇琉璃庙村周边。

HBO_2：西部偏高，其余偏低。含量最高点位于孟海镇南王村以西、陈集镇曹楼村以东，最低点位于陈集镇东北。

COD：东南偏高，其余偏低。含量最高点位于半堤镇潘寺村东南，最低点位于孟海镇琉璃庙村周边。

Sr：南部偏高，其余偏低。含量最高点位于孟海镇琉璃庙村周边，最低点位于陈集镇桶子河村周边。

Li：西部偏高，其余偏低。含量最高点位于陈集镇八一村西北，最低点位于半堤镇孙堂村周边。

总硬度：西部偏高，其余偏低。含量最高点位于陈集镇曹楼村以东，最低点位于陈集镇桶子河村周边。

溶解性总固体：含量最高点位于陈集镇曹楼村以东，最低点位于杜堂乡张庄寨村周边。

总碱度：含量最高点位于陈集镇曹楼村以东，最低点位于陈集镇崔庄村以西。

Hg：东北偏高，其余偏低。含量最高点位于孟海镇琉璃庙村以北。

Pb：基本稳定，值很低。含量最高点位于孟海镇琉璃庙村以北、陈集镇八一村以北、陈集镇崔庄村以西，最低点位于杜堂乡张庄寨村周边。

Zn：东北偏高，其余偏低。含量最高点位于孟海镇琉璃庙村以北。

B：含量最高点位于陈集镇华堂村以西，最低点位于孟海镇琉璃庙村周边。

COD_{Cr}：西部偏高，其余偏低。含量最高点位于陈集镇八一村西北，最低点位于杜堂乡张庄寨村、杨店村周边。

I：西部偏高，其余偏低。含量最高点位于陈集镇曹楼村以东，最低点位于孟海镇东薛村以南。

Mn：东南偏低，其余偏高。含量最高点位于陈集镇焦庄村西南。

Ba：西部偏高，其余偏低。含量最高点位于陈集镇桶子河村周边，最低点位于孟海镇琉璃庙村以东。

灌溉水含量统计详见表 3-33。

表 3-33　灌溉水含量统计表

灌溉水元素	最大值	最小值	平均值	标准差	变异系数
K^+	45.31	0.93	9.32	15.75	1.69
Na^+	616.70	115.10	252.15	145.49	0.58
Ca^{2+}	61.24	24.50	33.00	10.44	0.32
Mg^{2+}	210.04	76.75	128.89	38.58	0.30
NH_4^+	0.24	0.04	0.09	0.05	0.58
Fe	0.01	0.01	0.01	/	/
Al^{3+}	0.05	0.05	0.05	/	/
Cl^-	624.23	115.35	275.48	156.90	0.57
SO_4^{2-}	389.79	123.95	191.85	83.80	0.44
HCO_3^-	723.22	429.41	555.22	103.54	0.19
CO_3^{2-}	111.15	22.23	62.99	25.96	0.41
F^-	2.20	0.20	0.96	0.58	0.61
I^-	0.43	0.11	0.18	0.10	0.56
Br^-	0.35	0.35	0.35	/	/
B^-	0.63	0.30	0.45	0.10	0.22
NO_2^-	22.00	0.04	2.98	6.93	2.32
NO_3^-	2.98	0.26	0.72	0.80	1.12
HPO_4^{2-}	1.59	0.00	1.09	0.45	0.42
总硬度	941.33	377.21	613.15	164.75	0.27
永久硬度	257.20	0.00	116.39	96.52	0.83
暂时硬度	685.82	377.21	496.76	105.97	0.21
负硬度	110.89	0.00	14.52	35.53	2.45
总碱度	685.82	395.43	511.28	96.75	0.19
Sr	3.10	1.51	2.23	0.60	0.27
Li	0.06	0.02	0.03	0.01	0.36
Pb	0.01	0.01	0.01	0.00	0.05
Zn	0.02	0.02	0.02	/	/
Ba	0.14	0.02	0.06	0.04	0.64
Mn	1.48	0.01	0.36	0.63	1.77
COD	10.15	0.66	5.80	2.30	0.40
COD_{Cr}	0.43	0.11	0.18	0.10	0.56
H_2SiO_3	21.54	13.85	18.95	2.98	0.16
SiO_2	16.57	10.65	14.58	2.29	0.16
pH 值	8.20	7.76	8.02	0.13	0.02
矿化度	2723.22	1119.65	1529.35	511.86	0.33
固形物	2361.61	889.87	1251.74	468.62	0.37

第七节 山药与土壤元素相关性分析

由于深层土壤取样点较少,进行相关性分析时,选择深层土壤、浅层土壤、植物样均进行采样的位置化验结果进行相关性分析。经检查对比,只有13处为都进行化验的数据,对应深层土壤编号为ST01、ST02、ST04、ST08、ST15、ST16、ST17、ST20、ST27、ST29、ST34、ST37、ST38。

相关分析中相关系数0~0.09不相关,0.1~0.3弱相关(蓝色),0.3~0.5中等相关(绿色),0.5~1强相关(红色)。差异性显著分析中 $t<0.05$ 为差异显著。差异显著时相关系数才是准确的(表格颜色与相关分析数据一样),差异性不显著,表明相关系数为偶然因素引起的(黄色)。详见表3-34。

表3-34 元素相关性及差异显著性分析表

元素/部位		相关性分析表			差异性显著分析表		
		根	茎叶	浅层土壤	根	茎叶	浅层土壤
B	茎叶	0.101	/	−0.033	$1.04×10^{-28}$	/	0.000 978
	浅层土壤	−0.064	−0.033	/	$6×10^{-6}$	0.000 978	/
	深层土壤	0.015	−0.137	−0.028	0.000 802	0.004 274	0.093 186
P	茎叶	−0.102	/	−0.050	$8.81×10^{-10}$	/	0.806 995
	浅层土壤	−0.266	−0.050	/	0.062 367	0.806 995	/
	深层土壤	−0.582	−0.239	0.664	0.085 09	0.627 79	0.187 967
V	茎叶	0.04	/	−0.074	$8.98×10^{-15}$	/	$3.07×10^{-67}$
	浅层土壤	−0.039	−0.074	/	$1.23×10^{-66}$	$3.07×10^{-67}$	/
	深层土壤	−0.295	−0.418	−0.084	$6.9×10^{-16}$	$9.77×10^{-16}$	0.466 483
Cr	茎叶	−0.033	/	0.037	$1.16×10^{-11}$	/	$1.1×10^{-23}$
	浅层土壤	−0.029	0.037	/	$2.98×10^{-30}$	$1.1×10^{-23}$	/
	深层土壤	−0.663	−0.585	0.480	$6.21×10^{-9}$	$1.95×10^{-7}$	0.180 911
Mn	茎叶	0.457	/	0.328	$1.63×10^{-29}$	/	$1.93×10^{-49}$
	浅层土壤	0.170	0.328	/	$4.91×10^{-54}$	$1.93×10^{-49}$	/
	深层土壤	−0.330	−0.549	0.149	$3.86×10^{-14}$	$5.9×10^{-13}$	0.573 885
Fe	茎叶	−0.044	/	0.058	$3.64×10^{-19}$	/	$3.79×10^{-66}$
	浅层土壤	0.271	0.058	/	$3.56×10^{-67}$	$3.79×10^{-66}$	/
	深层土壤	−0.283	−0.260	−0.069	$8.69×10^{-15}$	$1.66×10^{-14}$	0.331 866
Co	茎叶	−0.165	/	−0.060	$7.04×10^{-20}$	/	$1.64×10^{-47}$
	浅层土壤	−0.004	−0.060	/	$3.92×10^{-48}$	$1.64×10^{-47}$	/
	深层土壤	0.049	−0.544	0.397	$5.27×10^{-16}$	$8.37×10^{-16}$	0.184 375
Ni	茎叶	0.181	/	−0.164	$6.89×10^{-28}$	/	$3×10^{-41}$
	浅层土壤	−0.007	−0.164	/	$1.33×10^{-42}$	$3×10^{-41}$	/
	深层土壤	−0.424	−0.589	0.591	$1.29×10^{-14}$	$3.5×10^{-14}$	0.571 813

表 3-34

元素/部位		相关性分析表			差异性显著分析表		
		根	茎叶	浅层土壤	根	茎叶	浅层土壤
Cu	茎叶	0.261	/	−0.051	$4.25×10^{-29}$	/	$7.91×10^{-44}$
	浅层土壤	0.074	−0.051	/	$2.28×10^{-50}$	$7.91×10^{-44}$	/
	深层土壤	−0.403	−0.348	0.144	$3.95×10^{-11}$	$3.62×10^{-9}$	0.050 343
Zn	茎叶	−0.021	/	−0.073	$1.64×10^{-21}$	/	$2×10^{-44}$
	浅层土壤	0.351	−0.073	/	$5.97×10^{-49}$	$2×10^{-44}$	/
	深层土壤	0.176	−0.098	0.155	$7.11×10^{-11}$	$1.3×10^{-9}$	0.914 846
As	茎叶	0.101	/	0.141	$1.65×10^{-29}$	/	$3.04×10^{-52}$
	浅层土壤	−0.010	0.141	/	$5.83×10^{-53}$	$3.04×10^{-52}$	/
	深层土壤	−0.204	−0.313	−0.068	$1.03×10^{-11}$	$2.04×10^{-11}$	0.039 354
Sr	茎叶	0.201	/	0.510	$2.48×10^{-35}$	/	$5.16×10^{-7}$
	浅层土壤	0.087	0.510	/	$5.84×10^{-71}$	$5.16×10^{-7}$	/
	深层土壤	−0.125	0.159	0.372	$1.91×10^{-23}$	0.015 017	0.432 663
Mo	茎叶	0.088	/	−0.102	$4.63×10^{-15}$	/	$8.47×10^{-12}$
	浅层土壤	−0.038	−0.102	/	$7.14×10^{-20}$	$8.47×10^{-12}$	/
	深层土壤	0.009	−0.231	0.452	$1.44×10^{-7}$	$4.25×10^{-5}$	0.190 974
Cd	茎叶	0.314	/	0.022	$4.08×10^{-29}$	/	$3.74×10^{-18}$
	浅层土壤	0.159	0.022	/	$1.69×10^{-23}$	$3.74×10^{-18}$	/
	深层土壤	−0.520	0.000	−0.014	$4.21×10^{-12}$	$6.83×10^{-8}$	0.007 822
I	茎叶	0.153	/	0.314	$3.04×10^{-34}$	/	$3.56×10^{-11}$
	浅层土壤	0.164	0.314	/	$9.45×10^{-37}$	$3.56×10^{-11}$	/
	深层土壤	0.470	−0.120	−0.474	$2.2×10^{-5}$	0.701 345	0.003 362
Pb	茎叶	−0.106	/	0.163	$5.44×10^{-16}$	/	$6.89×10^{-38}$
	浅层土壤	0.005	0.163	/	$5.53×10^{-24}$	$6.89×10^{-38}$	/
	深层土壤	−0.174	−0.299	−0.424	0.060 814	0.028 772	0.437 617
Se	茎叶	0.262	/	0.008	$3.7×10^{-27}$	/	$1.02×10^{-5}$
	浅层土壤	0.147	0.008	/	$5.73×10^{-20}$	$1.02×10^{-5}$	/
	深层土壤	−0.313	−0.147	−0.202	0.000 147	$4.23×10^{-5}$	$4.25×10^{-5}$
Ge	茎叶	根未检出	/	−0.004	根未检出	/	0.000 112
	浅层土壤	根未检出	−0.004	/	根未检出	0.000 112	/
	深层土壤	根未检出	0.260	0.053	根未检出	0.054 787	0.976 016
Ca	茎叶	0.496	/	−0.080	$3.11×10^{-33}$	/	$6.91×10^{-15}$
	浅层土壤	0.036	−0.080	/	$7.22×10^{-51}$	$6.91×10^{-15}$	/
	深层土壤	−0.492	−0.542	0.191	$4.06×10^{-11}$	$9.51×10^{-5}$	0.175 532

表 3-34

元素/部位		相关性分析表			差异性显著分析表		
		根	茎叶	浅层土壤	根	茎叶	浅层土壤
K	茎叶	0.197	/	0.330	2×10^{-9}	/	5.53×10^{-15}
	浅层土壤	−0.119	0.330	/	3.19×10^{-62}	5.53×10^{-15}	/
	深层土壤	−0.213	0.195	0.427	3.72×10^{-19}	2.84×10^{-7}	0.934 576
N	茎叶	0.127	/	0.121	1.57×10^{-26}	/	5.42×10^{-40}
	浅层土壤	0.320	0.121	/	1.48×10^{-47}	5.42×10^{-40}	/
	深层土壤	0.305	0.299	−0.237	2.2×10^{-21}	5.83×10^{-19}	2.37×10^{-5}
Hg	茎叶	0.329	/	−0.394	6.17×10^{-32}	/	0.999 157
	浅层土壤	−0.101	−0.394	/	0.000 323	0.999 157	/
	深层土壤	0.006	0.254	−0.097	0.000 178	0.001 264	0.323 233
有机质	茎叶	−0.183	/	−0.060	4.34×10^{-6}	/	4.22×10^{-5}
	浅层土壤	−0.011	−0.060	/	0.251 556	4.22×10^{-5}	/
	深层土壤	−0.094	0.132	−0.334	7.22×10^{-8}	2.3×10^{-5}	1.43×10^{-7}

由表 3-34 可知，深层土壤和山药根及茎叶 Cr、Mn、Co、Ni、Cd、Ca 元素存在负的强相关。这些元素在山药中含量较深层土壤中小得多，深层土壤中这些元素含量都很低，单元素评价为一等。说明土壤中含有这些元素时会被山药吸收，但是吸收的量非常低。深层土壤和山药 V、Cu、As、I、Se 和有机质元素存在负的中等相关，但是山药中含量远远低于土壤中（表 3-35），土壤中含量很低，单元素评价为一等到二等。土壤和山药 Sr、Pb、K 存在弱相关。Pb 在根中的含量小于茎叶，均远远低于土壤（表 3-35）。而土壤中含量已经很低，单元素评价为一等。Sr 在山药根中含量较少，但是茎叶中很多，与土壤中含量相当，说明 Sr 较多地被山药根吸收，最终迁移至茎叶中。浅层土壤与山药 K 存在相关性，但是深层土壤无，分析与地表施肥有关系，山药对肥料中 K 的吸收较好。

表 3-35 相关元素在山药和土壤中含量极值表

项目	根	茎叶	浅层土壤	深层土壤	根	茎叶	浅层土壤	深层土壤
元素		Cr				Sr		
最小值	0.09	4.47	36.03	28.02	1.73	88	190.5	193.22
最大值	0.36	34	98.5	83.29	10.6	263	257.86	268.46
平均值	0.16	13.18	62.36	52.68	5.29	186.38	217.23	223.68
元素		Mn				Pb		
最小值	0.42	33.5	425.23	436.97	0	0.7	19.54	16.09
最大值	2.37	96.8	797.22	864.32	0.026	2.55	40.91	260.95
平均值	1.6	65.75	577.46	603.73	0.006	1.47	29.49	43.99
元素		Co				K		
最小值	0	0.1	7.56	8.8	1928	1604	20 408.44	18 270.62
最大值	0.02	0.48	16.3	15.34	6536	22 050	25 200	25 000
平均值	0.01	0.24	10.87	12.09	4 555.85	10 967.69	22 226.83	22 288.28

续表 3-35

项目	根	茎叶	浅层土壤	深层土壤	根	茎叶	浅层土壤	深层土壤
元素		Ni				B		
最小值	0.05	0.74	22.05	22.72	1.03	13.9	32.76	42.96
最大值	0.29	2.67	47.35	43.58	2.85	73.4	203.03	580.23
平均值	0.14	1.46	30.18	31.82	2.32	36.35	103.45	197.69
元素		Cd				P		
最小值	0	0.07	0.22	0.18	168	456	118	122.41
最大值	0.006	0.19	0.75	0.44	679	1447	3 679.07	3 262.68
平均值	0.003	0.11	0.46	0.29	448.23	968.23	1 505.1	853.63
元素		Ca				Fe		
最小值	115	11 600	27 999.7	22 332.77	4.18	217	18 285.67	18 402.47
最大值	816	36 450	54 356.78	65 776.3	17.5	1329	27 339.08	37 703.43
平均值	483.23	24 283.08	39 599.19	45 609.87	11.39	662.38	22 559.18	24 146.94
元素		V				Zn		
最小值	0.01	0.39	59.38	60.74	1.63	7.44	62.99	43.18
最大值	0.17	2.79	96.1	114.7	5.46	19.4	106.65	115.08
平均值	0.05	1.18	75.19	78.76	3.61	13.13	80.24	79.41
元素		Cu				Mo		
最小值	0.58	4.5	20.6	14.08	0.02	0.17	0.29	0.16
最大值	2.46	9.82	29.69	37.75	0.05	0.63	1.87	1.86
平均值	1.64	5.48	25.87	21.87	0.03	0.37	0.91	1.18
元素		As				Ge		
最小值	0.01	0.13	10.02	4.88	0	0.02	0.03	0.01
最大值	0.02	0.59	18.35	19.2	0	0.05	0.32	0.28
平均值	0.01	0.37	13.97	11.36	0	0.03	0.1	0.1
元素		I				N		
最小值	0.02	1.9	2.1	0.7	3921	8228	880	660
最大值	0.13	3.54	6.94	5.66	5212	13 584	1340	1170
平均值	0.06	2.66	4.38	2.48	4412	11 072.08	1 065.38	796.92
元素		Se				Hg		
最小值	0.01	0.04	0.07	43.7	0.000 4	0.010 9	0.010 6	0.008 9
最大值	0.01	0.14	0.17	479.55	0.001 4	0.05	0.327 4	0.058 1
平均值	0.01	0.08	0.13	147.28	0.000 9	0.036 5	0.042 3	0.018 4
元素		有机质						
最小值	4.93	6.4	7.74	1.92				
最大值	15.49	32.99	16.42	8.21				
平均值	10.51	16.83	10.79	3.98				

注：有机质单位为 10^{-3}，其余单位均为 10^{-6}。

另外,由于地下水性质和土壤、植物不同,水样化验元素和土样、植物样有较大差别,在该13处水样化验能检测出且可进行相关分析的仅 B、Sr、Ca、K 四个元素。详见表3-36。相关分析中相关系数 0~0.09 不相关,0.1~0.3 弱相关(蓝色),0.3~0.5 中等相关(绿色),0.5~1 强相关(红色)。差异性显著分析中 $t<0.05$ 为差异显著。差异显著时相关系数才是准确的(表格颜色与相关分析数据一样),差异性不显著,表明相关系数为偶然因素引起的(黄色)。

表 3-36 植物、土壤、水样元素相关性及差异显著性分析表

元素	部位	相关性分析表				差异性显著分析表			
		茎叶	浅层土壤	深层土壤	地下水	茎叶	浅层土壤	深层土壤	地下水
B	根	0.281 54	−0.304 47	0.015 038	−0.115 53	$1.16×10^{-8}$	$6.1×10^{-6}$	0.000 802	$2.93×10^{-13}$
	茎叶		−0.287 12	−0.136 6	−0.487 56		0.001 045	0.004 274	$4.07×10^{-9}$
	浅层土壤			−0.027 74	−0.307 45			0.093 186	$4.61×10^{-6}$
	深层土壤				−0.206 57				0.000 728
Sr	根	0.174 748	−0.055 97	−0.125 2	0.236 187	$7.14×10^{-13}$	$3.59×10^{-22}$	$1.91×10^{-23}$	$6.43×10^{-5}$
	茎叶		0.653 479	0.159 318	0.441 929		0.043 271	0.015 017	$4.73×10^{-13}$
	浅层土壤			0.371 858	0.419 365			0.432 663	$2.2×10^{-22}$
	深层土壤				0.307 437				$1.15×10^{-23}$
Ca	根	0.649 8	0.009 657	−0.492 034	−0.119 029	$1.34×10^{-10}$	$3.16×10^{-18}$	$4.057×10^{-11}$	$6.529×10^{-8}$
	茎叶		−0.088 6	−0.541 868	0.091 811 4		$1.07×10^{-5}$	$9.514×10^{-5}$	$9.229×10^{-11}$
	浅层土壤			0.190 534 3	0.248 421 3			0.175 532 3	$2.412×10^{-18}$
	深层土壤				−0.215 342				$3.323×10^{-11}$
K	根	0.523 397	0.066 356	−0.212 54	0.079 894	0.000 294	$4.43×10^{-22}$	$3.69×10^{-14}$	$3.91×10^{-14}$
	茎叶		−0.130 36	0.194 871	−0.034 87		$1.58×10^{-7}$	$1.31×10^{-7}$	$1.33×10^{-7}$
	浅层土壤			0.426 536	0.170 997			0.934 576	$1.85×10^{-26}$
	深层土壤				0.344 267				$1.7×10^{-22}$

由表3-36可知,地下水 B 和 Sr 元素与植物样、深层土壤、浅层土壤都有较大的相关性,并且是有效的,说明这两种元素在地下水、土壤中存在一定的迁移规律,比较容易被植物吸收。Ca 和 K 在山药根和茎叶中有强相关性,山药和浅层土壤、深层土壤中该两种元素有弱到中等相关,山药和地下水该两种元素相关性较小或无相关性,分析该两种元素与当地施肥有一定关系,但施肥很少进入当地地下水。

第四章 区域元素地球化学等级划分

第一节 土壤单元素或单指标养分等级

土壤中有机质、氮、磷、钾全量及土壤中氮、磷、钾、硼、钼、锰、铜、铁、锌等元素的有效量分级标准分别见表4-1，土壤中钙、镁、硼、钼、锰、硫、铜、锌的分级标准详见表4-2。土地质量地球化学评价养分等级划分标准详见表4-3。

表 4-1 土壤 N、P、K 等养分指标全量与有效量等级划分标准表

指标	一级	二级	三级	四级	五级
	很丰	丰	适中	稍缺	缺
全氮/10^{-3}	>2	1.5~2	1~1.5	0.75~1	≤0.75
全磷/10^{-3}	>1	0.8~1	0.6~0.8	0.4~0.6	≤0.4
全钾/10^{-3}	>25	20~25	15~20	10~15	≤10
有机质/10^{-3}	>40	30~40	20~30	10~20	≤10
碳酸钙/10^{-3}	≤2.5	2.6~10	11~30	31~50	≥51
有效硼/10^{-6}	>2	1~2	0.5~1	0.2~0.5	≤0.2
有效铜/10^{-6}	>1.8	1.0~1.8	0.2~1.0	0.1~0.2	≤0.1
有效钼/10^{-6}	>0.3	0.2~0.3	0.15~0.2	0.1~0.15	≤0.1
有效锰/10^{-6}	>30	15~30	5~15	1~5	≤1
有效铁/10^{-6}	>20	10~20	4.5~10	2.5~4.5	≤2.5
有效锌/10^{-6}	>3	1~3	0.5~1	0.3~0.5	≤0.3
有效硅/10^{-6}	>230	115~230	70~115	25~75	≤25
有效硫/10^{-6}	>30	16~30	<16		
有效钙/10^{-6}	>1000	700~1000	500~700	300~500	≤300
有效镁/10^{-6}	>300	200~300	100~200	50~100	≤50
碱解氮/10^{-6}	>150	120~150	90~120	60~90	≤60
速效磷/10^{-6}	>40	20~40	10~20	5~10	≤5
速效钾/10^{-6}	>200	150~200	100~150	50~100	≤50

表 4-2　土地质量地球化学评价 Ca、Mg、S 等养分等级划分标准表

指标	一级	二级	三级	四级	五级	上限值
	很丰	丰	适中	稍缺	缺	
氧化钙/%	>5.54	2.68～5.54	1.16～2.68	0.42～1.16	≤0.42	
氧化镁/%	>2.16	1.72～2.16	1.20～1.72	0.70～1.20	≤0.7	
硼/10^{-6}	>65	55～65	45～55	30～45	≤30	≥3000
钼/10^{-6}	>0.85	0.65～0.85	0.55～0.65	0.45～0.55	≤0.45	≥4
锰/10^{-6}	>700	600～700	500～600	375～500	≤375	≥1500
硫/10^{-6}	>343	270～343	219～270	172～219	≤172	≥2000
铜/10^{-6}	>29	24～29	21～24	16～21	≤16	≥50
锌/10^{-6}	>84	71～84	62～71	50～62	≤50	≥200

根据分级标准计算土壤以上元素等级并绘制分级图。浅层土壤 Fe、Ca、K、N、B、Mo、有效磷、碱解氮基本上含量高的区域山药长势较好，含量低的区域山药长势差一些。Cu、P 部分区域存在该规律，但不是特别明显。其余元素规律性不明显。深层土壤 Zn 含量高的区域山药长势较好，其余元素规律性不明显。

各元素等级比例情况如下：

1. 浅层土壤单元素指标

浅层土壤养分单元素等级详见表 4-3 和图 4-1～图 4-5。

表 4-3　浅层土壤养分元素等级汇总表

指标	样本数	等级									
		一级		二级		三级		四级		五级	
		样本数/件	百分比/%	样本数/件	百分比/%	样本数/件	百分比/%	样本数/件	百分比/%	样本数/件	百分比/%
N	252					125	49.60	99	39.29	28	11.11
P	252	31	12.30	25	9.92	46	18.25	10	3.97	140	55.56
K	252	40	15.87	146	57.94	40	15.87	26	10.32		
有机质	252			1	0.40	1	0.40	126	50.00	124	49.21
Ca	252	5	1.98	86	34.13	155	61.51	6	2.38		

第四章 区域元素地球化学等级划分

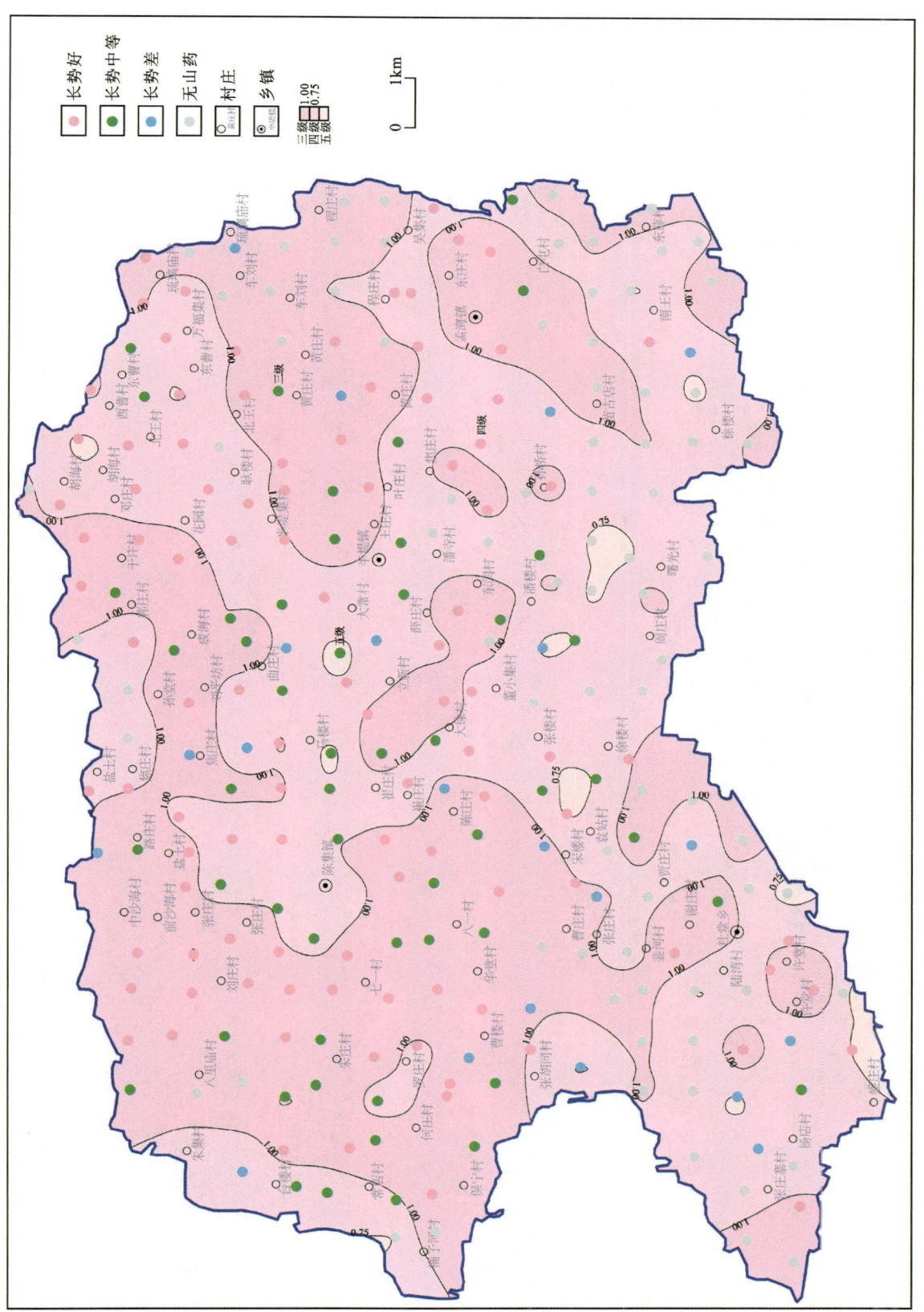

图4-1 浅层土壤养分N元素等级图

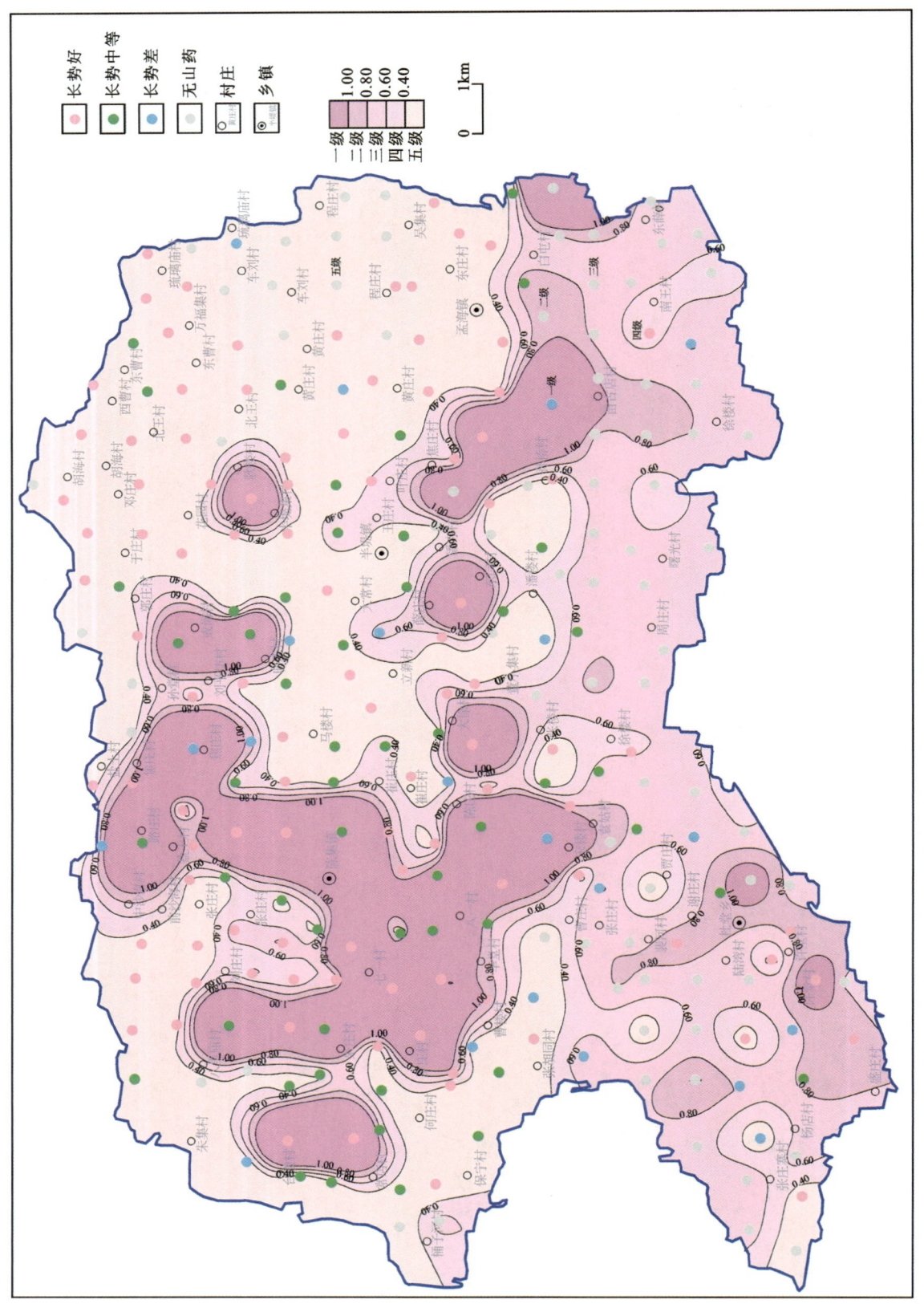

图4-2 浅层土壤养分P元素等级图

第四章 区域元素地球化学等级划分

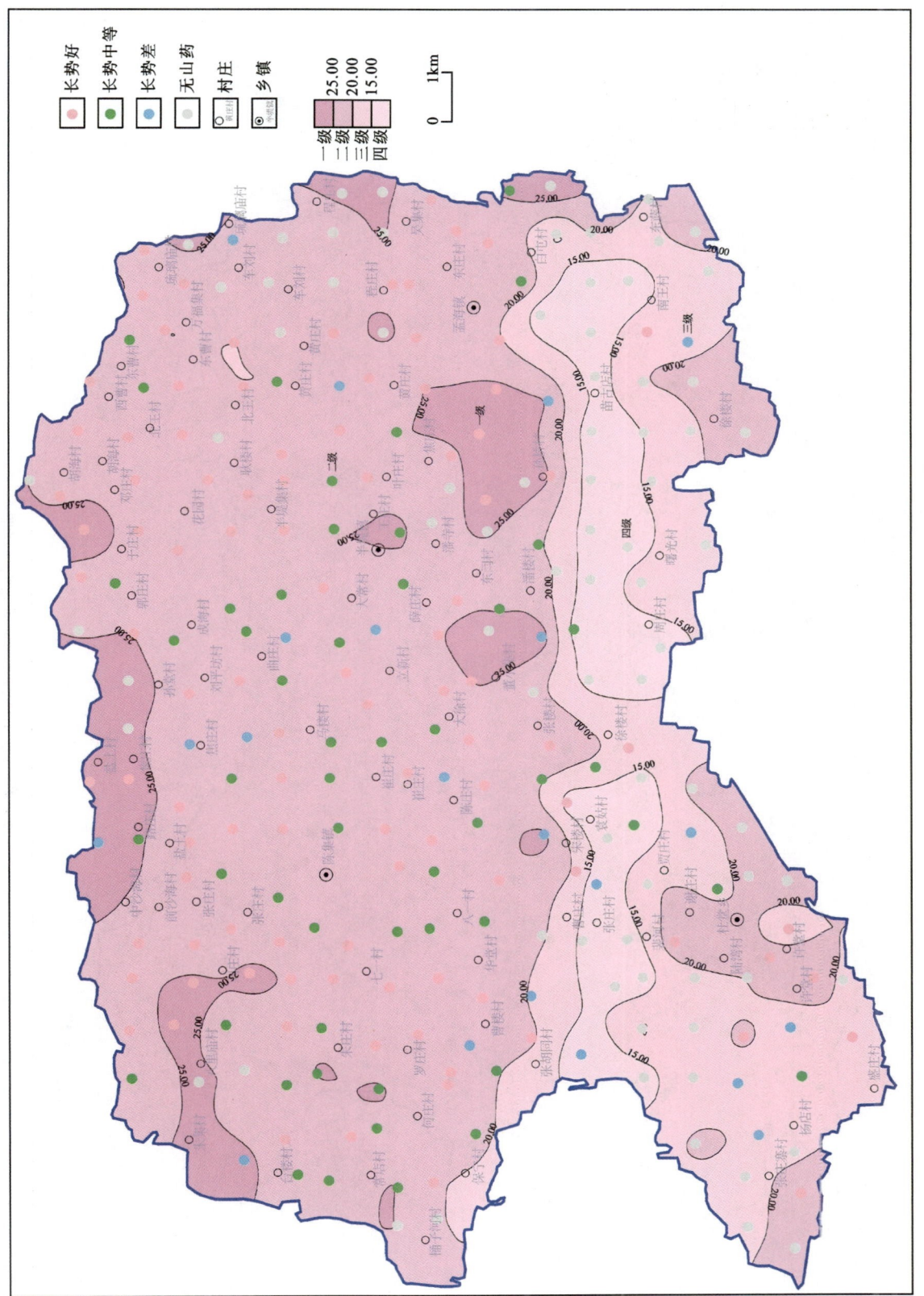

图4-3 浅层土壤养分K元素等级图

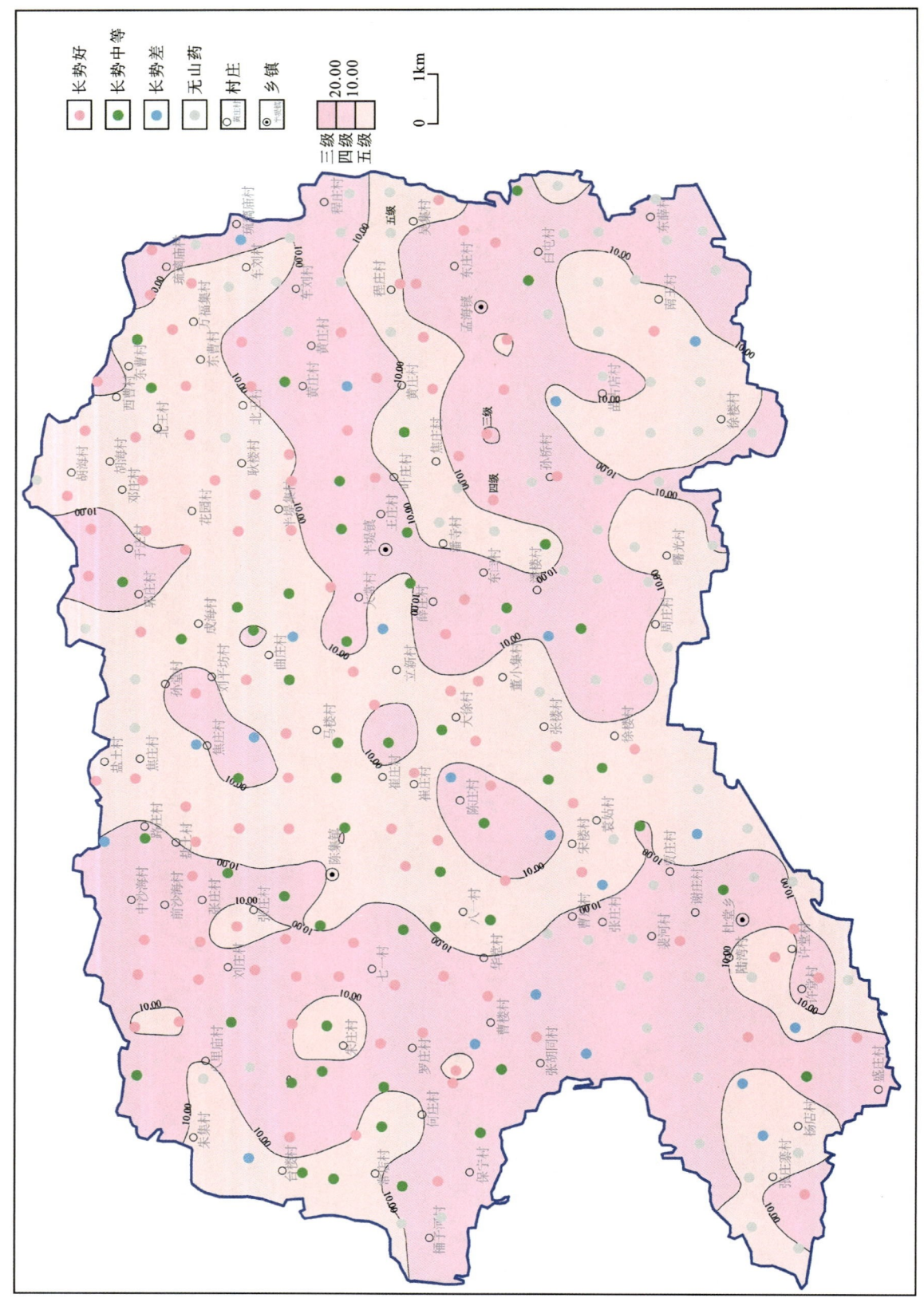

图4-4 浅层土壤养分有机质元素等级图

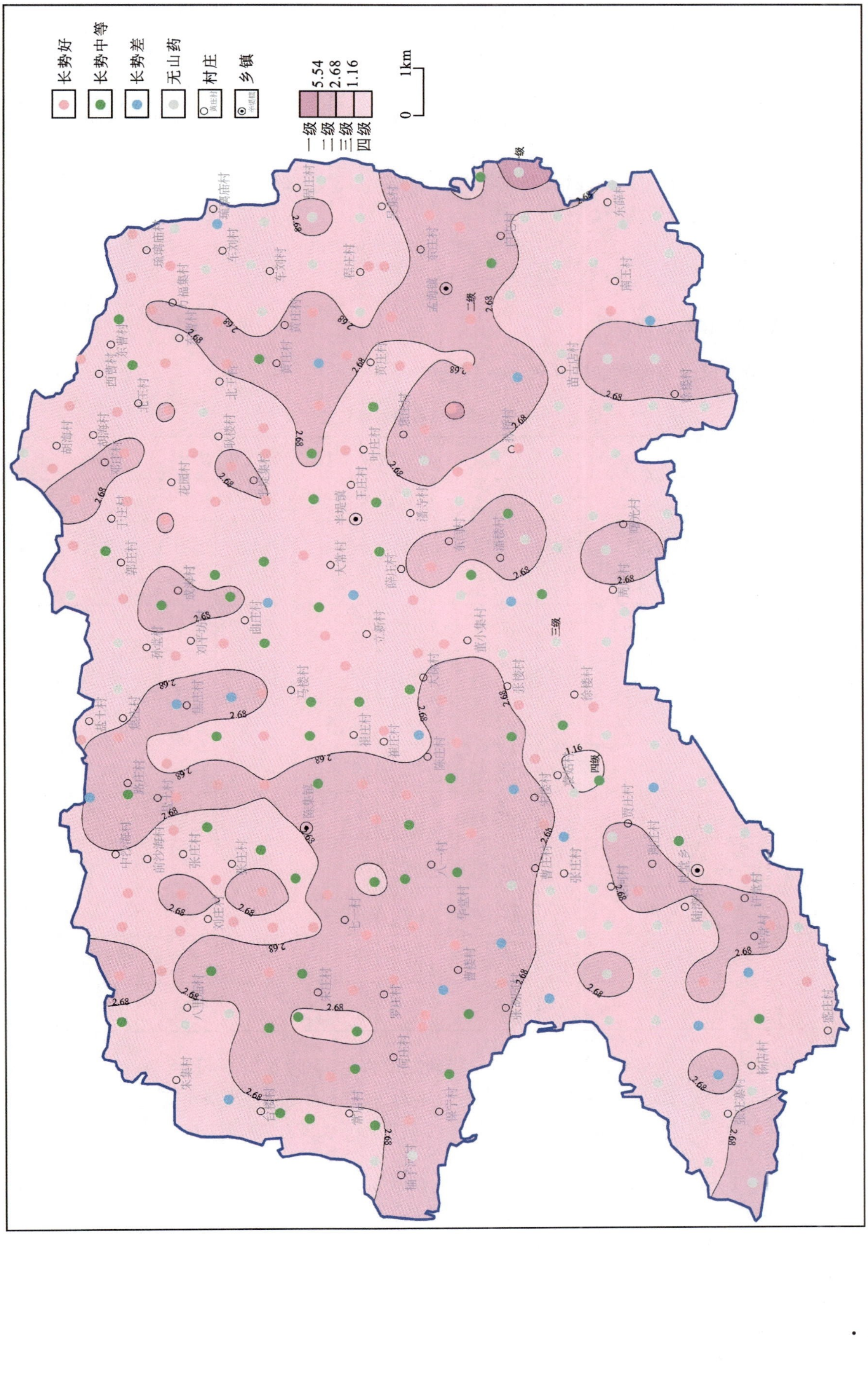

图4-5 浅层土壤养分Ca元素等级图

浅层土壤单元素指标 N 元素以三级为主,约占 50%,其次为四级,约占 39%,少量为五级,约占 11%。无一级和二级,说明研究区内 N 元素为适中—稍缺。

浅层土壤单元素指标 P 元素以五级为主,约占 56%,超过半数,其余三级、一级、二级和四级均较少,分别约为 18%、12%、10% 和 4%。说明研究区内 P 以缺乏为主。

浅层土壤单元素指标 K 以二级为主,约占 58%,其余一级、三级、四级均较少,分别约占 16%、16% 和 10%,无五级。说明研究区内 K 元素以丰为主。

浅层土壤单元素指标有机质以四级和五级为主,分别占 50% 和 49.21%,另有 1 个点为三级,占 0.4%。说明研究区内有机质为稍缺—缺。

浅层土壤单元素指标 Ca 以三级为主,约占 62%,其次为二级,约占 34%,另有少量一级和四级,分别约占 2% 和 2%。说明研究区内 Ca 元素适中—丰。

2. 浅层土壤养分有效态指标

浅层土壤养分有效态单元素等级详见表 4-4。

表 4-4　浅层土壤养分有效态等级汇总表

指标	样本数	一级		二级		三级		四级		五级	
		样本数/件	百分比/%	样本数/件	百分比/%	样本数/件	百分比/%	样本数/件	百分比/%	样本数/件	百分比/%
速效钾	40	15	37.50	15	37.50	10	25.00				
有效硼	40			3	7.50	37	92.50				
有效钼	40	1	2.50	10	25.00	16	40.00	12	30.00	1	2.50
有效铜	40	1	2.50	16	40.00	23	57.50				
有效铁	40	40	100.00								
有效锰	40	11	27.50	29	72.50						
有效锌	40	1	2.50	11	27.50	24	60.00	4	10.00		
有效磷	40			7	17.50	18	45.00	13	32.50	2	5.00
碱解氮	40							19	47.50	21	52.50

浅层土壤养分有效态单元素指标速效钾以一级和二级为主,均约占 38%,其次为三级,占 25%。无四级和五级,说明研究区内浅层土壤速效钾以丰—很丰为主。分析可能与浅层土壤施肥有关。

浅层土壤养分有效态单元素指标有效硼研究区内主要是三级,约占 93%,另有少量二级,约占 7%。说明研究区内浅层土壤有效硼以适中为主。

浅层土壤养分有效态单元素指标有效钼以三级和四级为主,各占 40% 和 30%,其次为二级,占 25%,一级和五级仅有少量,均占 2.5%。说明研究区内浅层土壤有效钼以丰—稍缺为主。

浅层土壤养分有效态单元素指标有效铜以三级为主,约占 58%,其次为二级,占 40%,另有少量一级,约占 2%,无三级和五级。说明研究区内浅层土壤有效铜稍缺—丰。

浅层土壤养分有效态单元素指标有效铁全部为一级，说明研究区内有效铁很丰。山药对铁的吸收较多。

浅层土壤养分有效态单元素指标有效锰以二级为主，约占72%，其次为一级，约占28%。说明研究区内浅层土壤有效锰含量丰—很丰。说明山药对有效锰吸收不多。

浅层土壤养分有效态单元素指标有效锌含量以三级为主，占60%，其次为二级，约占28%，四级次之，占10%，另有少量一级，约占2%。说明研究区内有效锌含量基本适中。

浅层土壤养分有效态单元素指标有效磷以三级为主，占45%，其次为四级，约占32%，二级和五级较少，分别约占18%和5%。说明研究区内有效磷以适中—稍缺为主。

浅层土壤养分有效态单元素指标碱解氮基本为五级和四级，各约占52%和48%。说明浅层土壤碱解氮含量稍缺—缺。

3.浅层土壤质量养分指标

浅层土壤质量养分等级详见表4-5和图4-6～图4-11。

表4-5 浅层土壤质量养分等级汇总表

指标	样本数	等级									
		一级		二级		三级		四级		五级	
		样本数/件	百分比/%	样本数/件	百分比/%	样本数/件	百分比/%	样本数/件	百分比/%	栏本数/件	百分比/%
B	252	101	40.08	17	6.75	23	9.13	41	16.27	70	27.78
Mo	252	106	42.06	123	48.81	5	1.98	7	2.78	11	4.37
Mn	252	76	30.16	68	26.98	79	31.35	29	11.51		
S	252	12	4.76	20	7.94			52	20.63	168	66.67
Cu	252	42	16.67	85	33.73	70	27.78	48	19.05	7	2.78
Zn	252	78	30.95	88	34.92	51	20.24	23	9.13	12	4.76

浅层土壤质量养分指标B元素以一级和五级主，一级约占40%，未过半数，其次为五级，约占28%。少量四级、三级和二级，分别约占16%、9%和7%，说明研究区内浅层土壤质量养分指标B元素分布不均衡，差异十分明显。

浅层土壤质量养分指标Mo元素以二级和一级为主，分别约占49%和42%，该两级合计达约91%，其余三级(约2%)、四级(约3%)、五级(约4%)均为极少量。说明研究区内浅层土壤质量养分指标Mo元素丰—很丰。

浅层土壤质量养分指标Mn元素以三级、一级和二级为主，分别约占31%、30%和27%，其次为四级，约占12%。说明研究区内浅层土壤质量养分指标Mn元素以很丰—适中为主。

浅层土壤质量养分指标S元素以五级为主，约占66%，其次为四级，约占21%，这两个级别合计约达87%，另有少量二级和一级，分别约占8%和5%。说明研究区内浅层土壤质量养分指标S元素缺—稍缺。

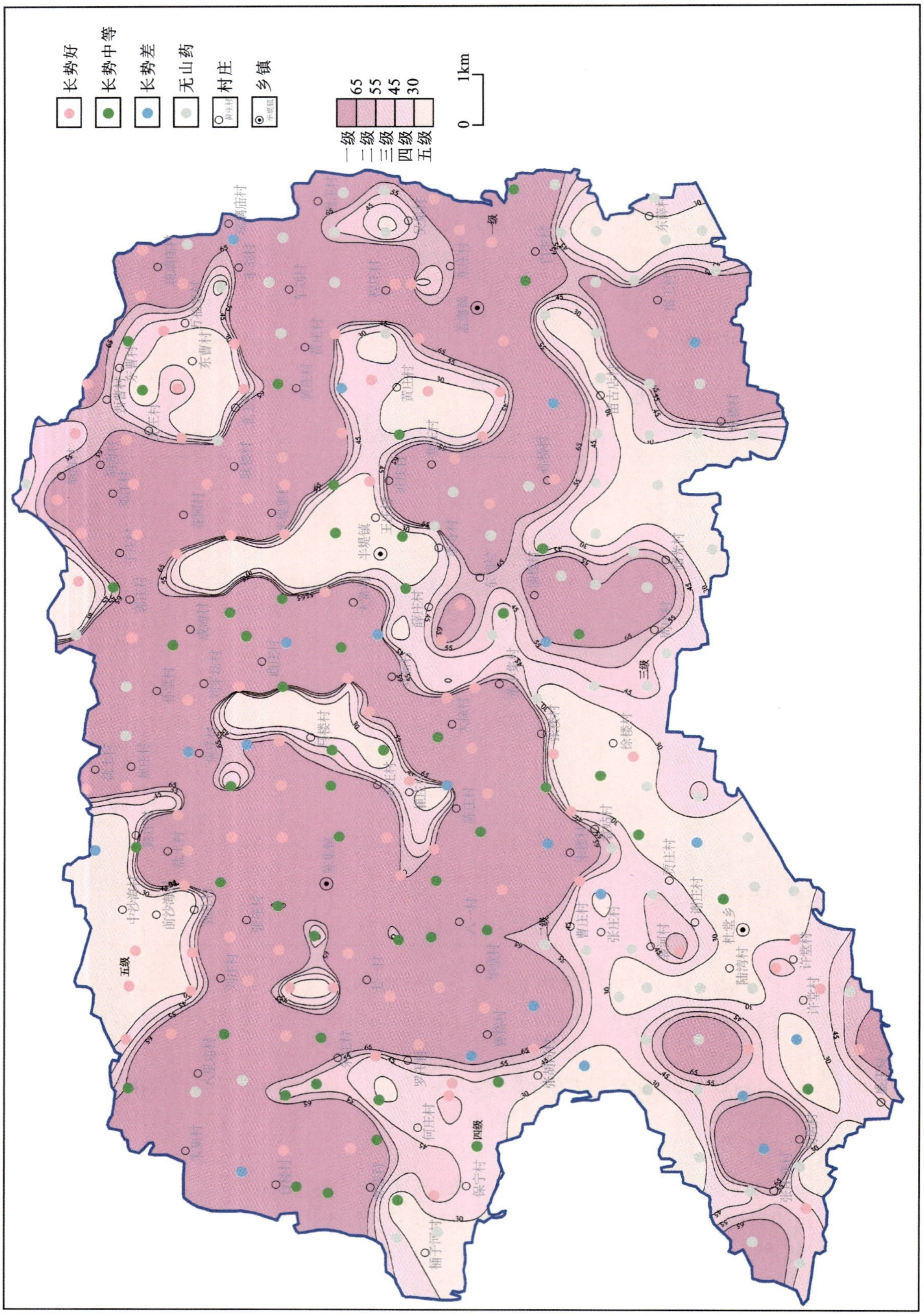

图4-6 浅层土壤质量养分B等级图

第四章 区域元素地球化学等级划分

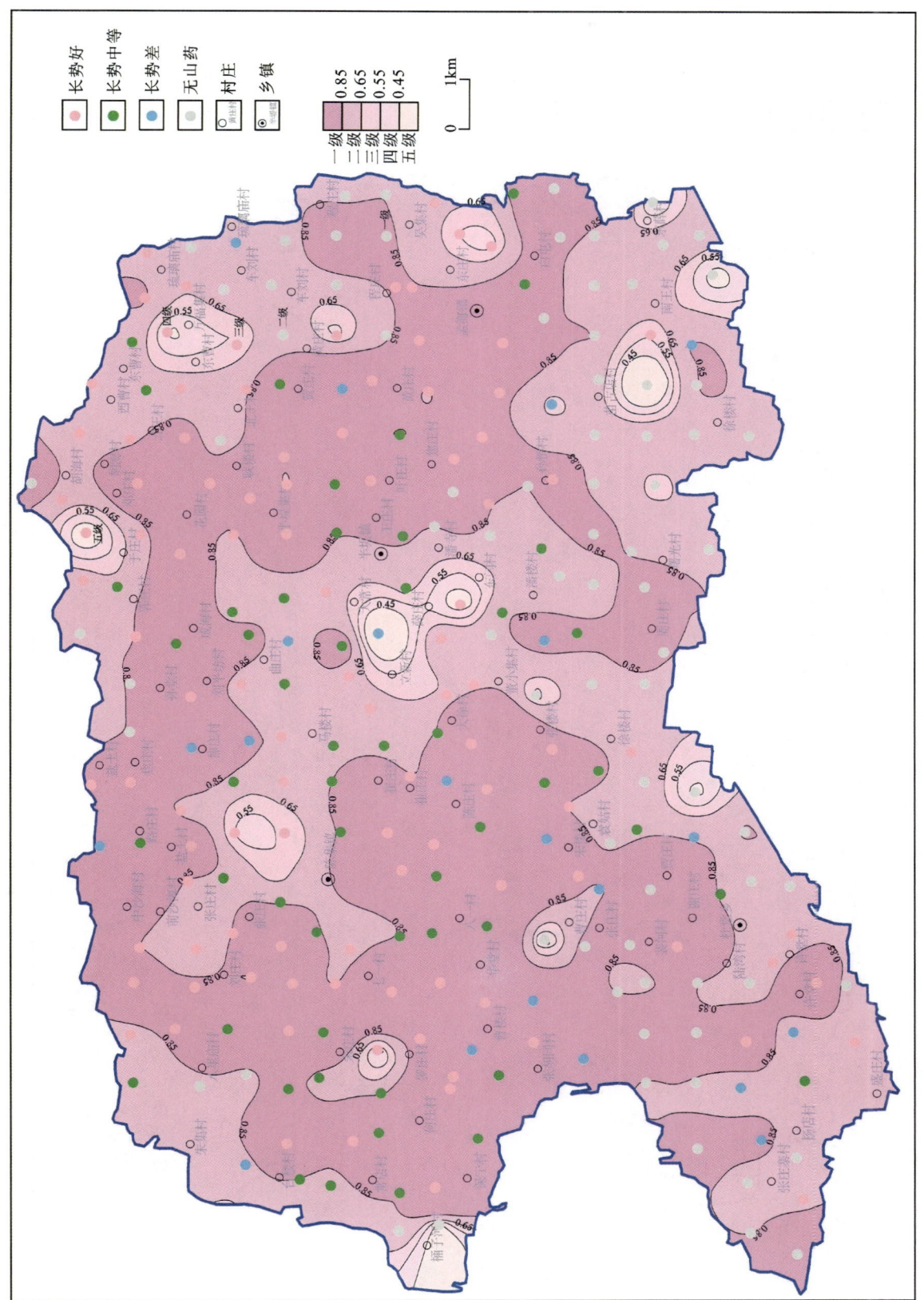

图4-7 浅层土壤质量养分Mo等级图

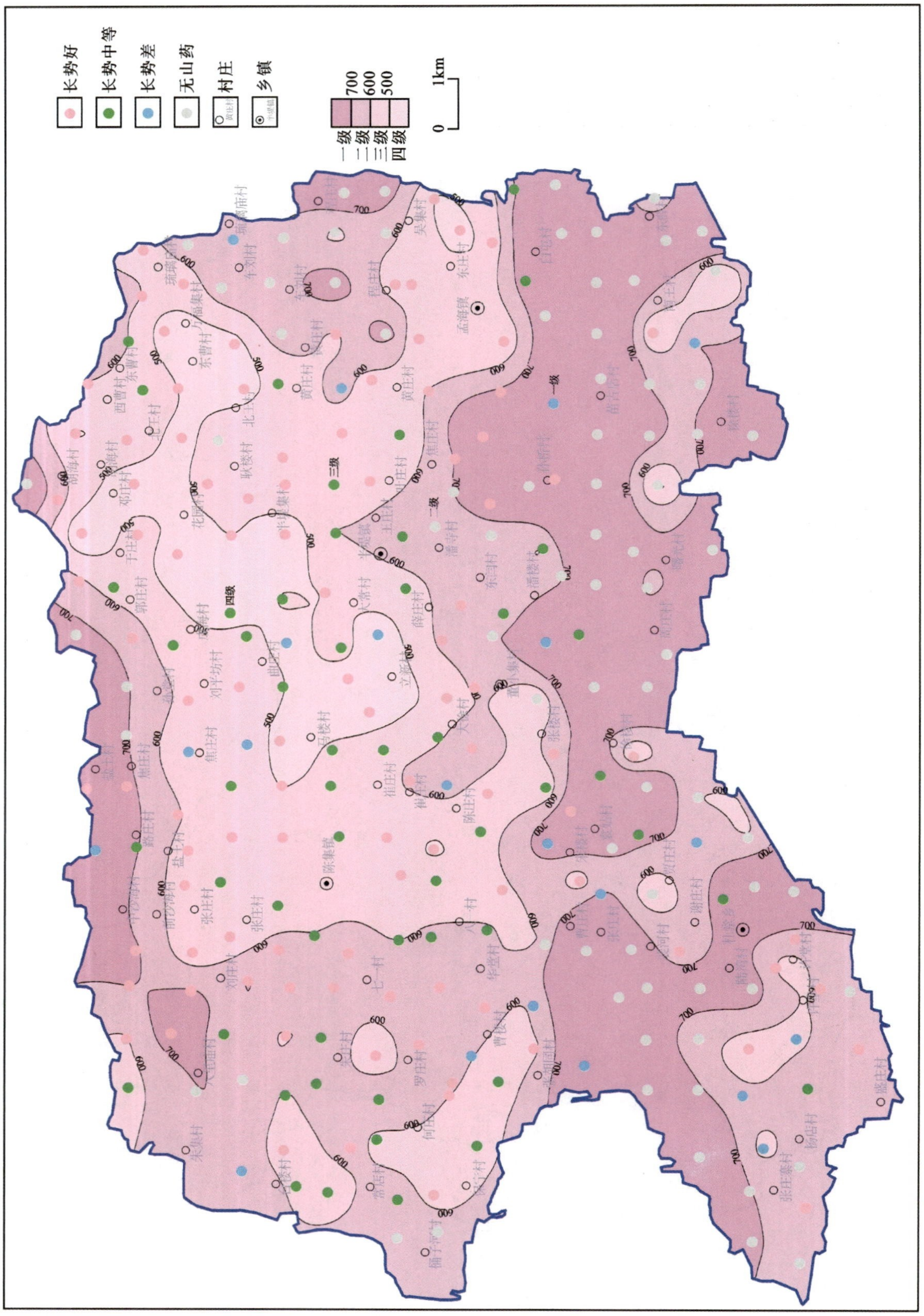

图4-8 浅层土壤质量养分Mn等级图

第四章 区域元素地球化学等级划分

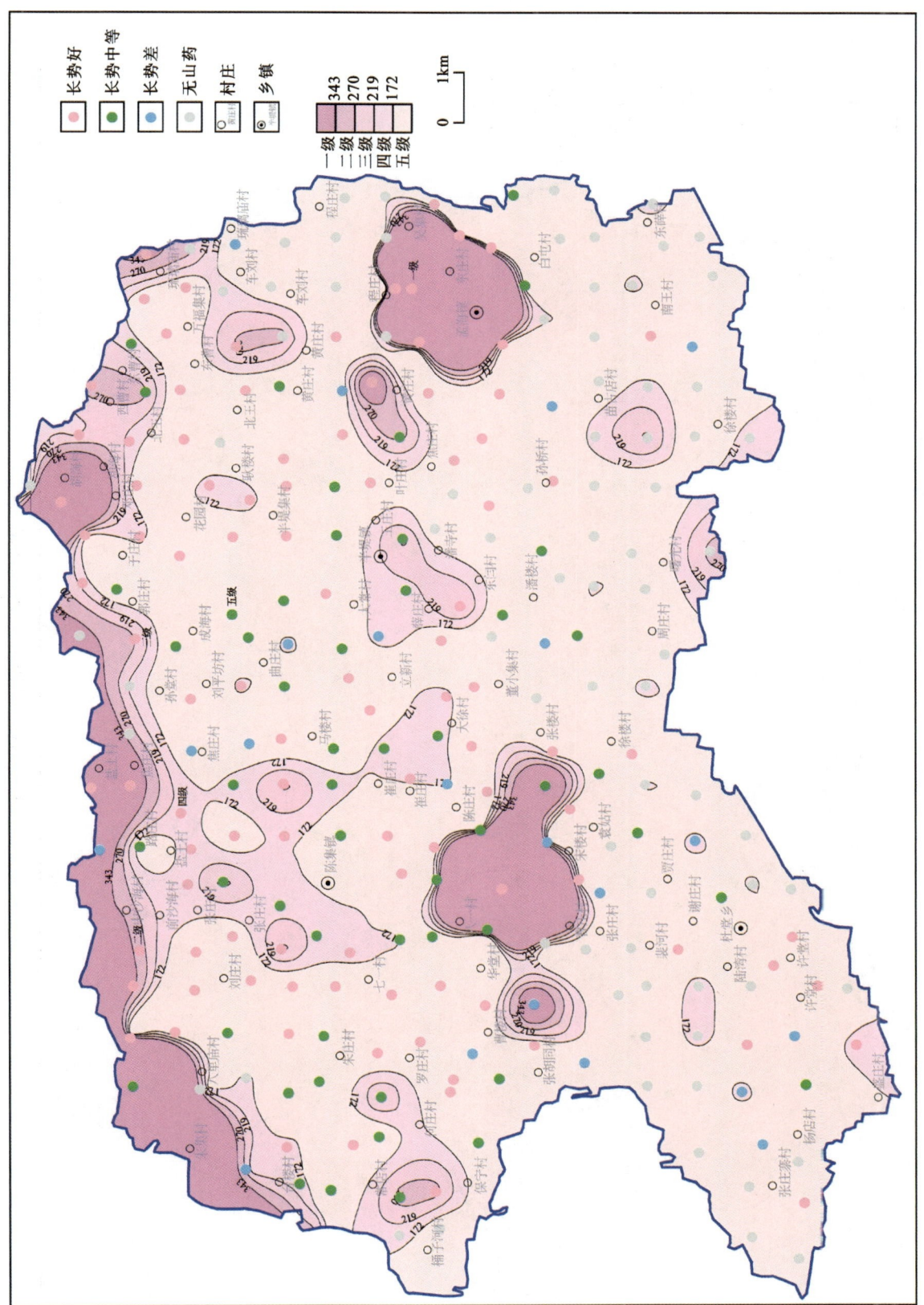

图4-9 浅层土壤质量养分S等级图

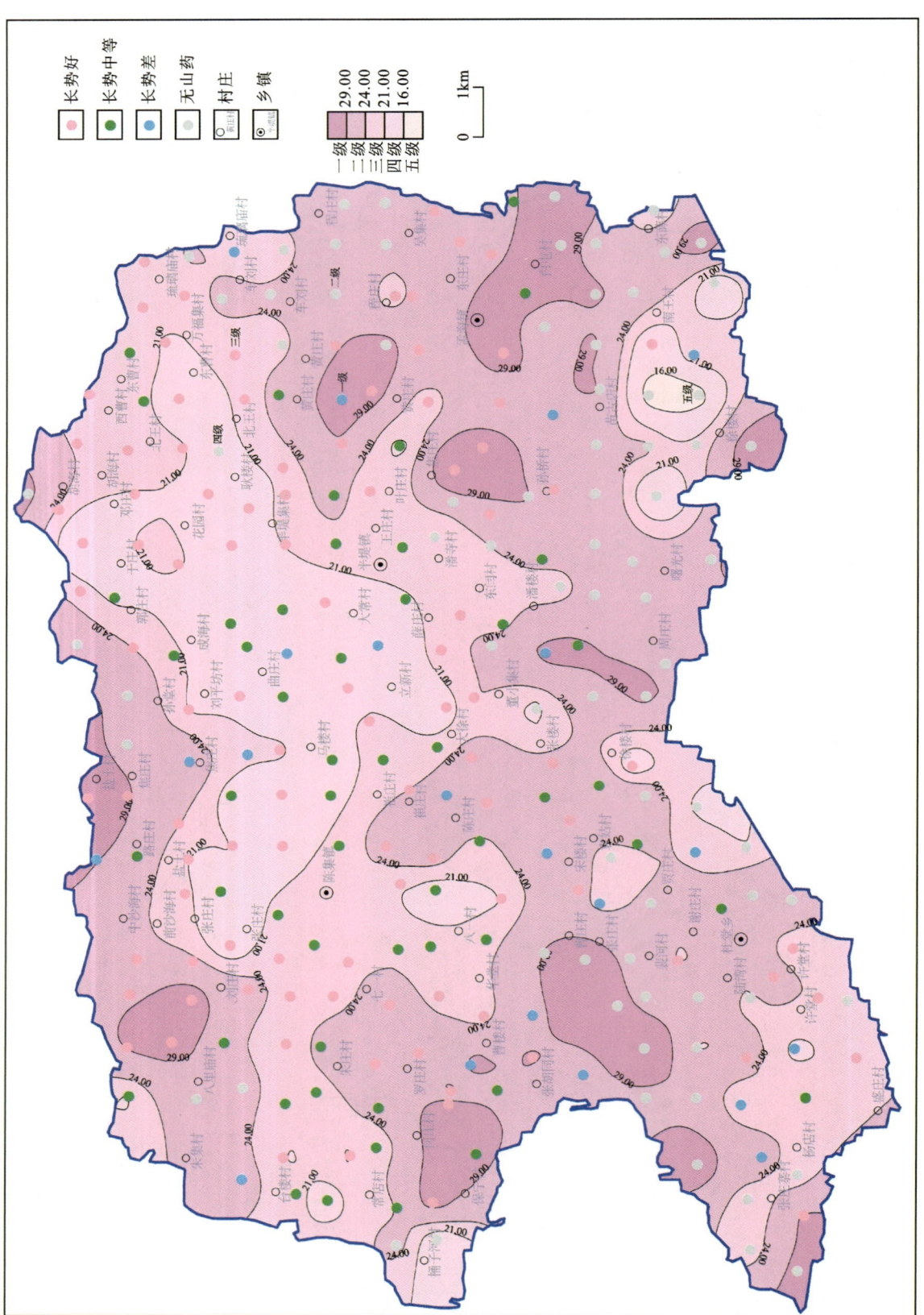

图4-10 浅层土壤质量养分Cu等级图

第四章 区域元素地球化学等级划分

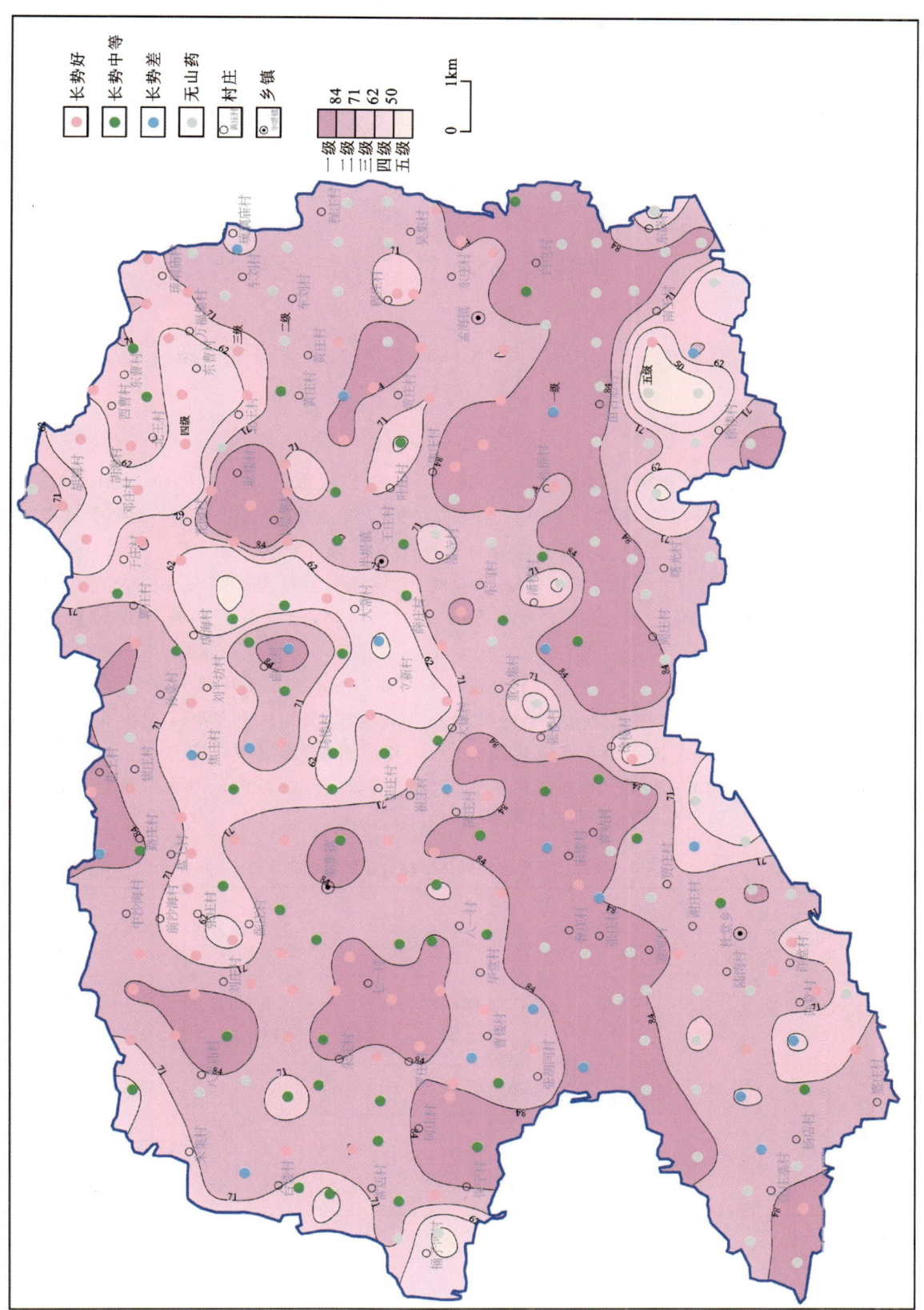

图4-11 浅层土壤质量养分Zn等级图

浅层土壤质量养分指标 Cu 元素以二级和三级为主,分别约占 34% 和 28%,其次为四级和一级,分别约占 19% 和 16%,另有少量五级(约 3%)。说明研究区内浅层土壤质量养分指标 Cu 元素大半为丰—适中。

浅层土壤质量养分指标 Zn 元素以二级和一级为主,分别约占 35% 和 31%,其次为三级,约占 20%,一级—三级合计约占 86%,另有少量四级(约 9%)和五级(约 5%)。说明研究区内浅层土壤质量养分指标 Zn 元素很丰—适中。

第二节　土壤养分地球化学综合等级

在氮、磷、钾土壤单指标养分地球化学等级划分基础上,按照公式(4-1)计算土壤养分地球化学综合得分 $f_{养综}$。

$$f_{养综} = \sum_{i=1}^{n} K_i f_i \tag{4-1}$$

式中:$f_{养综}$ 为土壤 N、P、K 评价总得分,$1 \leq f_{养综} \leq 5$;K_i 为 N、P、K 权重系数,分别为 0.4、0.4 和 0.2;f_i 分别为土壤 N、P、K 的单元素等级得分。单指标评价结果五级、四级、三级、二级、一级所对应的 f_i 得分分别为 1、2、3、4、5 分。$f_{养综} \geq 4.5$ 时,土壤养分地球化学综合等级为一等;$f_{养综}$ 为 4.5~3.5 时,土壤养分地球化学综合等级为二等;$f_{养综}$ 为 3.5~2.5 时,土壤养分地球化学综合等级为三等;$f_{养综}$ 为 2.5~1.5 时,土壤养分地球化学综合等级为四等;$f_{养综} < 1.5$ 时,土壤养分地球化学综合等级为五等。

浅层土壤养分地球化学综合等级详见表 4-6 和图 4-12。研究区内浅层土壤养分综合等级以四级为主,约占 61%,面积约 158.6km²,主要分布在半堤镇和孟海镇,陈集镇和杜堂乡有少量分布;其次为三级,约占 24%,面积约 62.4km²,主要分布在陈集镇、杜堂乡和孟海镇,半堤镇东南有少量分布;少量为二级,约占 15%,面积约 39km²,主要分布在陈集镇南部、西部和北部,孟海镇东南有少量分布;无一级和五级。说明研究区内浅层土壤养分总体不是很好。

表 4-6　浅层土壤养分地球化学综合等级汇总表

指标		样本数	等级								
			一级		二级		三级		四级		五级	
			样本数/件	百分比/%	样本数/件	百分比/%	样本数/件	百分比/%	样本数/件	百分比/%	样本数/件	百分比/%
单元素等级得分	f_N	252	28	11.11	99	39.29	125	49.60				
	f_P	252	140	55.56	10	3.97	46	18.25	25	9.92	31	12.30
	f_K	252			26	10.32	40	15.87	146	57.94	40	15.87

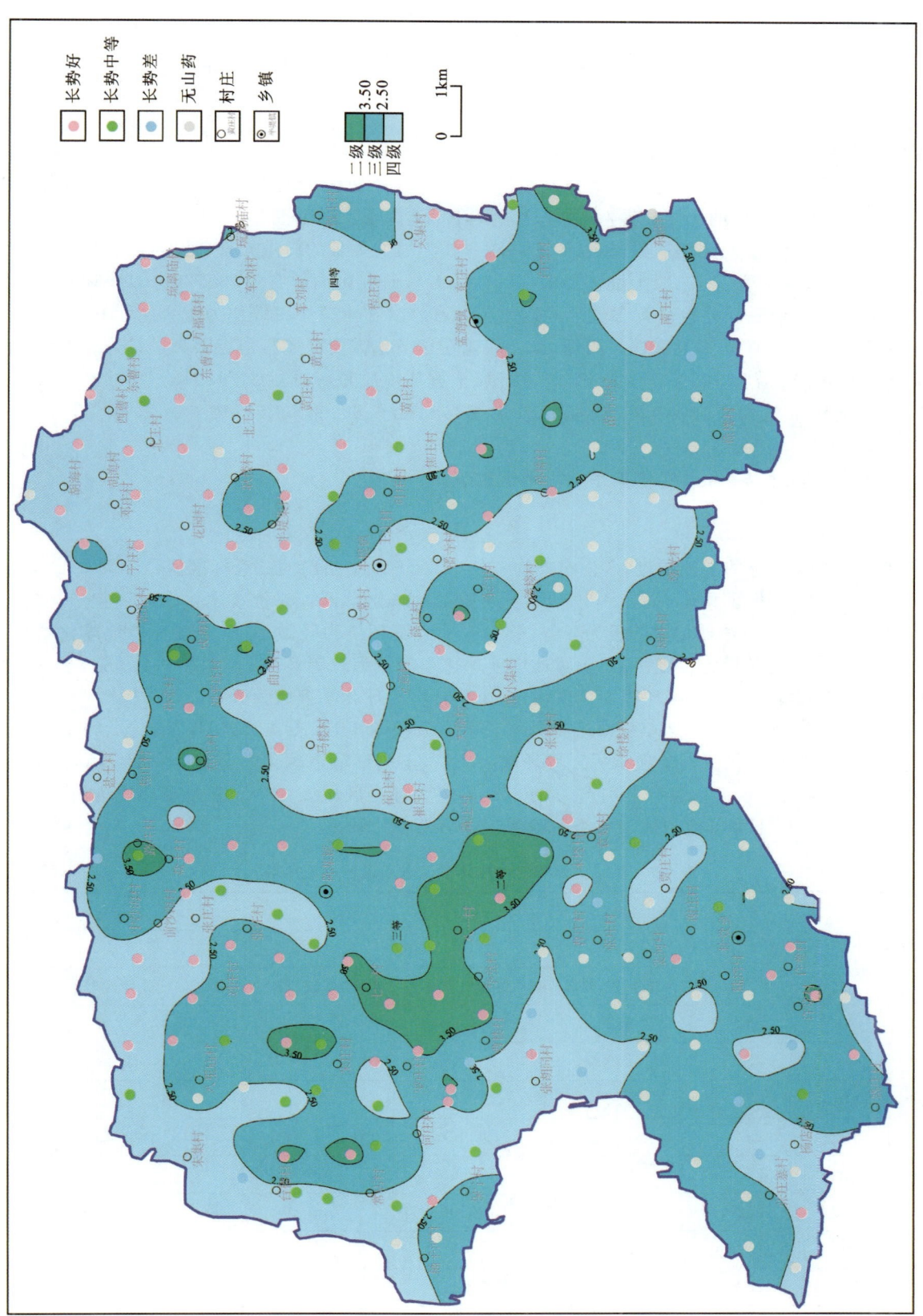

图4-12 浅层土壤养分地球化学综合等级图

第三节 土壤单元素或单指标环境质量等级

考虑本次特色农业地质调查研究重点是局部农业生态环境是否有利于进一步发展山药种植,而标准中对各级指标的说明是:二级标准为保障农业生产,维护人体健康的土壤限制值,三级标准为保障农林业生产和植物正常生长的土壤临界值,故本次污染评价选择了二级标准。

土壤重金属元素为砷、镉、汞、铅、铬、锑。另外,锌作为植物生长的微量元素,是不可缺少的一部分,但是过量的锌会造成锌污染,二级土壤锌要求$\leqslant 300\times 10^{-6}$,研究区内锌含量$(33.26\sim 314.53)\times 10^{-6}$,平均$78.34\times 10^{-6}$,说明部分地区锌含量已经造成超标,因此,在本节中将锌作为重金属元素进行论述。其分布情况前已论述,此处不再赘述。同理,镍、锌、铜在该节也需要论述其是否因为过量造成污染。

研究区土壤pH值7.57~8.14,大于7.5,按照《土壤环境质量标准》(GB 15618—1995),各污染元素的二级土壤标准值如下:砷$\leqslant 25$;镉$\leqslant 0.8$;汞$\leqslant 1.5$;铅$\leqslant 80$;铬$\leqslant 250$;镍$\leqslant 100$;锌$\leqslant 300$;铜$\leqslant 100$;锑$\leqslant 10$。

按照公式(4-2)计算土壤污染物的单项污染指数p_i:

$$p_i = \frac{C_i}{S_i} \tag{4-2}$$

式中:C_i为土壤中i指标的实测浓度;S_i为污染物i在GB 15618中给出的二级标准值。

根据山东省自然资源厅制定的《1:50 000土地质量地球化学调查评价技术要求(试行)》,$p<1$土壤环境为清洁,土壤环境地球化学等级为一等;$1<p\leqslant 2$土壤环境为轻微污染,土壤环境地球化学等级为二等;$2<p\leqslant 3$土壤环境为轻度污染,土壤环境地球化学等级为三等;$3<p\leqslant 5$为中度污染,土壤环境地球化学等级为四等;$p\geqslant 5$土壤环境为重度污染,土壤环境地球化学等级为五等。

浅层土壤环境地球化学元素单项污染指数详见表4-7和图4-13、图4-14。Hg、Cr、Ni、Cu、Sb所有取样点单项污染指数均小于1,单项指标土壤环境为清洁,土壤环境地球化学等级为一等。As、Cd、Pb、Zn绝大部分取样点p小于1,只有个别点$1<p\leqslant 2$,即绝大部分区域该4个元素土壤环境为清洁,个别点为轻微污染。浅层土壤可能与地表人类活动或工业污染有关系。

表4-7 浅层土壤环境地球化学元素质量等级汇总表

指标		样本数	等级			
			一		二	
			样本数/件	百分比/%	样本数/件	百分比/%
p_i	As	252	252	99.60	1	0.40
	Cd	252	249	98.81	3	1.19
	Hg	252	252	100.00		
	Pb	252	251	99.60	1	0.40
	Cr	252	252	100.00		
	Ni	252	252	100.00		
	Zn	252	251	99.60	1	0.40
	Cu	252	252	100.00		
	Sb	252	252	100.00		

第四章 区域元素地球化学等级划分

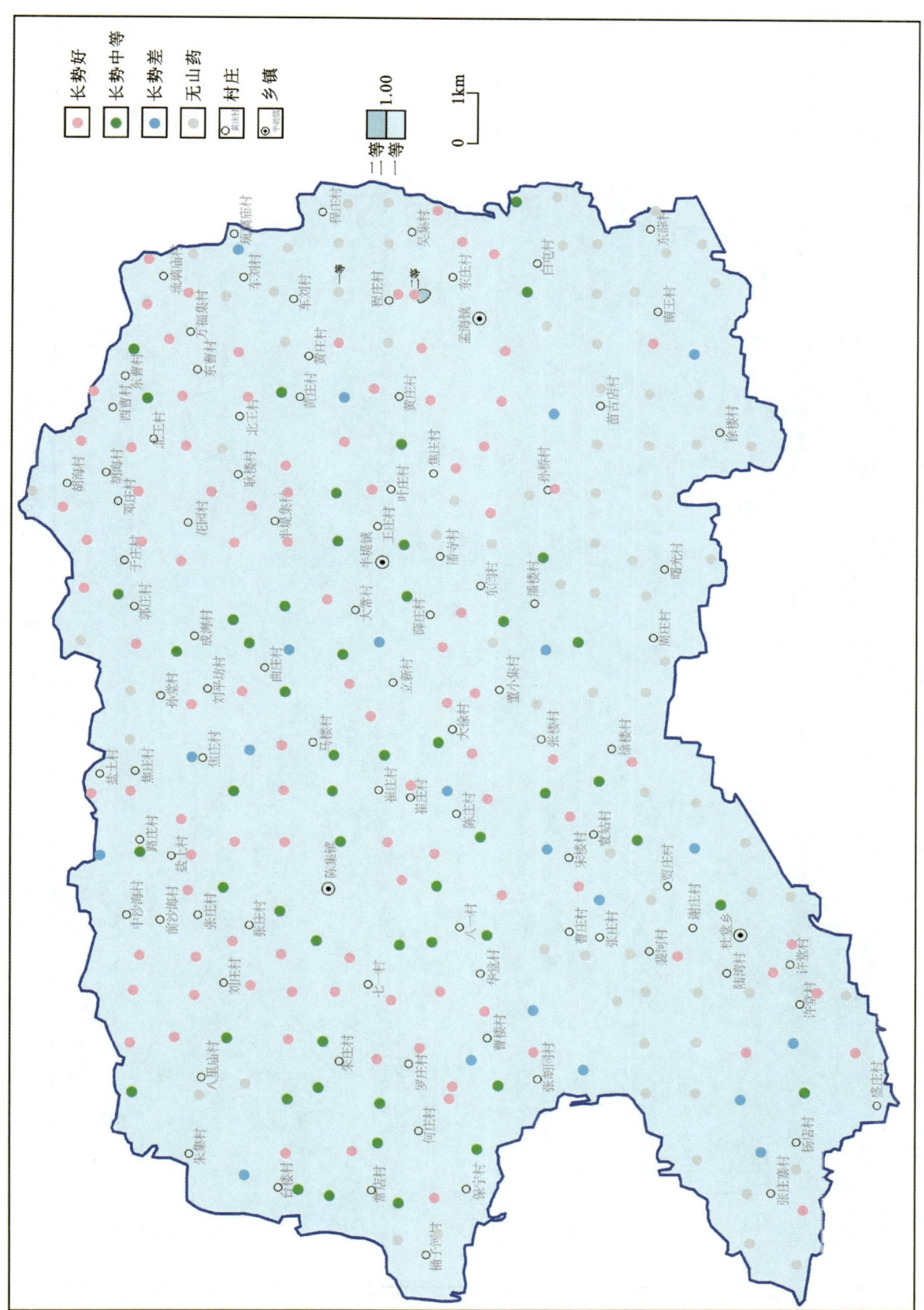

图4-13 浅层土壤环境地球化学元素As单项污染指数图

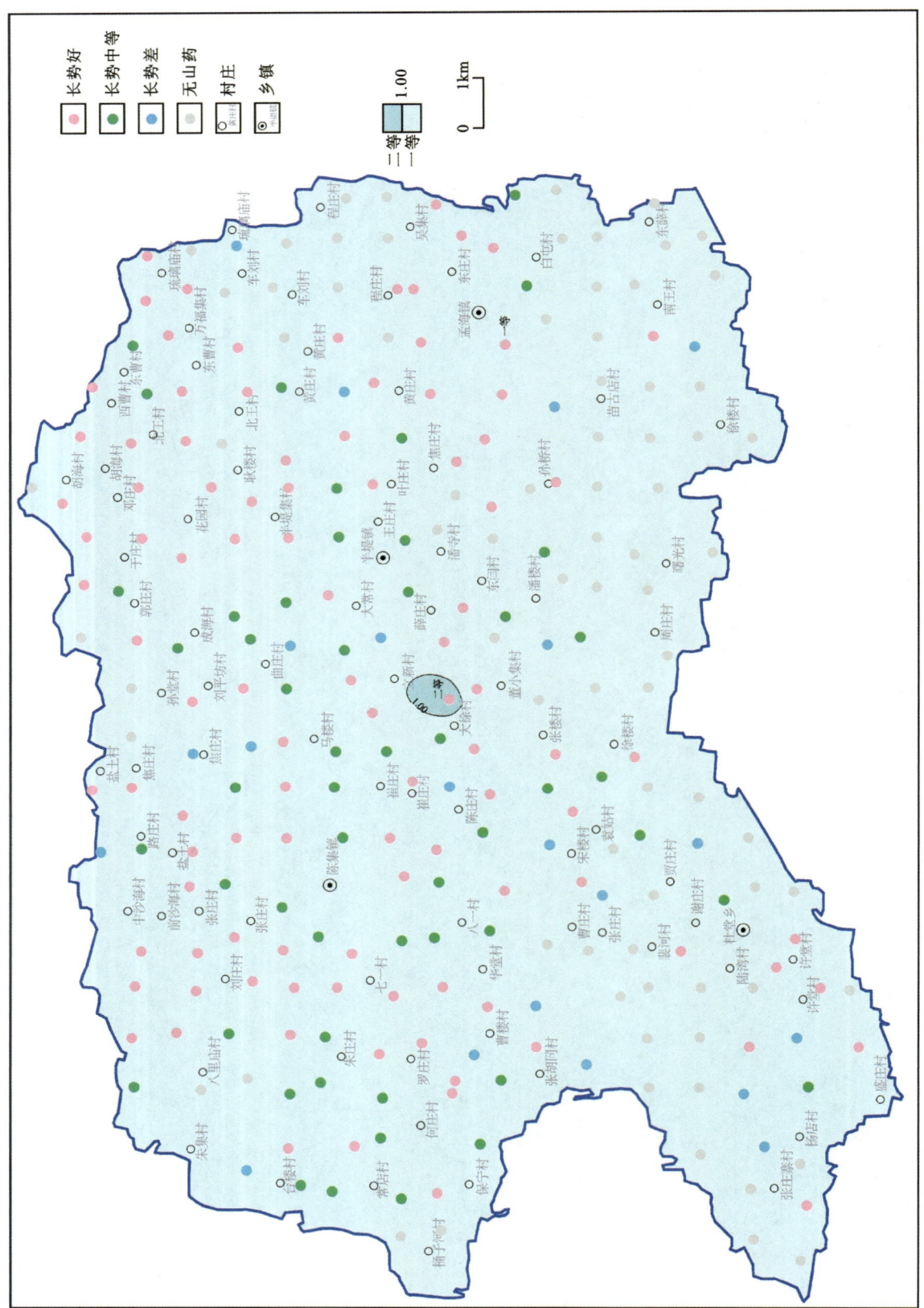

图4-14 浅层土壤环境地球化学元素Cd单项污染指数图

第四节 土壤环境地球化学质量综合等级

每个评价单元的土壤环境地球化学综合等级等同于单指标划分出的环境等级差的等级。

浅层土壤环境地球化学质量综合等级详见表 4-8 和图 4-15。研究区内大部分评价单元内浅层土壤环境地球化学综合等级为一等,只有 6 个评价单元出现二等。说明研究区内浅层土壤环境基本为清洁的,少量几个为轻微污染。

表 4-8 浅层土壤环境地球化学质量综合等级汇总表

指标	样本数	等级			
		一		二	
		样本数/件	百分比/%	样本数/件	百分比/%
浅层土壤环境综合质量	252	246	97.62	6	2.38

第五节 土壤质量地球化学综合等级

土壤质量地球化学综合等级由评价单元的土壤养分地球化学综合等级与土壤环境地球化学综合等级叠加产生,详见表 4-9。

表 4-9 土壤质量地球化学综合等级表达图示与含义

土壤养分	清洁	轻微污染	轻度污染	中度污染	重度污染	含义
丰富	1等 优质	3等 中等	4等 差等	5等 劣等	5等 劣等	1等为优质:土壤环境清洁,土壤养分丰富至较丰富; 2等为良好:土壤环境清洁,土壤养分中等; 3等为中等:土壤环境清洁,土壤养分较缺乏或土壤环境轻微污染,土壤养分丰富至较缺乏; 4等为差等:土壤环境清洁或轻微污染,土壤养分较缺乏或土壤环境轻度污染,土壤养分丰富至缺乏或土壤盐渍化等级为强度; 5等为劣等:土壤环境中度和重度污染,土壤养分丰富至缺乏或土壤盐渍化等级为盐土
较丰富	1等 优质	3等 中等	4等 差等	5等 劣等	5等 劣等	
中等	2等 良好	3等 中等	4等 差等	5等 劣等	5等 劣等	
较缺乏	3等 中等	3等 中等	4等 差等	5等 劣等	5等 劣等	
缺乏	4等 差等	4等 差等	4等 差等	5等 劣等	5等 劣等	

浅层土壤质量地球化学综合等级详见表 4-10 和图 4-16。研究区内大部分评价单元内浅层土壤质量地球化学综合等级为 3 等(中等),占 62%,其次为 2 等(良好),占 23%,其余 1 等(优质),占 15%。说明研究区内浅层土壤质量地球化学等级为中等以上。

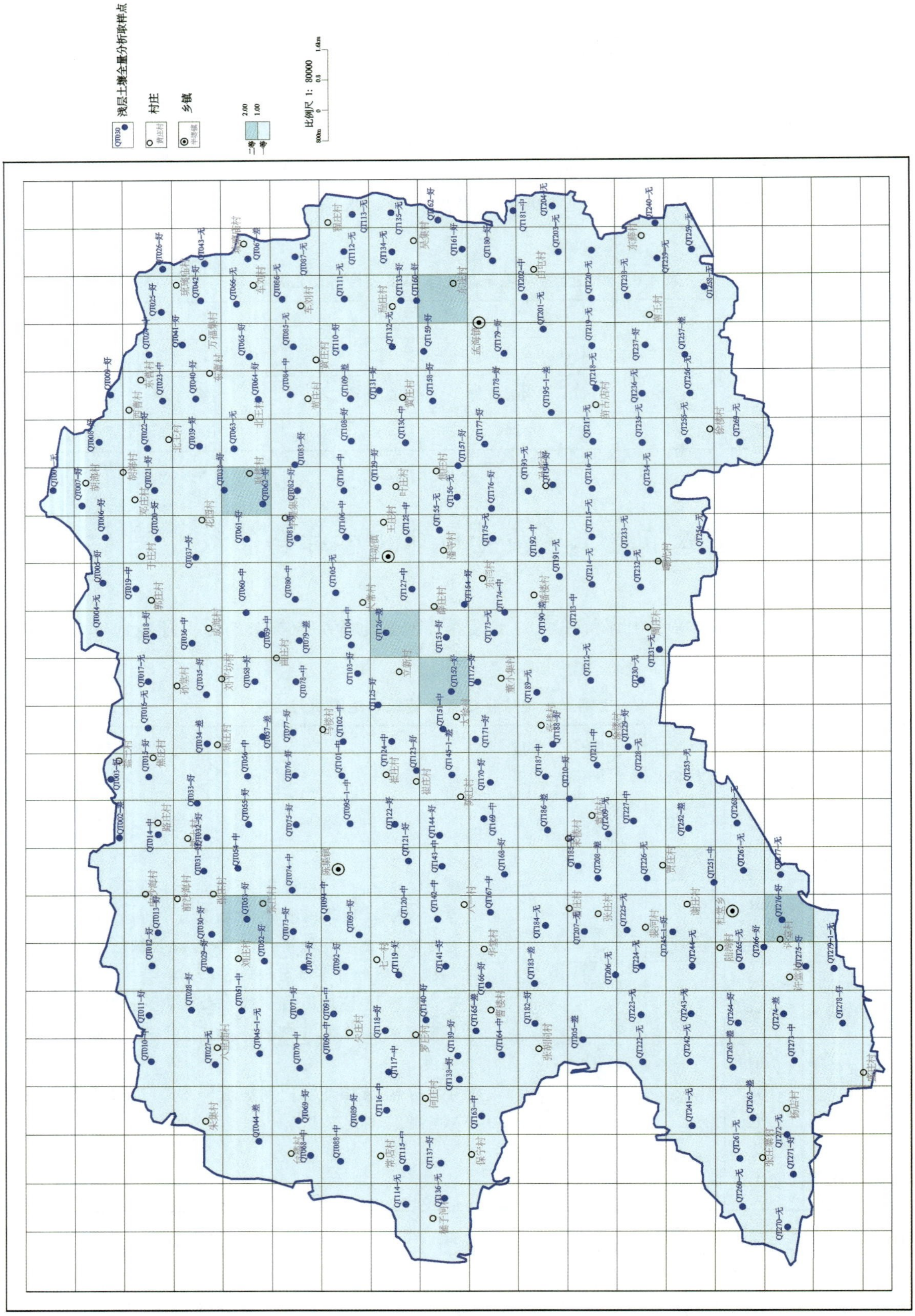

图4-15 浅层土壤环境地球化学质量综合等级图

表 4-10 浅层土壤质量地球化学综合等级汇总表

指标	样本数	等级							
		1		2		3		4	
		样本数/件	百分比/%	样本数/件	百分比/%	样本数/件	百分比/%	样本数/件	百分比/%
浅层土壤环境综合质量	252	246	97.62	6	2.38				
养分地球化学综合等级	252			37	14.68	61	24.21	154	61.11
土壤质量地球化学综合等级	252	37	14.68	57	22.62	158	62.70		

第六节 灌溉水环境地球化学等级

根据《1∶50 000 土地质量地球化学调查与评价技术要求》，灌溉水环境地球化学等级划分标准值参照《农田灌溉水质标准》(GB 5084—2005)。灌溉水中评价指标含量小于等于该值为一等，数字代码为 1，表示灌溉水环境质量符合标准；灌溉水评价指标含量大于该值为二等，数字代码为 2，表示灌溉水环境质量不符合标准。未取样的评价单元以数字 0 表示。各指标标准及本次取样化验结果对比详见表 4-11，汇总表详见表 4-12。灌溉水氯化物有 2 处超标，汞有 1 处超标，其余均为一等，符合环境质量标准。

表 4-11 农田灌溉用水指标标准及等级标准

序号	项目类别	标准	单位	化验结果最大值	最低等级	备注
1	pH	5.5~8.5	/	8.20	一	
2	氯化物 Cl	≤350	mg/L	624.23	二	2 处超标：GQ02 为 441.03，GQ07 为 624.23
3	硫化物 S	≤1	mg/L	未检出	一	
4	汞 Hg	≤0.001	mg/L	0.03	二	1 处超标：GQ02 为 0.03
5	镉 Cd	≤0.01	mg/L	未检出	一	
6	砷 As	≤0.1	mg/L	未检出	一	
7	铬 Cr	≤0.1	mg/L	未检出	一	
8	铅 Pb	≤0.2	mg/L	0.01	一	
9	铜 Cu	≤1	mg/L	未检出	一	
10	锌 Zn	≤2	mg/L	0.02	一	
11	硒 Se	≤0.02	mg/L	未检出	一	
12	氟化物 F	≤3(高氟地区)	mg/L	2.20	一	
13	硼 B	≤1	mg/L	0.63	一	

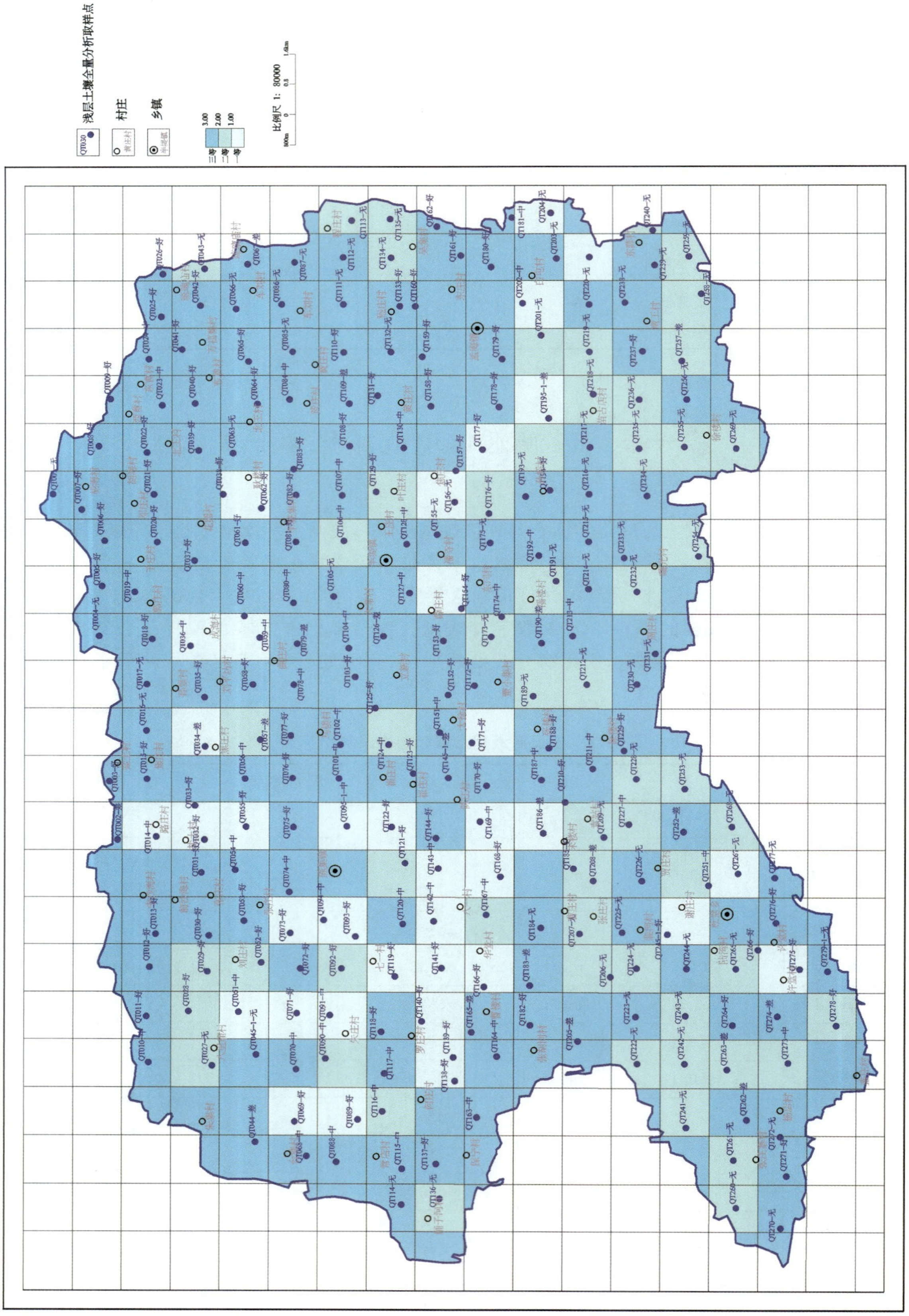

图4-16 浅层土壤质量地球化学综合等级图

第四章 区域元素地球化学等级划分

表 4-12 农田灌溉用水取样点等级汇总表

指标	样本数	等级			
		一		二	
		样本数/件	百分比/%	样本数/件	百分比/%
pH	10	10	100.00		
氯化物 Cl	10	8	80.00	2	20
硫化物 S	10	10	100.00		
汞 Hg	10	9	90.00	1	10
镉 Cd	10	10	100.00		
砷 As	10	10	100.00		
铬 Cr	10	10	100.00		
铅 Pb	10	10	100.00		
铜 Cu	10	10	100.00		
锌 Zn	10	10	100.00		
硒 Se	10	10	100.00		
氟化物 F	10	10	100.00		
硼 B	10	10	100.00		
综合	130	127	97.69	3	2.31

在灌溉水单指标环境地球化学等级划分基础上，每个评价单元的灌溉水环境地球化学综合等级等同于单指标划分出的环境地球化学等级差的等别。

参照《地下水质量标准》(GB 14848—2017)，各元素Ⅰ~Ⅴ类范围界限详见表4-13，根据本次地下水化验极值范围得到研究区地下水级别的范围。研究区内部分元素均为Ⅰ类，部分元素级别跨度大，从Ⅰ~Ⅴ类均有出现。

另外，可以看出 Cl^-、F^-、NO_2^-、COD 大部分级别较低，以Ⅳ类和Ⅴ类为主，其余元素级别较高，当地水井大部分没有遮盖，或者遮盖不全，导致水面较脏，由于上下连通，影响水井内水质，而级别较低的元素与地面施肥或者人类活动有一定关系。详见表4-14。

表 4-13 研究区浅层地下水元素含量与地下水标准对比表

项目	地下水质量分类标准(mg/L)					极值范围	级别	备注
	Ⅰ类	Ⅱ类	Ⅲ类	Ⅳ类	Ⅴ类			
As	≤0.001	≤0.001	≤0.001	≤0.05	>0.05	未检出	Ⅰ	
Ba	≤0.01	≤0.10	≤0.70	≤4.00	>4.00	未检出~0.67	Ⅰ~Ⅲ	
Ca	≤150	≤300	≤450	≤550	>550	23.82~142.90	Ⅰ	
Cd	≤0.0001	≤0.001	≤0.005	≤0.01	>0.01	未检出	Ⅰ	
Cu	≤0.01	≤0.05	≤1.00	≤1.50	>1.50	未检出	Ⅰ	
Fe	≤0.1	≤0.2	≤0.3	≤2.0	>2.0	未检出~0.16	Ⅰ~Ⅱ	
Hg	≤0.0001	≤0.0001	≤0.001	≤0.002	>0.002	未检出~0.1	Ⅰ~Ⅴ	仅1处为0.1，其余为未检出

续表 4-13

项目	地下水质量分类标准（mg/L）					极值范围	级别	备注
	Ⅰ类	Ⅱ类	Ⅲ类	Ⅳ类	Ⅴ类			
Mn	≤0.05	≤0.05	≤0.10	≤1.50	>1.50	未检出～2.32	Ⅰ～Ⅴ	
Pb	≤0.005	≤0.005	≤0.01	≤0.10	>0.10	未检出～0.02	Ⅰ～Ⅲ	
Se	≤0.01	≤0.01	≤0.01	≤0.1	>0.1	未检出	Ⅰ	
Zn	≤0.05	≤0.5	≤1.00	≤5.00	>5.00	未检出	Ⅰ	
Cl	≤50	≤150	≤250	≤350	>350	47.5～790.47	Ⅰ～Ⅴ	
Cr	≤0.005	≤0.01	≤0.05	≤0.10	>0.10	未检出	Ⅰ	
F	≤1.0	≤1.0	≤1.0	≤2.0	>2.0	0.2～2.6	Ⅰ～Ⅴ	
NO_2	≤0.001	≤0.01	≤0.02	≤0.1	>0.1	0.02～9.0	Ⅲ～Ⅴ	
COD	≤1.0	≤2.0	≤3.0	≤10.0	>10.0	0.62～102.84	Ⅰ～Ⅴ	
pH	6.5～8.5			5.5～6.5, 8.5～9	<5.5,>9	7.15～8.73	Ⅰ～Ⅳ	

表 4-14 地下水取样点等级汇总表

指标	样本数	等级									
		Ⅰ		Ⅱ		Ⅲ		Ⅳ		Ⅴ	
		样本数/件	百分比/%	样本数/件	百分比/%	样本数/件	百分比/%	样本数/件	百分比/%	样本数/件	百分比/%
As	40	40	100.00								
Ba	40	1	2.50	34	85.00	5	12.50				
Ca^{2+}	40	40	100.00								
Cd	40	40	100.00								
Cu	40	40	100.00								
Fe	40	37	92.50	3	7.50						
Hg	40	39	97.50							1	2.50
Mn	40	26	65.00			2	5.00	9	22.50	3	7.50
Pb	40	30	75.00	4	10.00	6	15.00				
Se	40	40	100.00								
Zn	40	40	100.00								
Cl^-	40	1	2.50	9	22.50	13	32.50	10	25.00	7	17.50
Cr	40	40	100.00								
F^-	40	19	47.50					20	50.00	1	2.50
NO_2^-	40					1	2.50	21	52.50	18	45.00
COD	40	1	2.50					18	45.00	21	52.50
pH	40	39	97.50					1	2.50		
综合	680	473	69.6	50	7.4	27	4.0	79	11.6	51	7.4

第七节 土地质量地球化学等级划分

在土壤质量地球化学综合等级基础上,叠加灌溉水环境地球化学综合等级,形成土地质量地球化学等级。土地质量地球化学等级表达方式如下:在评价单元上,土壤质量地球化学综合等级以颜色示出,灌溉水环境地球化学综合等级以数字表示。浅层土壤土地质量地球化学综合等级汇总详见表 4-15。

表 4-15 浅层土壤土地质量地球化学综合等级汇总表

指标	样本数	等级					
		1		2		3	
		样本数/件	百分比/%	样本数/件	百分比/%	样本数/件	百分比/%
土壤质量地球化学综合等级	252	37	14.68	57	22.62	158	62.70
灌溉水环境地球化学综合等级	252	242	96.04	8	3.17	2	0.79

第八节 山药质量等级及安全性评价

参考《国家农产品安全质量无公害蔬菜安全要求》(GB 18406.1—2001),本次对山药安全性进行评价,详见表 4-16。从表中可以看出,根的各元素均未超标,因此,山药食用安全性是符合要求的。另外,山药茎叶按照《土壤环境质量标准》(GB 15618—2018)中的二级土壤标准,重金属元素含量划分为清洁土壤范畴,满足土壤环境地球化学等级一等要求,回归农田是安全的。

表 4-16 国家农产品安全质量无公害蔬菜安全要求(10^{-6})

序号	元素	标准	根极值 平均值	根是否超标
1	Cr	≤0.5	0.09~0.36 0.16	否
2	Cd	≤0.05	未检出~0.006 0.003	否
3	Hg	≤0.01	0.000 4~0.001 4 0.000 9	否
4	As	≤0.5	0.01~0.02 0.01	否
5	Pb	≤0.2	0.000~0.026 0.006	否

第九节 土壤质量健康风险与生态风险评价

山药吸附土壤中营养物质的离子作为生长过程中不可或缺的元素,同时,一些重金属元素的离子也有很大的可能性会随之进入山药体内,并在某一部位富集下来。山药吸收物质受到多种因素的影响,其中一个因素是土壤中元素含量高,大部分情况下山药吸收的量也就越大。

本次将山药从土壤中吸收、富集的元素,用富集系数来进行反映。富集系数在一定程度上反映了山药从土壤之中吸收并富集元素的能力,表征了土壤—山药系统中元素迁移的难易程度,还可以说明重金属在山药体内的富集情况。计算公式详见公式(4-3)。

$$生物富集系数 BAC = \frac{生物体中的元素浓度 Cb(10^{-6})}{根系土中的元素浓度 Ca(10^{-6})} \tag{4-3}$$

山药根和茎叶与浅层土壤和深层土壤的富集系数详见表4-17和表4-18。富集系数大于50%说明山药对土壤中的元素能够产生一定的富集作用。

表4-17 山药根和茎叶与浅层土壤富集系数表

浅层土壤元素		根富集系数/%			茎叶富集系数/%			转移系数/%		
		最小值	最大值	平均值	最小值	最大值	平均值	最小值	最大值	平均值
养分元素	P	4.57	560.68	209.87	15.59	1 021.12	354.63	67.90	597.74	198.23
	Ca	0.30	3.97	1.48	24.77	127.49	63.60	1 791.74	13 513.04	5 131.13
	K	8.53	29.48	20.85	6.77	117.51	52.64	37.45	820.67	265.98
	N	322.70	592.27	409.92	470.00	1 297.73	945.38	116.46	340.66	233.09
	有机质	32.09	247.20	97.51	42.65	532.74	156.58	41.33	824.58	183.82
微量元素	B	0.36	9.51	4.08	4.08	222.11	54.02	584.03	3 201.49	1 406.74
	V	0.00	0.25	0.08	0.38	4.07	1.26	∞	∞	∞
	Mn	0.09	0.84	0.34	5.23	21.76	11.21	1 097.73	8 928.57	4 063.92
	Fe	0.02	0.19	0.06	0.97	7.57	2.42	544.30	20 655.17	5 381.50
	Co	0.04	0.26	0.11	0.77	5.25	2.02	523.81	6 166.67	2 165.60
	Cu	2.06	10.44	6.68	12.96	41.65	21.62	177.98	812.07	344.24
	Zn	2.59	8.25	5.09	8.34	34.59	15.65	126.82	619.47	323.97
	Sr	0.87	5.96	2.81	44.18	133.83	79.00	913.04	9 884.39	3 369.91
	Mo	0.80	12.25	4.07	10.81	280.72	42.40	313.73	5 360.00	1 103.43
	Ge	0.00	0.00	0.00	0.00	166.93	26.81	∞	∞	∞
微量营养元素	Ni	0.17	1.23	0.51	2.04	11.34	4.85	344.44	2 681.82	1 065.22
	I	0.00	5.24	1.44	27.56	121.90	64.65	∞	∞	∞
	Se	0.00	33.66	8.41	27.51	415.34	83.55	∞	∞	∞
重金属元素	Cr	0.00	0.81	0.24	5.74	70.12	22.29	∞	∞	∞
	As	0.03	0.21	0.09	1.12	5.18	2.26	703.70	6 857.14	2 952.64
	Cd	0.00	2.00	0.67	6.20	85.59	26.27	∞	∞	∞
	Pb	0.00	0.10	0.02	2.04	10.83	4.37	∞	∞	∞
	Hg	0.18	15.18	4.90	3.33	614.07	185.43	1 618.18	11 263.16	3 897.88

表 4-18 山药根和茎叶与深层土壤富集系数表

深层土壤元素		根富集系数/%			茎叶富集系数/%		
		最小值	最大值	平均值	最小值	最大值	平均值
养分元素	P	5.15	426.68	127.72	24.09	922.72	276.97
	Ca	0.22	3.34	1.29	20.34	135.19	64.32
	K	7.74	26.69	20.72	7.07	88.20	49.26
	N	403.33	704.32	562.61	1 006.50	1 698.00	1 409.04
	有机质	110.60	533.02	310.20	180.34	982.35	475.46
微量元素	B	0.26	5.75	2.31	4.57	91.07	37.49
	V	0.02	0.25	0.07	0.46	4.15	1.62
	Mn	0.07	0.53	0.28	4.57	21.63	11.89
	Fe	0.01	0.08	0.05	0.86	6.13	2.92
	Co	0.03	0.13	0.09	0.67	4.55	2.16
	Cu	2.63	15.52	8.25	11.92	61.95	27.44
	Zn	1.83	9.12	4.99	7.98	41.92	18.87
	Sr	0.75	4.64	2.39	39.57	126.09	83.67
	Mo	1.21	18.93	4.70	13.39	384.61	62.49
	Ge	0.00	0.00	0.00	0.00	236.73	53.78
微量营养元素	Ni	0.13	1.09	0.48	1.82	10.02	4.99
	I	0.00	10.25	3.34	46.46	481.74	170.96
	Se	0.00	0.02	0.01	0.02	0.32	0.08
重金属元素	Cr	0.00	1.26	0.30	6.31	106.91	32.19
	As	0.04	0.31	0.12	0.96	8.81	3.74
	Cd	0.00	2.22	0.95	18.03	67.29	41.46
	Pb	0.00	0.08	0.04	0.38	14.94	6.46
	Hg	1.02	14.99	6.71	72.49	497.90	264.31

另外,通过转移系数(地上部元素的含量与地下部同种元素含量的比值)来评价山药各元素,尤其是重金属从地下向地上运输和富集的能力。转移系数越大,则元素从根系向地上部器官转运的能力越强。尤其是对于重金属元素来说,如果转移系数大于50%,说明山药能把大部分的重金属迁移到地上部,这对将来重金属的回收利用有一定的作用。

从表4-17和表4-18可以看出,养分元素P、N和有机质从深层土壤和浅层土壤中都被山药明显富集在根和茎叶中,并且5种养分元素都存在从根向茎叶的明显转移。微量元素Sr和Mo从深层土壤和浅层土壤中都有一定程度的在山药的茎叶中富集,未见根的富集,并且所有微量元素都呈现明显的从根部向茎叶的转移。微量营养元素I存在从浅层土壤和深层土壤中向茎叶富集的现象,Se存在从浅层土壤中向茎叶中富集的现象,均未见该2种元素从土壤中向根富集的现象,存在明显的从根向茎叶转移的现象。重金属元素均无从土壤中向根富集的现象，Cr、Cd、Hg 都存在一定程度的从土壤中向茎叶富集的现象，另外，所有重金属元素都存在从根中向茎叶转移的明显迹象。

因此，重金属元素虽然在山药茎叶中有一定的富集，从根到茎叶的转移系数都非常大，甚至接近全部转移，导致山药根上很少，达到安全要求。微量元素和养分元素从根到茎叶中转移系数也很大，较微量营养元素和重金属元素要小很多。分析山药根能将养分元素和微量元素尽量多的保留在根中而将重金属元素更多地转移到茎叶中。

第五章 重要土地质量地球化学问题研究

第一节 异常元素分析及迁移转化规律研究

随着土壤中元素的不断沉积和水力作用，异常元素发生了一定的聚集和迁移，本节分析土壤异常元素的平面分布及垂向迁移分布规律。

一、土壤元素异常平面分布分析

利用土壤污染物分担率和污染物超标倍数来进行土壤污染元素的异常检查，详见表5-1。
所用计算方法如下：
土壤单项污染指数＝土壤污染物实测值/土壤污染物质量标准
土壤污染物分担率(%)＝(土壤某项污染指数/各项污染指数之和)×100%
土壤污染物超标率＝(土壤某项污染物实测值－某污染物质量标准)/某污染物质量标准×100%

表 5-1　土壤污染指数、超标率统计表

元素	As	Cd	Hg	Pb	Cr	Ni	Zn	Cu	Sb
浅层土壤平均单项污染指数	0.53	0.43	0.02	0.36	0.26	0.32	0.26	0.24	0.10
浅层土壤平均污染物分担率/%	21	17	1	14	10	13	10	10	4
浅层土壤平均污染物超标倍数	−0.47	−0.57	−0.98	−0.64	−0.74	−0.68	−0.74	−0.76	−0.90
深层土壤平均单项污染指数	0.52	0.39	0.01	0.46	0.23	0.32	0.26	0.24	0.10
深层土壤平均污染物分担率/%	21	16	1	16	9	13	10	10	4
深层土壤平均污染物超标倍数	−0.79	−0.84	−1.00	−0.84	−0.91	−0.87	−0.90	−0.91	−0.96

注：比较标准为二级土壤上限制。

由表5-1可知，根据单项污染指数，全区深层土壤和浅层土壤指数都较低，污染程度很轻微。浅层土壤污染程度的顺序是 As＞Cd＞Pb＞Ni＞Cr＝Zn＞Cu＞Sb＞Hg，根据元素平均污染物分担率的大小，可以确定浅层土壤主要污染物顺序为 As、Cd、Pb、Ni、Cr、Zn、Cu、Sb、Hg。浅层土壤污染物超标倍数小于0，说明全区浅层土壤环境质量良好，污染规模小，不足以影响全区。

内梅罗污染指数可反映各污染物对土壤的作用，同时突出高浓度污染物对土壤环境质量的影响，详见公式(5-1)。

$$内梅罗污染指数(p_n) = \sqrt{\frac{p_{i,aver}^2 + p_{i,\max}^2}{2}} \tag{5-1}$$

式中，$p_{i,aver}$ 和 $p_{i,max}$ 分别为平均单项污染指数和最大单项污染指数。考虑到不同重金属对土壤、环境影响不同，采用加权平均计算 $p_{i,aver}$，详见公式(5-2)。

$$p_{i,aver} = \frac{\sum_{i=1}^{n} w_i p_i}{\sum_{i=1}^{n} w_i} \tag{5-2}$$

式中，w_i 为权重，将各元素按照对环境的影响分为Ⅰ、Ⅱ、Ⅲ类，由于其对环境的重要性逐渐下降，分别赋值1、2、3作为权重，详见表5-2。

表5-2 各元素对环境的重要性分类及对应权重值表

元素	Hg	Pb	Cd	As	Zn	Cu	Cr	Ni	Sb
类别	Ⅰ	Ⅰ	Ⅰ	Ⅰ	Ⅱ	Ⅱ	Ⅱ	Ⅱ	Ⅲ
权重	3	3	3	3	2	2	2	2	1

通过计算，研究区内浅层土壤内梅罗污染指数平均值为0.47，达到Ⅰ、Ⅱ级的样点数占99.6%，表明浅层土壤整体上属于清洁水平。深层土壤内梅罗污染指数平均值为0.51，达到Ⅰ、Ⅱ级的样点数占96.9%，个别样点存在Ⅳ级，说明深层土壤大部分还是清洁的，局部存在中度污染(表5-3)。深层土壤存在中度污染的2个，主要是由Pb元素引起的，采样编号为ST06和ST07，分别位于陈集镇焦庄村北部和半堤镇成海村西北，两个采样点山药长势中和差，且直线距离约2km。该2个取样点周边深层土壤取样点Pb含量较低，该范围内浅层土壤Pb未见超标。按照内插法，以深层土壤取样点ST06和ST07分别与周边Pb含量低的深层土壤取样点中间作为影响距离的边缘，即影响距离为3km，因此，估算影响范围约9km²。

表5-3 土壤内梅罗污染指数分级统计表

等级	Ⅰ	Ⅱ	Ⅲ	Ⅳ	Ⅴ
内梅罗污染指数 p_n	$p_n \leq 0.7$	$0.7 < p_n \leq 1.0$	$1.0 < p_n \leq 2.0$	$2.0 < p_n \leq 3.0$	$p_n > 3.0$
污染等级	清洁（安全）	尚清洁（警戒限）	轻度污染	中度污染	重度污染
浅层土壤样本数	241	10	1	0	0
浅层土壤样本百分比/%	95.6	4.0	0.4	0	0
深层土壤样本数	60	2	0	2	0
深层土壤样本百分比/%	93.8	3.1	0	3.1	0

二、元素垂向迁移规律

在QT069(陈集镇台楼村西)和QT159(孟海镇北1km)样品取样处进行了垂直剖面取样，分别位于研究区的西部和东部，取样深度分别为20cm、50cm、70cm、100cm、130cm、160cm和200cm。QT069样品附近浅层土壤类型为盐化潮土，QT159样品附近浅层土壤类型为砂质潮土。两个取样点深部(130cm、200cm)土壤类型均为黏质潮土。化验结果详见表5-4和表5-5。对两处取样点不同元素分别进行归一化处理，然后相同深度同一元素计算算数平均值，在此基础上，再进行归一化处理，作为本次分析的基础数据，详见图5-1～图5-4。

表 5-4 QT069 取样点垂直剖面元素化验分析结果汇总表

样品编号	野外编号	深度/cm	pH	S	K	Fe	Ca	有机质	Mn	Zn	Cu	Mo	Cr	Pb
					$\omega/10^{-2}$			$\omega/10^{-3}$			$\omega/10^{-6}$			
ST-QT069-好	QT069-好	20.00	7.92	0.02	2.25	1.94	4.10	16.42	554.36	78.21	20.60	1.26	77.84	21.92
	ST-QT069-好50	50.00	8.05	0.01	2.39	2.20	5.31	2.70	591.29	88.08	20.41	1.32	84.36	16.33
	ST-QT069-好70	70.00	8.01	0.01	2.43	2.23	5.53	2.04	612.16	81.29	21.11	2.11	41.17	23.93
	ST-QT069-好100	100.00	7.98	0.01	2.25	2.05	4.67	2.52	533.21	66.73	17.34	0.84	33.97	18.92
	ST-QT069-好130	130.00	7.91	0.01	2.24	1.93	4.63	2.16	485.66	64.78	17.10	1.71	31.95	20.54
	ST-QT069-好160	160.00	7.91	0.01	2.65	2.93	6.77	3.35	837.70	109.72	28.25	2.28	48.94	28.88
	ST-QT069-好200	200.00	7.88	0.01	2.50	2.69	6.11	1.92	777.69	96.92	24.31	1.86	70.79	27.33

样品编号	野外编号	深度/cm	Ni	Co	V	P	Sr	B	As	Sb	Hg	Se	Ge	Cd	F	N	I
						$\omega/10^{-6}$					$\omega/10^{-9}$				$\omega/10^{-6}$	$\omega/10^{-2}$	$\omega/10^{-6}$
ST-QT069-好	QT069-好	20.00	33.97	11.19	68.35	2871.21	192.80	171.63	10.41	0.93	11.82	170.86	39.42	279.65	505	0.108	3.82
	ST-QT069-好50	50.00	31.18	13.06	77.92	711.08	242.10	560.68	10.08	0.91	12.20	144.35	65.48	131.31	839	0.077	2.61
	ST-QT069-好70	70.00	36.28	12.99	77.41	826.93	241.10	319.82	9.62	0.86	12.29	136.35	85.00	239.01	757	0.072	2.47
	ST-QT069-好100	100.00	34.17	11.77	71.37	830.50	215.60	450.59	9.32	0.79	11.68	140.98	44.97	222.01	502	0.090	1.57
	ST-QT069-好130	130.00	37.55	11.62	69.34	793.31	219.30	453.23	9.57	0.77	12.77	152.34	27.28	185.16	409	0.087	1.03
	ST-QT069-好160	160.00	48.02	16.52	101.40	879.83	247.50	883.71	14.39	1.30	15.51	113.32	42.56	268.31	453	0.068	4.21
	ST-QT069-好200	200.00	35.83	15.01	90.25	1211.14	228.30	73.32	13.89	1.17	14.10	148.51	40.21	286.26	556	0.074	5.66

表 5-5　QT159 取样点垂直剖面元素化验分析结果汇总表

样品编号	野外编号	深度/cm	pH	$\omega(B)/10^{-2}$				$\omega(B)/10^{-3}$	$\omega(B)/10^{-6}$													
				S	K	Fe	Ca	有机质	Mn	Zn	Cu	Mo	Cr	Pb	Ni	Co	V	P	Sr	B	As	Sb
ST-QT159-好	QT159-好	20.00	7.86	0.02	2.11	2.27	3.67	7.97	496.49	83.44	27.04	1.08	36.03	32.93	24.52	9.13	71.95	158.99	229.83	74.83	14.78	1.22
	ST-QT159-好 50	50.00	7.65	0.01	2.23	2.98	4.99	2.31	641.68	93.46	29.90	1.37	61.66	37.60	30.15	11.48	88.97	127.98	234.05	106.39	13.96	1.06
	ST-QT159-好 70	70.00	7.69	0.01	2.59	4.02	7.93	5.64	986.75	117.80	42.67	1.83	71.92	52.48	36.50	15.07	116.09	124.99	273.98	55.89	20.90	1.52
	ST-QT159-好 100	100.00	7.80	0.01	2.27	3.05	4.98	5.28	656.75	109.36	30.36	0.47	55.21	42.95	31.90	12.02	89.69	133.17	261.26	135.15	14.63	1.07
	ST-QT159-好 130	130.00	7.84	0.02	2.21	2.83	4.78	1.36	599.61	56.19	26.84	0.80	59.97	36.36	29.62	10.84	85.54	115.65	197.23	90.30	12.58	1.02
	ST-QT159-好 160	160.00	7.90	0.01	2.16	2.77	4.71	2.07	612.46	94.64	25.40	1.27	56.85	36.44	26.27	10.25	82.85	122.97	215.68	82.33	12.14	0.96
	ST-QT159-好 200	200.00	7.75	0.01	2.25	2.89	5.00	3.97	629.19	115.08	29.15	1.82	50.61	40.17	31.70	11.27	85.53	127.34	225.05	253.24	12.61	1.01

样品编号	野外编号	深度/cm	$\omega(B)/10^{-9}$			$\omega/10^{-6}$	$\omega/10^{-2}$	$\omega/10^{-6}$
			Hg	Se	Ge	Cd	F	N	I
ST-QT159-好	QT159-好	20.00	11.83	133.22	25.16	615.57	502	0.100	2.10
	ST-QT159-好 50	50.00	15.02	126.00	84.97	258.00	578	0.087	1.77
	ST-QT159-好 70	70.00	12.18	109.50	78.46	349.50	745	0.093	2.29
	ST-QT159-好 100	100.00	3.18	157.24	440.65	285.48	826	0.084	1.56
	ST-QT159-好 130	130.00	5.09	134.81	274.19	204.46	708	0.092	1.21
	ST-QT159-好 160	160.00	9.53	177.40	815.86	279.69	608	0.083	2.30
	ST-QT159-好 200	200.00	58.06	126.95	181.79	252.69	640	0.086	4.83

第五章　重要土地质量地球化学问题研究

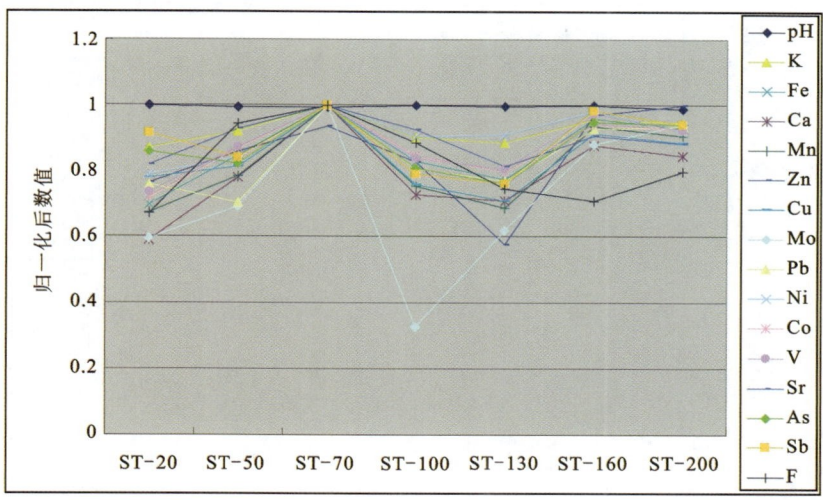

图 5-1　垂直剖面变化情况图（K、Ca、Fe、Mn、Zn、Cu、Mo、Pb、Ni、Co、V、Sr、As、Sb、F、pH）

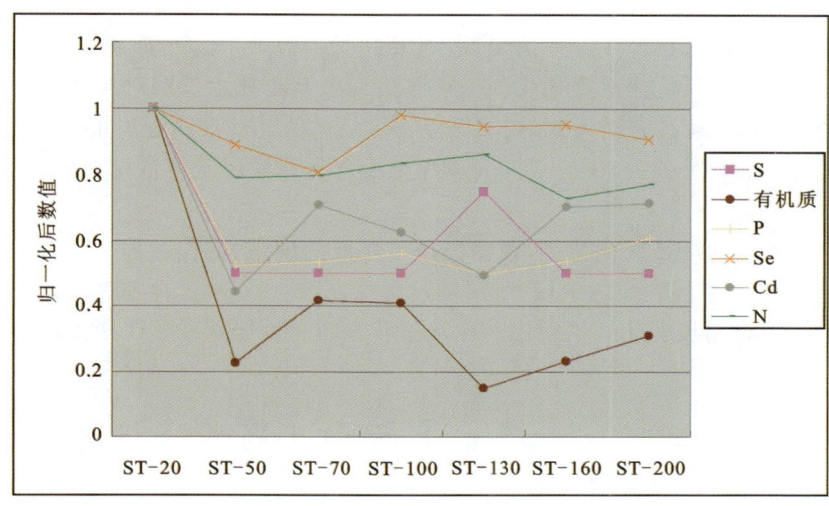

图 5-2　垂直剖面变化情况图（S、有机质、P、Se、Cd、N）

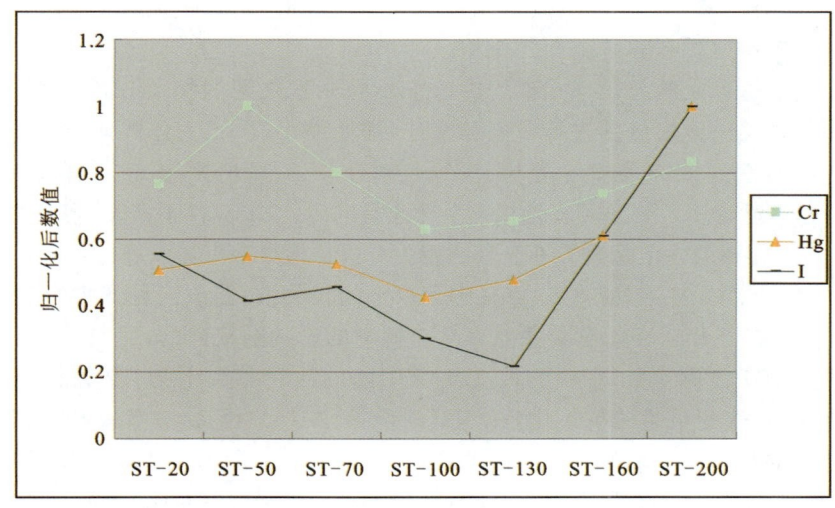

图 5-3　垂直剖面变化情况图（Cr、Hg、I）

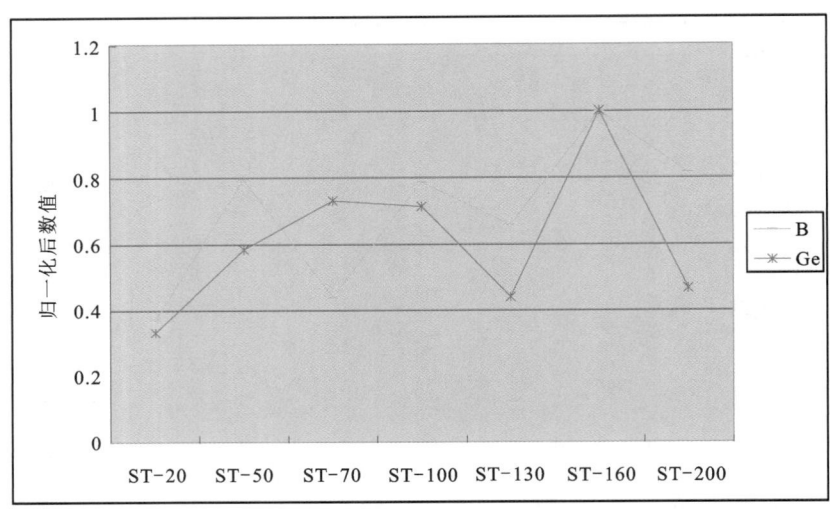

图 5-4　垂直剖面变化情况图（B、Ge）

从图 5-1～图 5-4 中可以看出，K、Ca、Fe、Mn、Zn、Cu、Mo、Pb、Ni、Co、V、Sr、As、Sb、F 地表至 70cm 增长，达最大值，70cm 之后降低，至 130cm 附近达到最低值，略低于地表，向深部继续增长。山药根最深处一般为 120～130cm，分析可能是山药生长前期和后期根茎迅速生长期对这些元素吸收较多。

S、有机质、P、Se、Cd、N 地表为最大值，锐减至 50～70cm 之后有不同程度的反复变化，说明主要与地表施肥或人类活动等影响有关。Se 在 100cm 以深土壤含量和浅层土壤含量差别不大，说明该元素主要取决于成土母质。

Cr、Hg、I 表现出相似的消长变化特征，说明经历了相似的淋溶、淀积过程。

B、Ge 地表含量最低，至 160cm 达到最大值，随后降低，分析山药生长早期对这两种元素吸收较多。

pH 值较为平稳，没有明显变化。说明山药生长过程基本不对土壤中 pH 产生影响。

第二节　土壤元素的相互影响分析

我们知道，不同的元素对其他元素有一定的吸附作用，或者由于络合作用，导致在土壤中有些元素存在相互的影响，不同的元素往往伴随着其他元素的富集。因此，分析有益元素或有害元素与其他元素的相互影响关系对于农业地质有非常重要的作用。

本次对浅层土壤中每种元素与其他元素均进行了不同元素之间的相关分析和差异显著性分析，将中等以上正相关和负相关的元素分别进行罗列和统计，详见表 5-6。相关分析中相关系数 0～0.09 不相关，0.1～0.3 弱相关（蓝色），0.3～0.5 中等相关（绿色），0.5～1 强相关（红色），详见表 5-7。差异性显著分析中 $t<0.05$ 为差异显著。差异显著时相关系数才是准确的，差异性不显著，表明相关系数为偶然因素引起的。在表中将存在相关性但是差异不显著的相关分析结果数字用黄色进行了区别，即为不相关。

由表 5-7 中可知，Pb、As 均与 Mn、Cu、V 有中等以上的相关性，即该三种元素容易产生这两种元素的富集。Sr 与 Ge 也存在互相依存的富集关系，Ge 对植物的影响的双向的，适当的 Ge 对植物生长是非常有益的，Ge 能够清除自由基的电子结构，改变土壤中酶的活性和微生物，改变植物对营养元素的吸收、利用，影响光合作用，改变植物的抗氧化系统等（刘艳等，2015），因此，富锶的土壤带来的 Ge 的适当富集对植物生长是非常有利的。K 与 Fe 存在中等以上的相关性，说明施钾肥时可能导致土壤中铁的富集。而我们知道，Fe 是植物生长必需的元素，其对植物的生长速率、根冠比、根的活力及物质的合成和累积有重要影响，这在农业生产中尤为突出。

表 5-6　浅层土壤中各元素相关性统计表

元素	中等以上正相关	中等以上负相关
pH		Cu
K	Fe	Pb
Fe	K、Ca、Mo、As、Sb、Cd、N	Co
Ca	Fe、Mo、P、Sb、Cd、	Se、Ge
有机质	N、I	
Mn	Zn、Cu、Cr、Pb、Ni、Co、V、As、Sb、Se、F	Cd
Zn	Mn、Cu、Mo、Cr、Pb、Ni、Co、P、	
Cu	Mn、Zn、Cr、Pb、Ni、Co、V、As、Sb	
Mo	Fe、Ca、Zn、P、	
Cr	Mn、Zn、Cu、Pb、Ni、Co、V、P、	Cd
Pb	Mn、Zn、Cu、Cr、Ni、Co、V、As、Sb	K
Ni	Mn、Zn、Cu、Cr、Pb、Co、V、P	Cd
Co	Mn、Cu、Cr、Pb、Ni、V、Se、Ge、F	Fe、Cd
V	Mn、Cu、Cr、Pb、Ni、Co、As、Sb、Se	
P	Ca、Zn、Mo、Cr、Ni、B	
Sr	Ge	
B	P	
As	Fe、Mn、Cu、Pb、V、Cd	
Sb	Fe、Ca、Mn、Cu、Pb、V、As、Cd	
Hg		
Se	Mn、Co、V、Ge	Ca、Cd、N
Ge	Ni、Sr、Se	Fe、Ca、Cd、N
Cd	Fe、Ca、As、Sb	Mn、Cr、Ni、Co、Se、Ge
F	Mn、Co	
N	Fe、有机质、I	Se
I	有机质、N	

表5-7 浅层土壤中各元素相关分析表

相关性	pH	S	K	Fe	Ca	有机质	Mn	Zn	Cu	Mo	Cr	Pb	Ni	Co	V	P	Sr	B	As	Sb	Hg	Se	Ge	Cd	F	N
S	−0.11																									
K	0.13	0.07																								
Fe	−0.08	0.02	0.45																							
Ca	−0.04	−0.03	0.26	0.84																						
有机质	−0.19	0.21	0.04	0.07	0.00																					
Mn	−0.12	−0.05	−0.30	−0.22	−0.10	0.13																				
Zn	−0.11	−0.03	−0.05	0.08	0.22	0.10	0.42																			
Cu	−0.32	−0.01	−0.07	0.24	0.20	0.17	0.62	0.52																		
Mo	−0.09	0.02	0.14	0.34	0.52	−0.02	0.03	0.33	0.30																	
Cr	−0.09	0.00	−0.09	−0.18	0.00	0.12	0.65	0.38	0.36	0.12																
Pb	−0.21	−0.06	−0.56	−0.02	0.03	0.12	0.54	0.34	0.52	0.09	0.30															
Ni	−0.02	−0.03	−0.13	−0.13	0.06	0.07	0.86	0.46	0.49	0.19	0.72	0.43														
Co	−0.09	0.12	−0.10	−0.32	−0.21	0.13	0.87	0.41	0.52	0.06	0.67	0.37	0.85													
V	−0.15	−0.09	−0.26	−0.09	−0.03	0.10	0.93	0.45	0.72	0.11	0.64	0.59	0.83	0.81												
P	0.08	−0.03	0.02	0.19	0.51	0.07	0.18	0.36	0.02	0.34	0.37	0.10	0.48	0.23	0.12											
Sr	0.10	0.01	0.15	−0.13	−0.25	−0.06	0.23	0.00	0.17	−0.13	0.08	0.11	0.13	0.20	0.24	−0.27										
B	0.08	−0.03	0.14	0.07	0.17	0.01	−0.13	−0.12	−0.13	0.18	−0.10	−0.16	0.09	−0.03	−0.12	0.34	−0.08									
As	−0.21	0.26	−0.20	0.39	0.29	0.13	0.34	0.23	0.60	0.18	0.07	0.41	0.19	0.22	0.39	−0.04	−0.02	−0.16								
Sb	−0.16	0.00	−0.08	0.47	0.42	0.10	0.35	0.26	0.58	0.27	0.13	0.35	0.26	0.19	0.41	0.10	−0.06	−0.08	0.85							
Hg	0.00	−0.01	−0.13	−0.10	−0.17	0.11	0.11	0.03	0.08	−0.17	0.05	0.22	0.02	0.09	0.09	−0.06	0.07	−0.14	0.04	0.01						
Se	0.14	−0.03	−0.09	−0.55	−0.64	0.02	0.35	0.03	0.02	−0.30	0.20	0.13	0.28	0.45	0.32	−0.17	0.36	−0.06	−0.13	−0.24	0.26					
Ge	0.03	0.01	−0.01	−0.50	−0.55	−0.09	0.27	−0.08	0.02	−0.21	0.19	−0.06	0.21	0.34	0.22	−0.24	0.31	−0.13	−0.20	−0.20	0.07	0.40				
Cd	−0.12	−0.06	−0.11	0.47	0.32	0.09	−0.31	−0.11	0.12	0.09	−0.38	0.12	−0.41	−0.46	−0.24	−0.15	−0.22	−0.08	0.36	0.31	−0.02	−0.40	0.36			
F	0.06	0.07	−0.13	−0.22	−0.19	0.15	0.35	0.01	0.01	−0.16	0.27	0.04	0.28	0.33	0.25	0.09	0.04	−0.02	0.03	0.06	−0.02	0.14	0.19	−0.10		
N	−0.20	0.03	0.17	0.30	0.29	0.44	−0.15	0.03	0.09	0.16	−0.11	−0.03	−0.12	−0.14	−0.15	0.13	−0.28	0.05	0.10	0.20	−0.04	−0.42	−0.25	0.29	0.00	
I	−0.15	−0.04	−0.02	0.19	0.20	0.39	0.07	0.16	0.19	0.09	0.06	0.14	0.02	0.02	0.06	0.14	−0.20	−0.05	0.16	0.20	0.02	−0.20	−0.22	0.18	0.15	0.43

第三节　富锶土壤古沉积环境研究

根据本次土壤、水、山药的化验结果,研究区土壤、水、山药中均富锶。山药口感甜糯,不同于其他区域。

锶是人体必须的微量元素之一,具有改善骨代谢、增强骨质强度及预防心血管疾病的作用,成年人每天摄入体内 2mg 锶即可满足生理需要,饮用含锶 5mg/L 的矿泉水有益于人体健康(万英等,2014)。锶由于极易与空气发生反应,所以,自然界中锶都是以化合物的形式存在的,除了以矿物(天青石、菱锶矿)形式存在外,在不同的地层和地下水里也有存在。因此,研究锶在研究区土壤和地下水中含量高的原因极为重要。

锶元素最早发现于 1790 年,是一种化学性质非常活泼的碱土金属元素,其化学性质在钙和钡之间,在许多矿物中 Sr^{2+} 是可以置换 Ca^{2+} 的,从而出现在含钙的矿物中。锶是一种迁移能力强的元素,其在风化作用中水迁移系数 K_x 为 0.1～1,在水溶液中以重碳酸盐的形式存在,化学或生物化学反应在输送过程中进行并且生成沉淀,水动力强的位置不会沉淀,但在水动力减弱的地方便会沉淀下来。如:可以通过 Sr 与 Cu 含量的比值来判断气候属于潮湿、温暖型或干旱、炎热型;锶同位素体系在风化作用与成壤过程中比碳、氢、氧的同位素体系稳定,$^{87}Sr/^{86}Sr$ 的比值和 Rb/Sr 反应化学风化作用强弱和古气候变化更为稳定的示踪剂。锶的含量在沉积过程中与周围古环境和古气候有十分密切的关联,因此 20 世纪 90 年代以来,基于锶元素解决古环境问题的研究逐渐兴起,利用土壤中锶含量相关的分析可直接反映研究区的古沉积环境。

黄河冲积平原为第四纪沉积平原,其主体是黄河冲积扇,其领域在西侧止于孟津,西北侧沿太行山脉与漳河冲积扇相接,西南侧顺着嵩箕山脉连接淮河的上游,东侧以山东丘陵地区为界。在山东省分布范围为鲁西南平原及鲁西北平原。黄河下游地区黄河改道溃决频繁,其与局部河网共同影响着位于黄河下游地区的湖泊的形成与演变,此区域范围内人类活动活跃,因此近几十年来,黄河下游地区古环境研究一直是热点。

近年来,基于湖泊沉积的黄河下游冲积平原古环境研究较多,张振克等(1999)运用南四湖的湖泊沉积记录探究湖泊变化与黄河改道之间的关联,张春山等(1996)综合运用已有资料,对历史时期华北平原北部的古气候演变的冷暖和干湿序列进行了重建,同时通过历史相似型研究并且预测了华北平原未来气候变化的动向。由于沉积地球化学学科不断发展,人们逐渐认识到,在沉积成岩过程中,化学元素在岩层的分布情况既取决于其固有的物理化学性质,又会被古气候、古环境所影响,元素的分析可以反推古沉积环境,王随继等(1997)认为尤其是在一个面积较小的沉积体系中,古气候和古环境将更能控制元素的分布,因此通过分析沉积岩在沉积成岩过程中某些稳定又特殊的元素相互之间比值的变化,能够很好地指示古气候环境的演化。

菏泽定陶地区在第四纪中后期曾经是黄泛区,现在已经成为平原陆地,古沉积元素能够较好的保存在当地,通过取样发现其存在较大的富锶区域,锶的含量在沉积岩中一般为几十 mg/kg,而在研究区浅层土壤(深度 20cm)锶含量却达到 137.05～308.90mg/kg,平均值为 225.69mg/kg;深层土壤(深度 2.0m)锶含量为 155.97～288.02mg/kg,平均值为 222.89mg/kg。而研究区地表全部被第四纪黄河组覆盖,说明锶并不是当地风化沉积得来的,而是河流搬运而来,其含量与其他元素含量的比较可真实反映该地区当时的古沉积环境。本节即以菏泽定陶地区为例,提出并实现了基于深层土壤锶及其他元素的对比研究方法,较好地还原该地区当时的古沉积环境,且其在时间和成本上更加经济。

一、古环境分析

1. 工作方法

本次工作对 2.0m 深度土壤取样化验,化验元素包括 Mn、Cu、Cr、Ni、Co、V、Sr、Ca、Mg、Ba、Rb,另外在研究区内均匀取 6 处深土样进行土壤锶同位素测量,测试 $^{87}Sr/^{86}Sr$,取 1 处浅土样和 1 处深土样通过测试土壤中有机碳的方式进行 ^{14}C 测年。

根据《多目标区域地球化学调查规范(1∶250 000)》(DZ/T 0258—2014)规范要求,深层土壤取样密度以每 4km² 采集一件能够代表区域性差异。深土样的横纵向的采集间隔都为 2km,采集密度为每 4km² 采集一件,取样深度 2.00m,共取样 63 件,浅土样为某一深土样位置的 0.2m 深土土样。根据区域资料,研究区内第四系厚度大于 4m,以最小厚度论,取其中间作为深层土壤(深度 2.0m),其化学元素分析结果能够很好地代表第四系沉积情况,也可以较稳定地显示该区域古沉积环境。

样品化验工作由山东省第一地质矿产勘查院实验室完成。化验采用原子荧光光度计(AFS820)、电子分析天平(BS224S)、电感耦合等离子体发射光谱仪(原子荧光光度计)等对土壤中元素进行测试,测试方法按照《土壤质量》(GBT 22105—2008)和《土壤和沉积物》(HJ 803—2016)。^{14}C 测试是将制备好的石墨和 5 个美国草酸 ll 标准、1 个中国糖碳标准以及 2 个石墨本底送到北京大学重离子物理研究所进行测试,获得样品的 ^{14}C 年代,样品的年代校正采用牛津大学提供的校正软件,版本为 OxCal v4.2。

2. 元素可信性判别

沉积环境是影响沉积岩中微量元素含量的一个重要因素。因此,我们可以通过对微量元素在沉积岩中的含量和分布特征的研究来反演沉积时期的古环境信息和地质条件。同时由于成岩作用和后期的蚀变作用会使碳、氧组成发生变化,破坏保存在其中的古气候信息,从而无法代表样品原始信息,也无法准确地反映其沉积环境,因此,是否能探讨其地质意义需要看所取样品沉积时期的原始碳、氧同位素的组成有没有被保留下来,而 Mn/Sr 比是判断的重要指标。该指标可作为判断碳酸盐岩蚀变程度的一个灵敏指标,Mn/Sr 比小于 10 则说明后期剧烈的蚀变没有作用于原岩,Mn/Sr 比小于 2~3 则说明样品很好地保存了原始沉积水体的同位素特征。研究区深层土壤样 Mn/Sr 比详见图 5-5。

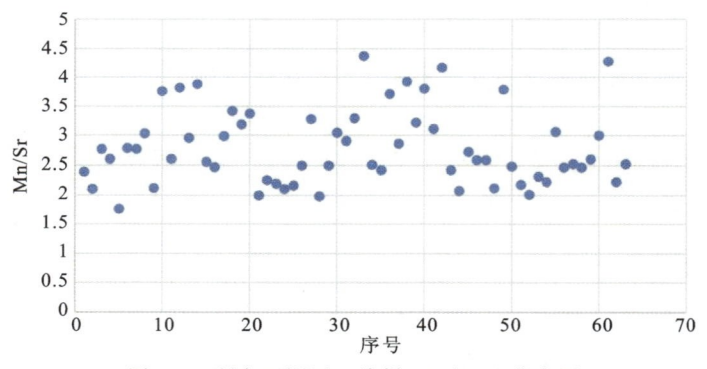

图 5-5 研究区深层土壤样 Mn/Sr 比分布图

研究区深层土壤样 Mn/Sr 比也以 2~3 为主,其变化范围为 1.76~4.37,平均值 2.82,均小于 10。深层土壤样品 Mn/Sr 比变化范围综合说明了原始沉积后研究区无强烈的蚀变,通过该区域土壤样品的元素分析能够很好地还原古沉积环境,其结果将是可信的。

3. 古气候环境分析

周边的古环境与古气候是影响沉积时微量元素含量的一个重要因素,由于微量元素 Sr 有喜干的特性,元素 Cu 有喜湿的特性,故可以用二者的比值大小来判断气候是潮湿温暖型的还是干旱炎热型的。当 Sr 与 Cu 的比值比 10 大时,气候属干旱炎热型,比值位于 1～10 时气候属潮湿温暖型。

将研究区土壤样品计算 Sr/Cu 值绘制曲线图 5-6,由图中可以看出:深层土壤 Sr/Cu 值变化范围为 5.15～18.00,平均值 10.16,其中比值在 1～10 的有 34 件样品,占总样品数量的 53.13%,大于 10 的有 30 件样品,占总样品数量的 46.87%。深层土壤样品说明沉积是在干旱与潮湿交替环境下进行的,这与前述研究区位于黄泛区,由于季节性发生黄河水泛滥而将锶携带至此沉积是吻合的,即说这与黄河在研究区沉积的古沉积环境相符。同时也说明了黄河故道沉积是定陶区含有大量锶的主要原因。

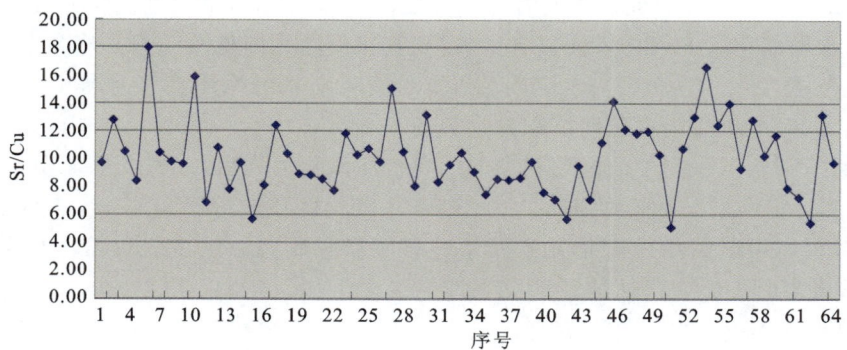

图 5-6　深层土壤样品 Sr/Cu 值变化图

另外,Mg/Ca 的值较大时(>1)说明气候干燥炎热,值较小时(≤1)说明气候温暖潮湿。对研究区深土样品化验 Mg 和 Ca 元素含量,得到其比值变化曲线图 5-7a。从表中可以看出,深层土壤 Mg/Ca 值变化范围为 0.28～0.40,均小于 1,有力地验证了古沉积环境为温湿气候。

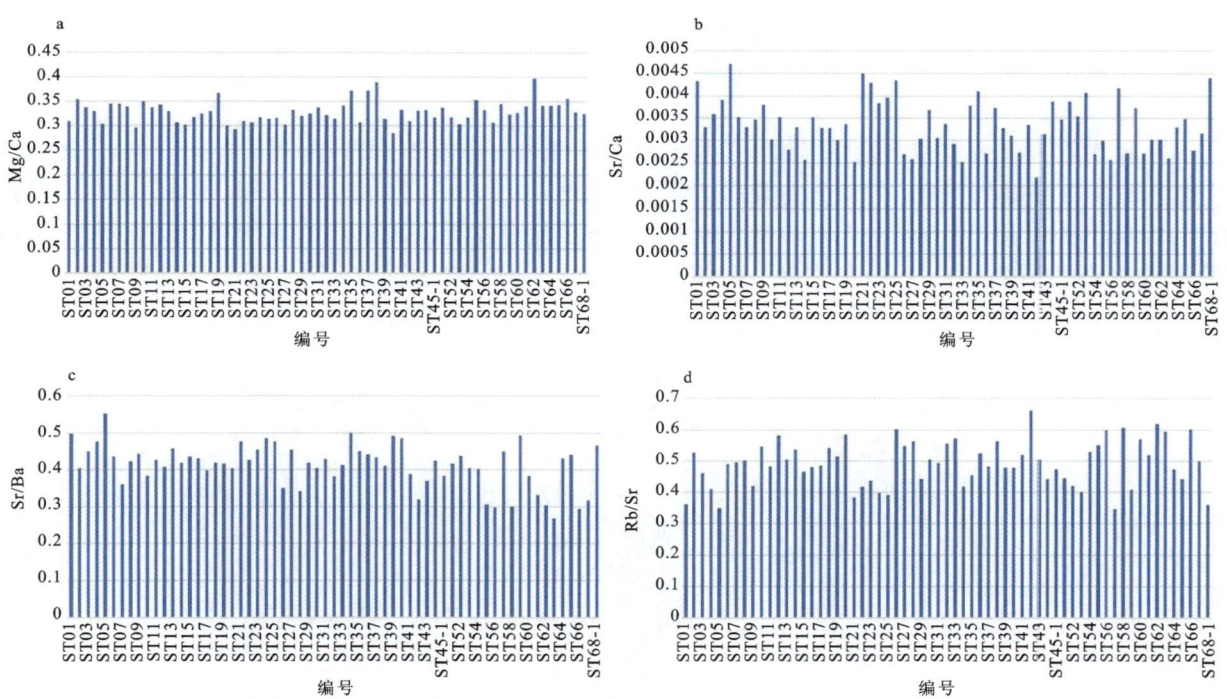

图 5-7　研究区深层土壤样 Mg/Ca、Sr/Ca、Sr/Ba、Rb/Sr 对比统计图

水体中 Ca 于初期阶段沉淀析出，碳酸盐溶解度较低，Sr 析出较晚，且溶解度比较大，因此，其 Sr/Ca 比值较高（>1）则指示古沉积时期属干旱气候，比值低（≤1）则指示古沉积时期属湿润气候。

对研究区深土样品化验 Sr 和 Ca 元素含量，得到其比值曲线详见图 5-7b。从图中可以看出，深层土壤 Sr/Ca 值变化范围为 0.002 2~0.004 7，均较小，指示古沉积环境为温湿气候，同时与推测为古黄河沉积是吻合的。

以上通过 Sr/Cu 值、Mg/Ca 值、Sr/Ca 值三类元素分析同时验证了研究区古沉积环境为湿润气候环境。

4. 古沉积环境分析

前人研究，古盐度与沉积物中 Sr/Ba 的比值成正比。总体而言，Sr/Ba<0.6 时，说明沉积环境为咸水相，0.6<Sr/Ba<1.0 时，说明沉积环境为半咸水相，Sr/Ba>1 时，说明沉积环境为盐湖相或海相。

对研究区深土样品化验 Sr 和 Ba 元素含量，得到其比值曲线详见图 5-7c。从图中可以看出，深层土壤 Sr/Ba 值变化范围为 0.27~0.50，均小于 0.6，指示微咸水相沉积环境且为湖相沉积，验证了古沉积环境为温湿气候，同时与推测为古黄河沉积是吻合的。

在典型成岩作用时，沉积物中的微生物参与的有机质氧化消耗后，沉积物呈现还原状态。当有氧进入沉积物内又可以重新氧化，这样，便造成了少量 U 从富集区域被分离出来，但是不会对 V、Ni、Co 等元素起明显作用，最有可能的结果就是元素元素迁移了微量距离。缺少氧供给的情况下，沉积物中的 V、Ni、Co 等元素成岩时不会有任何的迁移发生。

元素 V 在缺氧的环境中很容易形成有机络合物而沉淀，在碱性较大、还原环境中，元素 Ni 更容易富集。因此，可以用 V 和 Ni 建立判别氧化、还原环境的指标 V/(V+Ni)。具体为：当 V/(V+Ni) 值介于 0.46~0.60 之间，表明水体的分层性较弱；当 V/(V+Ni) 值介于 0.54~0.82 之间，表明水体分层性处于中级水平；当 V/(V+Ni) 值介于 0.84~0.89 之间时，表明水体分层性较强。

研究区深层土壤样 V/(V+Ni) 值 0.65~0.77，平均为 0.71。说明沉积过程中水体分层性中等。

另外，沉积环境的氧化、还原情况也可以由沉积岩中 V/Cr 和 Ni/Co 的值较为精准地判断。元素比 V/Cr 值大于 4.25 说明沉积环境属于缺氧环境；2~4.25 说明沉积环境属于贫氧环境；小于 2 说明沉积环境属于氧化环境。深层土壤样品比值范围为 0.92~2.77，平均值为 1.54，小于 2 的占 81.25%，指示了近氧化环境的沉积环境。

元素比 Ni/Co 值大于 7 说明沉积环境属于缺氧环境；5~7 说明沉积环境属于贫氧环境；小于 5 说明沉积环境属于氧化环境。深层土壤样品比值范围为 2.01~3.25，平均值为 2.64，所有比值均小于 5。说明沉积环境属于氧化环境。两种微量元素比值所在的范围均说明了古沉积环境属于氧化环境，相互验证了结论的可信性。

深层土壤样品的 V/Cr 和 Ni/Co 比值分布详见图 5-8、图 5-9 和表 5-8。

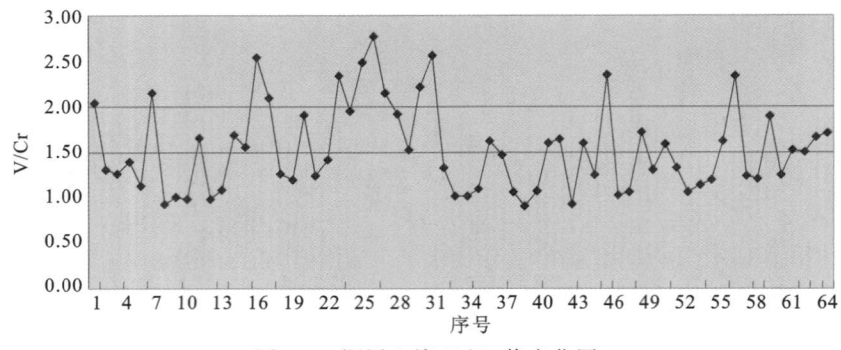

图 5-8 深层土壤 V/Cr 值变化图

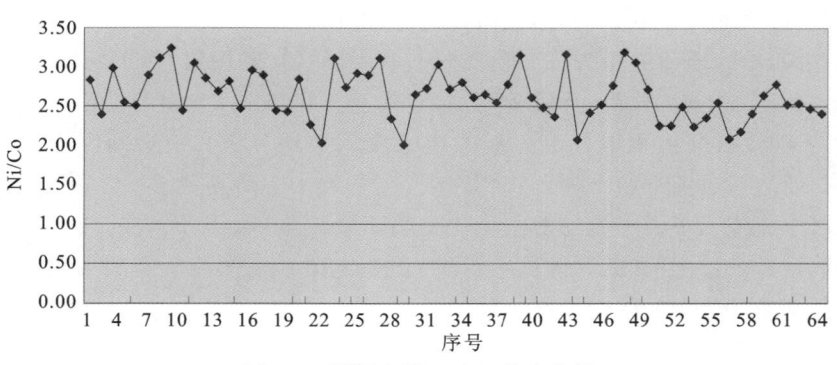

图 5-9 深层土壤 Ni/Co 值变化图

表 5-8 氧化还原环境的微量元素判断表

环境指标	比值范围	氧化还原环境	深层土壤	
			个数	百分比/%
V/Cr	>4.25	缺氧环境		
	2~4.25	贫氧环境	12	18.75
	<2	氧化环境	52	81.25
Ni/Co	>7	缺氧环境		
	5~7	贫氧环境		
	<5	氧化环境	64	100

5. 物质来源分析

在锶同位素研究中,虽然锶有 4 个天然同位素,只有 ^{87}Sr 是放射源的,由 ^{87}Rb 经过 β 衰变而来,其半衰期长(约 5×10^{10}),并且锶同位素在化学以及生物学反应中不会引起同位素分馏的现象,对不属于同一地质年代的沉积地层来说,其中蕴含的锶的含量差异巨大,因此,^{87}Sr/^{86}Sr 的值在相同的地质时期以及水域内的变化量几乎为零,且会随着时间增大,即同一来源的沉积区域随着后续地质时期的不断增长,其比值增大。自 20 世纪 40 年代初 Rb-Sr 衰变开始被用于地质年龄测定以来,其被普遍地应用于地球科学的不同领域,包括现代学和古气候、古环境方面的研究,因此,常采用 ^{87}Sr/^{86}Sr 和 Rb/Sr 的值来反映和探讨环境变迁。Sr 存在于碳酸盐结合态中,Sr 比 Rb 更容易淋失,导致风化地层中 Rb/Sr 比值增加,风化产物中其比值越高,风化程度越强,因此,Rb/Sr 的值能表示地表的岩石以及沉积物的风化成壤的程度,指示流域的风化程度。^{87}Sr/^{86}Sr 指示盐度及风化程度的变化。^{87}Sr/^{86}Sr 的值高指示海平面降低或大陆抬升、水体变浅、风化剥蚀加速,值低指示海平面变高或海底火山热液来源增多。

研究区内平均取 6 个点的深土 ^{87}Sr/^{86}Sr 变化范围为 0.714 893~0.715 572,平均值为 0.715 359,属于较高的 ^{87}Sr/^{86}Sr,因此研究区沉积物为壳源来源,其值低于硅铝质岩石,高于第三纪(古近纪+新近纪)沉积的盐岩,与前面推测研究区富锶沉积为从高处搬运来在第四纪黄河故道沉积是对应的。

研究区 Rb/Sr 变化范围为 0.35~0.66,大于 0.2(图 5-7d),数值较高,指示风化程度较高,推测沉积区原岩经风化沉积而来。

二、验证及对比

应用土壤元素分析古环境有时也会受到源区母岩性质,搬运距离等条件的限制影响,为增强元素对比的可靠性,本节通过特征元素测年的方式进行验证及对比。

从《河南平原第四纪地质研究报告》的研究结论和《中国古地理图集》对更新世古地理环境变化的图示,在更新世早期,黄河中下游的沉积环境为湖泊环境,到了中晚期,大型的湖泊不复存在,其第四纪沉积环境演变趋势为:河流冲积沉积取代了先前的边缘坡积洪积沉积和中央湖沉积,成为主要的沉积环境。杨进伟(2012)通过对黄河冲积平原沉积相序列、沉积物中含砂质的多少、沉积速率进行研究分析,得出河南以东黄河东流进入下游平原的时间为中更新世后期300kaB.P.左右,时间由河南平原第四纪沉积物埋深测年数据得来,并且在此时间段,河流冲积环境由早期漫流状态转变为后期相对固定河道。这与研究区古沉积环境较为湿润的结论是一致的。

吴忱等(1991)认为在黄河泛滥期黄河下游平原留下的地质体在沉积地层和地貌方面具有一定的特征和信息,即所谓的标志。徐加强等通过联合分析岩性特征和粒级变化、沉积物颜色的变化、频率曲线变化、沉积环境水动力强度的变化、粒度参数的特征变化、测年数据的推断六个方面,验证了黄河冲积平原为黄河古河道沉积而来,且公元前602年有所不同,公元前602年左右有一个沉积物标志边界,边界上方是公元前602年以来的沉积物,其沉积物主要为浅黄色、黄色、棕色砂质亚沙土和粉质亚黏土为主,并含有不多的粉质亚沙土。边界下方是深灰色、褐色、深褐色、深灰色为主色的粉质亚黏土和粉质黏土,带有许多锈斑,灰斑,黑斑或者植物残留物,可能是在那时的原始地面,并与前人研究吻合。另外,在不同地形位置处,黄河下游的沉积速率也不同,其特点表现为河道以及下游上部冲积扇沉积快;泛滥平原以及下部冲积平原沉积慢。这与研究区古沉积环境较为湿润及沉积过程中水体分层中等的结论是一致的。

吴金甲(2015)在山东省济南市东北约20km古冷水沟遗存处沉积地层进行钻孔,该区域与研究区同属于黄河下游冲积平原,整个钻孔柱状沉积岩芯深度为320cm,直径为6cm。沉积物岩芯样品色差较大,大致可分为三个层次,代表了三个不同的沉积相。基础单元(252 cm以下),由灰绿色层、浅灰色层以及灰色黏土层组成,这是由灰绿色粉质黏土底质风化发展而成的复杂的古土壤;其上部的地层单元(252~155cm)是一层厚厚的富含有机质的深灰色黏土层,并有较多腹足类贝壳,代表了浅湖环境;最上层一组(155cm以上)是由浅黄色冲积黄土覆盖,代表了现在洪泛平原。该钻孔最上层和中间层包含了本次研究区0.2~2.0m的研究深度。其结果表明:1700~1000calyrBP(252~155cm),沉积环境为浅湖相静水沉积或比较稳定的湖滨相沉积,人类活动将造成更大的影响,气候可能主要是温暖和潮湿的,偶尔会出现极端干燥和寒冷的天气;1000calyrBP(155cm以上)以后,湖泊处于发育的晚期,为河流相或冲积平原相沉积环境,环境气候相对温暖,且温度还将持续上升。这与本论文通过元素分析得到的古沉积环境较为湿润、古沉积环境为氧化环境的结论是一致的。

菱锶矿中的主要化学成分为$SrCO_3$,常含锰、钡、钙,本次将研究区锶、锰、钡、钙元素归一化后绘于同一张图中(图5-10),从图中明显看出四种元素变化规律类似,有很强的相关性,具体,其中Sr与Ba相关性更强,Mn与Ca相关性更强,元素分析验证沉积区锶来源于类似菱镁矿岩石的溶解、沉积。

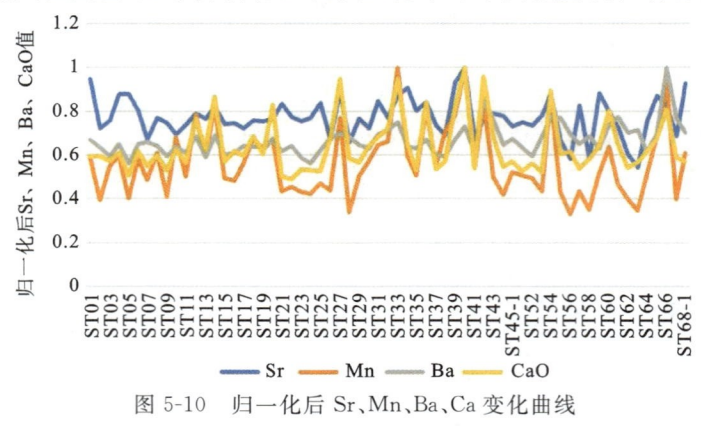

图5-10 归一化后 Sr、Mn、Ba、Ca 变化曲线

根据^{14}C测年结果,研究区浅土沉积物生成年代为4675±35aBP,校正后为5408±62a,深土沉积物生成年代为4490±25aBP,校正后为5167±77a。均属于第四纪全新世中期,浅层土的测年结果比深层土还要老,说明所测得浅层沉积物中有机碳有"老碳"的输入并沉积,造成年代倒置。

以上结论充分验证了,分析研究区土壤中锶来源于黄河上游富锶岩石风化后经黄河搬运至黄河故道沉积而来,而采用的元素分析方法是在化验的基础上进行的,显然比前人研究方法时间短、成本低,有更好的实用性。当然,这里要指出的是,利用土壤中的锶元素比值指示沉积环境有时也会受到源区母岩性质,搬运距离等条件的影响,因此基于该项技术的古环境研究也需要结合其他方法和数据进行对比验证。定陶地区土壤母质(沉积物)富含锶元素,含锶农作物除了口感好之外,锶元素也是人类需要的微量元素之一,对健康有很大的好处。对锶的研究对下一步指导农业种植可以提供基础的资料。

第四节 富锶土壤地质成因研究

研究区浅层土壤、深层土壤和地下水中锶含量详见表5-9~表5-11。研究区浅层土壤252件样品中Sr含量变化范围137.05~308.90mg/kg,平均值225.69mg/kg。深层土壤锶含量193.10~254.28mg/kg,平均222.82mg/kg。地下水锶含量0.71~5.14mg/L,平均值2.40mg/L,取样温度为常温,低于20℃,因此,以锶含量大于0.4mg/L作为衡量地下水富锶的标准,研究区地下水锶含量为出标准值的1.8~12.9倍。

表5-9 定陶浅层土壤Sr含量　　　　　　　　　　　　　　　　　　　　　(单位:mg/kg)

野外编号	Sr	野外编号	Sr	野外编号	Sr	野外编号	Sr	野外编号	Sr
QT001-无	229.10	QT058-好	232.90	QT115-中	266.60	QT171-好	235.40	QT227-中	217.20
QT002-差	282.00	QT059-中	185.00	QT116-中	193.60	QT172-好	272.80	QT228-无	208.23
QT003-好	287.30	QT060-中	237.70	QT117-中	224.00	QT173-无	246.50	QT229-好	184.10
QT004-无	230.50	QT061-好	217.00	QT118-好	218.51	QT174-中	242.00	QT230-无	215.94
QT005-好	208.60	QT062-好	196.50	QT119-中	210.20	QT175-无	231.60	QT231-无	167.49
QT006-好	212.29	QT063-无	235.40	QT120-中	255.50	QT176-好	216.50	QT232-无	242.96
QT007-好	240.60	QT064-好	199.17	QT121-好	195.20	QT177-好	215.10	QT233-无	207.78
QT008-好	214.60	QT065-好	209.65	QT122-中	183.10	QT178-好	218.60	QT234-无	151.94
QT009-好	221.50	QT066-无	225.40	QT123-好	289.80	QT179-好	219.84	QT235-无	243.39
QT010-中	219.60	QT067-差	263.70	QT124-中	242.10	QT180-好	240.85	QT236-无	238.82
QT011-好	248.10	QT068-中	215.50	QT125-好	221.24	QT181-中	234.10	QT237-好	189.37
QT012-好	211.20	QT069-好	192.80	QT126-差	196.77	QT182-好	257.86	QT238-无	163.03
QT013-好	246.20	QT070-中	206.92	QT127-中	252.20	QT183-差	237.28	QT239-无	283.19
QT014-中	211.50	QT071-好	220.40	QT128-中	276.00	QT184-无	209.23	QT240-无	156.65
QT016-无	292.20	QT072-好	162.80	QT129-好	224.80	QT185-好	215.39	QT241-无	231.70
QT017-无	261.20	QT073-好	207.30	QT130-中	205.10	QT186-差	189.60	QT242-无	243.65
QT018-好	215.30	QT074-中	238.50	QT131-好	239.86	QT187-中	242.14	QT243-无	207.08
QT019-中	253.30	QT076-好	243.30	QT132-无	308.90	QT188-好	264.50	QT244-无	187.11

续表 5-9

野外编号	Sr	野外编号	Sr	野外编号	Sr	野外编号	Sr	野外编号	Sr
QT020-好	237.40	QT077-好	206.89	QT133-好	250.20	QT189-无	182.30	QT245-1-好	199.10
QT021-好	222.42	QT078-中	225.00	QT134-无	251.70	QT190-差	226.40	QT251-中	250.57
QT022-好	268.30	QT079-差	245.00	QT135-无	213.70	QT191-无	194.92	QT252-差	254.57
QT023-中	202.20	QT080-中	244.30	QT136-无	227.61	QT192-中	221.29	QT253-无	180.76
QT024-中	233.80	QT081-好	210.98	QT137-好	234.52	QT193-无	244.50	QT254-无	263.97
QT025-好	230.20	QT082-好	237.20	QT138-好	228.57	QT194-好	267.30	QT255-无	232.44
QT026-好	239.70	QT083-好	268.10	QT139-好	212.10	QT195-1-差	212.50	QT256-无	249.62
QT027-无	252.00	QT084-中	227.97	QT140-好	197.20	QT201-无	246.14	QT257-差	268.48
QT028-好	261.20	QT085-无	224.50	QT141-好	183.30	QT202-中	211.50	QT258-无	137.05
QT029-好	205.80	QT086-无	206.50	QT142-中	184.80	QT203-无	215.31	QT259-无	264.76
QT030-好	227.78	QT087-无	260.60	QT143-中	190.40	QT204-无	227.20	QT260-无	248.30
QT031-好	179.20	QT088-中	233.80	QT144-好	220.48	QT205-差	219.14	QT261-无	280.44
QT032-好	219.40	QT089-好	190.50	QT145-1-差	267.80	QT206-无	238.06	QT262-差	191.84
QT033-好	267.80	QT090-中	183.70	QT151-中	242.70	QT207-无	224.77	QT263-差	295.13
QT034-差	198.70	QT091-中	215.40	QT152-好	205.17	QT208-差	224.02	QT264-好	221.11
QT035-好	218.20	QT092-好	235.40	QT153-好	211.50	QT209-无	199.45	QT265-无	240.43
QT036-中	204.00	QT093-好	194.40	QT154-好	199.20	QT210-好	234.93	QT266-好	241.06
QT037-好	217.27	QT094-中	232.70	QT155-无	253.60	QT211-中	277.20	QT267-无	275.41
QT038-好	221.90	QT095-1-中	200.80	QT156-无	223.60	QT212-无	215.00	QT268-无	183.11
QT039-好	216.39	QT101-中	224.50	QT157-好	254.37	QT213-中	238.61	QT269-无	274.39
QT040-好	230.50	QT102-中	252.90	QT158-好	234.10	QT214-无	240.13	QT270-无	211.99
QT041-好	206.82	OT103-好	245.70	QT159-好	229.83	QT215-无	215.50	QT271-好	193.91
QT042-好	230.40	QT104-中	245.70	QT160-好	224.50	QT216-无	204.09	QT272-无	258.07
QT043-无	251.10	QT105-无	196.70	QT161-好	237.18	QT217-无	230.48	QT273-中	238.61
QT044-差	244.50	QT106-中	235.00	QT162-好	207.79	QT218-无	236.00	QT274-差	218.01
QT045-1-无	242.90	QT107-中	206.67	QT163-中	194.60	QT219-无	233.43	QT275-好	197.70
QT051-中	199.40	QT108-好	206.77	QT164-中	209.14	QT220-无	198.52	QT276-好	248.83
QT052-好	210.20	QT109-差	220.42	QT165-差	210.34	QT221-无	224.15	QT277-无	213.42
QT053-好	231.18	QT110-好	229.80	QT166-好	173.20	QT222-无	234.05	QT278-好	270.67
QT054-中	236.20	QT111-无	232.90	QT167-中	204.30	QT223-无	205.25	QT279-1-无	262.14
QT055-好	206.90	QT112-无	225.57	QT168-好	202.20	QT224-无	265.82		
QT056-中	214.80	QT113-无	255.40	QT169-中	198.40	QT225-无	228.34		
QT057-差	200.60	QT114-无	210.30	QT170-好	234.06	QT226-无	191.80		

表 5-10　定陶深层土壤 Sr 含量　　　　　　　　　　　　　　　　　　　　　　（单位：mg/kg）

野外编号	Sr	野外编号	Sr	野外编号	Sr	野外编号	Sr	野外编号	Sr
ST01	272.50	ST14	236.35	ST26	193.22	ST39	268.46	ST57	238.54
ST02	208.58	ST15	213.76	ST27	258.47	ST40	288.02	ST58	167.62
ST03	218.60	ST16	215.60	ST28	190.15	ST41	192.80	ST59	254.28
ST04	253.44	ST17	208.10	ST29	221.36	ST42	222.31	ST60	229.96
ST05	253.43	ST18	218.90	ST30	208.40	ST43	228.08	ST61	208.91
ST06	230.80	ST19	217.10	ST31	243.90	ST44	224.45	ST62	174.16
ST07	193.10	ST20	220.98	ST32	222.40	ST45-1	210.90	ST63	155.97
ST08	221.50	ST20	221.11	ST33	252.40	ST51	216.00	ST64	215.85
ST09	215.43	ST21	240.55	ST34	261.26	ST52	211.90	ST65	250.44
ST10	200.30	ST22	223.48	ST35	231.05	ST53	225.56	ST66	238.26
ST11	212.40	ST23	217.11	ST36	242.20	ST54	254.01	ST67	198.23
ST12	227.70	ST24	222.52	ST37	212.10	ST55	192.48	ST68-1	266.60
ST13	220.50	ST25	241.90	ST38	199.00	ST56	167.70		

表 5-11　定陶地下水 Sr 含量　　　　　　　　　　　　　　　　　　　　　　　（单位：mg/L）

野外编号	Sr	野外编号	Sr	野外编号	Sr	野外编号	Sr	野外编号	Sr	野外编号	Sr	野外编号	Sr	野外编号	Sr
DQ01	3.44	DQ06	2.52	DQ11	3.25	DQ16	1.56	DQ21	2.74	DQ26	2.75	DQ31	2.11	DQ36	2.30
DQ02	2.09	DQ07	1.96	DQ12	3.74	DQ17	1.27	DQ22	1.92	DQ27	1.23	DQ32	1.81	DQ37	1.73
DQ03	2.91	DQ08	3.31	DQ13	2.66	DQ18	4.73	DQ23	1.58	DQ28	3.25	DQ33	3.09	DQ38	1.73
DQ04	2.18	DQ09	2.14	DQ14	2.75	DQ19	1.85	DQ24	2.19	DQ29	1.71	DQ34	2.77	DQ39	2.53
DQ05	2.06	DQ10	5.14	DQ15	0.71	DQ20	1.89	DQ25	2.58	DQ30	1.97	DQ35	1.95	DQ40	1.72

目前对锶在土壤中的评价没有全国统一标准，全国 A 层土壤锶背景值为 165mg/kg（中国土壤背景值 1990），湖北省将土壤中锶含量大于 200mg/kg 划分为很丰（一级），109～200mg/kg 为丰（二级）（胡江龙，2019）。本次参照该标准，浅层土壤中锶含量大于 200mg/kg 的为 208 件，占总样品的 82.54%；属于 109～200mg/kg 范围内的为 44 件，占总样品的 17.46%；深层土壤中锶含量大于 200mg/kg 的为 53 件，占总样品的 82.81%；属于 109～200mg/kg 范围内的为 11 件，占总样品的 17.19%。可见浅层土壤和深层土壤样品中锶含量都以很丰为主，其次为丰，不同等级所占比例也非常接近。因此，研究区绝大部分区域为富锶区域。以浅层土壤为例，将数据结果绘制等值线图，详见图 5-11。

从图 5-11 中可以看出，浅绿色往红色方向渐变为 200mg/kg 以上含量区域，浅绿色逐渐变蓝为 130～200mg/kg 含量区域，仅研究区南部及东南部有部分区域为小于 200mg/kg，而研究区北部区域含量普遍较高，最高达 300mg/kg 以上。

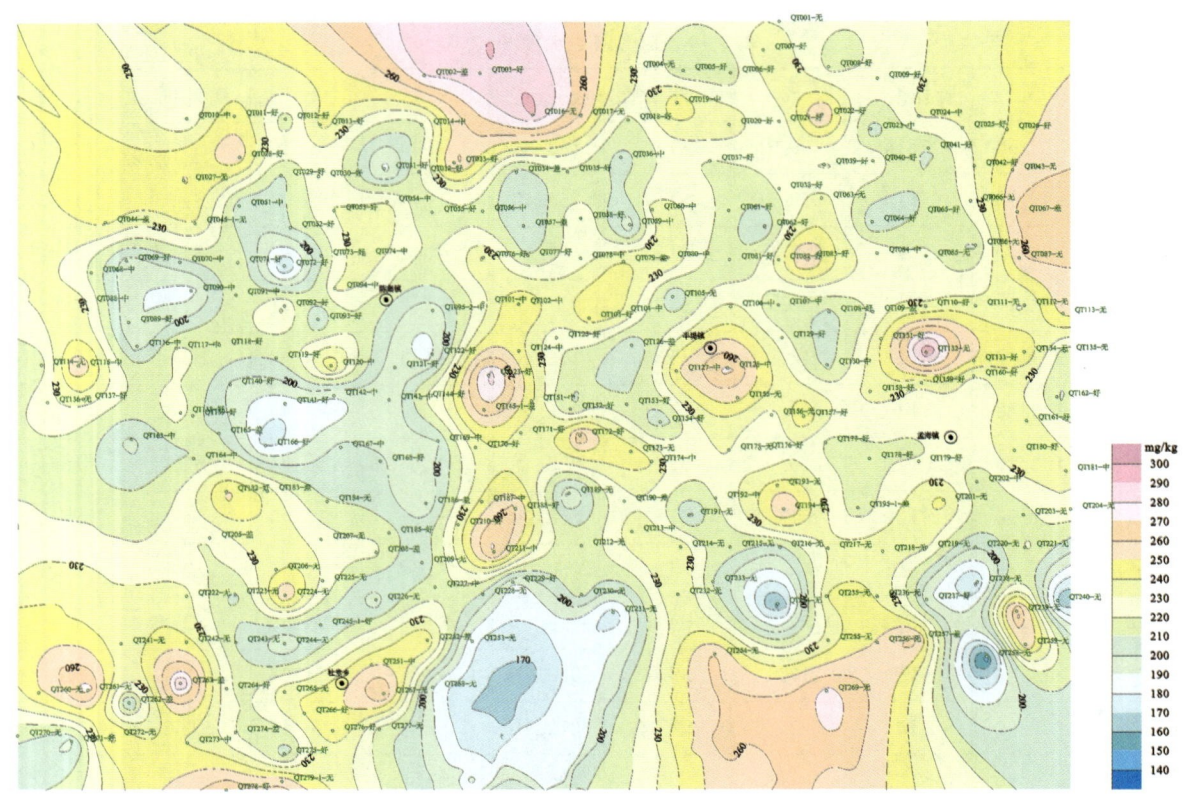

图 5-11　定陶地区浅层土壤 Sr 等值线图

一、基于沉积环境分析

锶矿床成因主要有两种：与沉积作用有关的沉积型矿床和与火山活动有关的火山型矿床（杨清堂，1998），成矿时代以新生代为主，其次为中生代（何志芳，2015）。前面已经论述，研究区地表均为第四纪黄河组覆盖，主要岩性为灰黄色细—粉砂土夹褐黄色黏质粉砂土及少量棕红色黏土，厚 4～13m，研究区无岩浆岩出露。所以，研究区土壤中 Sr 含量高与沉积作用有关，并且是新生代沉积。沉积岩中锶的丰度详见表 5-12。研究区第四系为砂岩和粉砂岩及少量黏土，由表中可以看出，普通的砂岩、粉砂岩和黏土岩中锶的丰度并不高，分别为 28mg/kg 和 44mg/kg，距离本次化验的 137.05～308.90mg/kg 有很大的差距，而研究区锶含量高，说明当时沉积时是从别处搬运而来，并不是当地风化沉积。

表 5-12　沉积岩中锶的丰度

岩性	锶的丰度/(mg·kg^{-1})
砂岩、粉砂岩	28
黏土岩	44
黏土碳酸盐岩	78
碳酸盐岩	71
石膏	330
石盐	3
磷块岩	10～100

锶在风化作用中为活动性阳离子,其水迁移系数 K_x 为 0.1~1,属迁移能力强的元素(南京大学地质系,1979)。在风化作用下,锶以重碳酸盐形式进入水溶液中,呈真溶液形式搬运,搬运过程中发生化学或生物化学反应生成沉淀,在水动力降低的位置再沉淀下来,说明锶元素是可以被搬运的。搬运有风化搬运和水流搬运,而目前研究区测得的锶含量明显高于研究区所含岩性该有的锶含量,说明锶是从锶矿或锶富集的岩性区域搬运而来。锶矿在国内较为少见,仅青海、云南、陕西、湖北、重庆、四川、江苏 7 个省(区、市)有锶矿,以青海省为最多,山东省目前无已查明锶矿。已查明锶矿的省(区、市)距离山东省都较远,研究区周边也没有锶含量高的岩石,而风化搬运一般距离不会很远,因此,风化搬运的可能性被排除,只有可能是水流搬运。

二、基于黄河故道变迁分析

根据《山东省定陶县生态农业地质背景调查报告》(2003 年),定陶县包气带岩性主要为近代河流冲积而成,岩性分布与古河道及现代河道相吻合。现在的黄河虽然不经过定陶,但黄河故道却是流经菏泽市东明县、曹县、单县、定陶区、成武县等(图 5-12),时间从南宋到明清,并且定陶县始终位于黄泛区内。可以说在很长的历史时间内,黄河故道是流经菏泽定陶的。因此,推测研究区表层土壤分析为黄河故道流经定陶时期由黄河沉积而成,是河流搬运的结果。

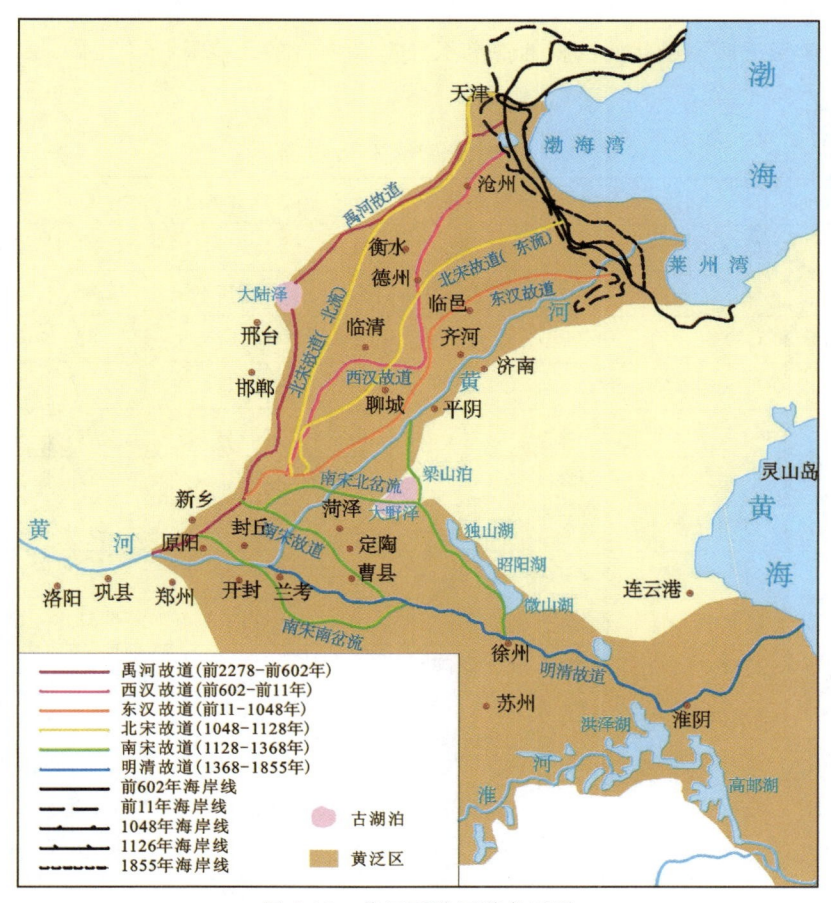

图 5-12 黄河下游河道变迁图

研究区地表被第四纪黄河组覆盖,厚 4~13m,南宋至明清时期时间约 800 年,估算其沉积速度为 0.5~1.6cm/a。这样的沉积速度是在合理范围内的。

众所周知,黄河发源于青海省巴颜克拉山北麓的约古宗列盆地,其源头区为多石峡谷(李州英,2008),形成时间为晚更新世晚期(韩建恩,2013)。流经青海、四川、甘肃、宁夏、内蒙古、陕西、山西、河南、山东9个省(区、市),最后于山东省东营市垦利县注入渤海。根据资料,黄河在青海省鄂陵湖以下才有较大的输沙量,其上输沙量少且基本被湖泊截留沉淀(刘强,2017)。而青海锶矿是国内锶矿最多的省份,占全国锶资源量的48.3%,除了锶矿外,也广泛出露含锶高的各类岩石。在地质历史中,黄河周边岩石遭受风化,经黄河冲刷和地下水的溶蚀,将岩石中的锶转移到黄河水中,最初以重碳酸盐的形式存在,最终在黄河下游沉积下来。现今长江流域、淮河流域及长江流域都存在随着经度和纬度数值的增加水中锶含量增高的现象,且源于碳酸盐岩和硅酸盐岩的风化作用,受地质地形和流域发育程度的影响大(王兵,2007),说明这三大河流流域范围内都存在锶向下游富集的现象。长江和黄河都发源于青海省,淮河发源于河南,同时也是黄河流经的省份。黄河流经的上游区域鄂尔多斯高原(苏小四,2011)、秦岭(韩金生,2013)及青海省(孙艳,2013)、四川省(徐兴国,1994)、甘肃省(魏荣道,2005)等均有多处富锶区域或者锶矿床,国内多位学者都进行过不同的研究。因此,分析研究区土壤中锶来源于黄河故道的沉积。

在沉积过程中,微量元素的含量与周围的古环境、古气候有十分紧密的关系(年秀清,2018),微量元素Sr作为一种喜干元素与喜湿元素Cu的比值大小可以有效地反映潮湿、温暖型气候或干旱、炎热型气候。当Sr/Cu值大于10时,反映了干热气候环境,介于1~10之间反映湿润的气候环境(邓宏文,1993a,1993b;张士三,1993;刘刚,2007)。将本次252件样品Sr/Cu值列入表5-13。从表中可以看出,Sr/Cu值5.52~18.58,平均值9.50,其中1~10的有161件样品,大于10的有91件样品。说明当时沉积环境较为湿润,这与黄河流经此处沉积的古沉积环境是吻合的。也验证了定陶地区富锶主要是黄河故道沉积形成。

表5-13 定陶地区 Sr/Cu 值

野外编号	Sr/Cu	野外编号	Sr/Cu	野外编号	Sr/Cu	野外编号	Sr/Cu	野外编号	Sr/Cu
QT001-无	7.43	QT058-好	11.54	QT115-中	11.22	QT171-好	8.81	QT227-中	8.97
QT002-差	9.39	QT059-中	9.41	QT116-中	9.31	QT172-好	11.31	QT228-无	7.26
QT003-好	8.39	QT060-中	14.98	QT117-中	8.84	QT173-无	9.88	QT229-好	10.89
QT004-无	8.43	QT061-好	11.36	QT118-好	8.35	QT174-中	10.47	QT230-无	7.12
QT005-好	9.20	QT062-好	9.58	QT119-好	8.34	QT175-无	9.66	QT231-无	6.06
QT006-好	13.52	QT063-无	11.68	QT120-中	10.86	QT176-好	8.15	QT232-无	9.89
QT007-好	10.27	QT064-好	9.15	QT121-好	9.21	QT177-好	6.73	QT233-无	7.49
QT008-好	9.15	QT065-好	9.28	QT122-好	6.89	QT178-好	8.40	QT234-无	10.06
QT009-好	10.71	QT066-无	8.86	QT123-好	12.05	QT179-好	6.88	QT235-无	9.64
QT010-中	10.79	QT067-差	11.68	QT124-中	10.99	QT180-好	8.83	QT236-无	18.43
QT011-好	8.36	QT068-中	9.89	QT125-好	9.76	QT181-中	8.55	QT237-好	11.44
QT012-好	7.54	QT069-好	9.36	QT126-差	12.64	QT182-好	8.72	QT238-无	5.88
QT013-好	10.01	QT070-中	9.65	QT127-中	12.29	QT183-差	8.59	QT239-无	9.78
QT014-中	7.90	QT071-好	10.50	QT128-中	11.42	QT184-无	7.08	QT240-无	8.15
QT016-无	11.01	QT072-好	7.11	QT129-好	10.79	QT185-好	8.40	QT241-无	7.07
QT017-无	9.20	QT073-好	8.55	QT130-中	10.69	QT186-差	6.70	QT242-无	8.83
QT018-好	8.98	QT074-中	10.89	QT131-好	7.56	QT187-中	9.83	QT243-无	8.97

续表 5-13

野外编号	Sr/Cu	野外编号	Sr/Cu	野外编号	Sr/Cu	野外编号	Sr/Cu	野外编号	Sr/Cu
QT019-中	12.58	QT076-好	13.29	QT132-无	10.03	QT188-好	10.67	QT244-无	7.05
QT020-好	10.95	QT077-好	9.45	QT133-好	12.05	QT189-无	9.52	QT245-1-好	8.44
QT021-好	10.77	QT078-中	13.35	QT134-无	9.75	QT190-差	7.34	QT251-中	10.17
QT022-好	11.38	QT079-差	12.46	QT135-无	7.35	QT191-无	9.06	QT252-差	10.77
QT023-中	9.44	QT080-中	13.18	QT136-无	13.59	QT192-中	8.78	QT253-无	9.01
QT024-中	9.73	QT081-好	9.94	QT137-好	7.31	QT193-无	8.23	QT254-无	9.18
QT025-好	10.19	QT082-好	11.10	QT138-好	6.73	QT194-好	11.36	QT255-无	10.66
QT026-好	11.21	QT083-好	12.42	QT139-好	9.84	QT195-1-差	7.65	QT256-无	18.58
QT027-无	9.16	QT084-中	8.75	QT140-好	7.88	QT201-无	10.54	QT257-差	10.91
QT028-好	8.30	QT085-无	9.97	QT141-好	7.84	QT202-中	6.33	QT258-无	7.89
QT029-好	6.41	QT086-无	8.45	QT142-中	8.16	QT203-无	6.90	QT259-无	8.04
QT030-好	9.11	QT087-无	11.74	QT143-中	10.11	QT204-无	5.86	QT260-无	11.44
QT031-好	8.25	QT088-中	12.15	QT144-好	8.43	QT205-差	8.74	QT261-无	13.03
QT032-好	10.68	QT089-好	7.63	QT145-1-差	10.46	QT206-无	7.35	QT262-差	7.24
QT033-好	11.08	QT090-中	8.12	QT151-中	11.07	QT207-无	6.80	QT263-差	14.16
QT034-差	7.07	QT091-中	8.38	QT152-好	11.08	QT208-差	10.07	QT264-好	8.16
QT035-好	10.77	QT092-好	10.35	QT153-好	9.21	QT209-无	8.79	QT265-无	10.39
QT036-中	9.35	QT093-好	8.21	QT154-好	8.48	QT210-好	10.12	QT266-好	8.79
QT037-好	10.15	QT094-中	11.14	QT155-无	11.87	QT211-中	9.35	QT267-无	9.85
QT038-好	10.95	QT095-1-中	9.21	QT156-无	8.74	QT212-无	7.70	QT268-无	8.77
QT039-好	10.18	QT101-中	11.58	QT157-好	6.78	QT213-中	8.06	QT269-无	8.24
QT040-好	12.31	QT102-中	13.26	QT158-好	10.88	QT214-无	8.98	QT270-无	6.89
QT041-好	10.14	OT103-好	15.85	QT159-好	8.50	QT215-无	7.44	QT271-好	6.46
QT042-好	10.72	QT104-中	12.98	QT160-好	8.63	QT216-无	6.98	QT272-无	11.80
QT043-无	10.21	QT105-无	10.97	QT161-好	8.94	QT217-无	9.22	QT273-中	10.37
QT044-差	9.30	QT106-中	10.00	QT162-好	8.24	QT218-无	7.99	QT274-差	11.03
QT045-1-无	9.24	QT107-中	8.01	QT163-中	6.43	QT219-无	7.73	QT275-好	8.37
QT051-中	7.96	QT108-好	7.10	QT164-中	7.43	QT220-无	6.70	QT276-好	11.99
QT052-好	8.26	QT109-差	7.06	QT165-差	6.81	QT221-无	8.49	QT277-无	7.51
QT053-好	13.22	QT110-好	8.04	QT166-好	7.68	QT222-无	8.57	QT278-好	11.89
QT054-中	12.15	QT111-无	8.24	QT167-中	8.92	QT223-无	5.52	QT279-1-无	11.90
QT055-好	9.73	QT112-无	7.72	QT168-好	9.81	QT224-无	10.57		
QT056-中	11.32	QT113-无	8.89	QT169-中	8.65	QT225-无	8.27		
QT057-差	9.33	QT114-无	8.12	QT170-好	7.97	QT226-无	7.70		

三、基于水化学分析

前已述及,黄河除发源地青海省锶矿及含锶岩石多外,流经多地发现锶矿或有富锶地下水,如果能找到其化学特征的关联性就能很好地证明研究区富锶与黄河有关。

含锶矿物主要是天青石和菱锶矿,天青石主要化学成分是 $SrSO_4$,是自然界中最常见的含锶矿物,主要见于白云岩、石灰岩、泥灰岩和含石膏黏土等沉积岩中;菱锶矿主要化学成分是 $SrCO_3$,重要性仅次于天青石,且与天青石共生。

有统计研究,重碳酸型矿泉水中 Sr 平均含量一般低于 1mg/L,硫酸型(包括复合型的)矿泉水中 Sr 平均含量均偏高,是水中 SO_4^{2-} 对 Sr^{2+} 行为的影响造成的(刘庆宣,2004)。Kramer(1969)曾经对 SO_4^{2-} 和 Sr^{2+} 做过统计分析,表明二者呈正相关关系。

对研究区地下水进行取样,结果详见表 5-14,研究区水化学类型为 HCO_3-Na 型,一般来讲,Sr 含量很难高于 1mg/L,而表中 Sr 含量为 0.71~5.14mg/L,平均为 2.40mg/L,达到富锶程度。

表 5-14 研究区浅层地下水化验结果统计分析表

项目	最大值/(mg·L^{-1})	最小值/(mg·L^{-1})	平均值/(mg·L^{-1})	标准差	变异系数/%
K^+	118.20	0.63	6.56	19.19	2.93
Na^+	610.00	53.75	213.31	116.26	0.54
Ca^{2+}	142.90	23.82	48.08	26.67	0.55
Mg^{2+}	291.75	36.73	132.44	55.91	0.42
NH_4^+	60.00	0.04	3.66	12.61	3.44
Fe	0.16	0.00	0.02	0.04	2.44
Al^{3+}	0.05	0.05	0.05	/	/
Cl^-	790.47	47.50	266.06	174.67	0.66
SO_4^{2-}	443.61	32.62	191.91	119.57	0.62
HCO_3^-	949.22	316.41	589.32	157.32	0.27
CO_3^{2-}	103.74	0.00	40.57	28.03	0.69
F^-	2.60	0.20	1.12	0.44	0.39
Br^-	0.10	0.10	0.10	/	/
B	0.57	0.21	0.37	0.10	0.26
NO_2^-	9.00	0.02	0.70	1.55	2.21
NO_3^-	10.95	0.30	0.77	1.65	2.14
HPO_4^{2-}	8.76	0.00	1.63	1.67	1.02
总计	2163.04	571.47	1 077.29	391.81	0.36
总硬度	1 469.92	210.72	665.44	269.47	0.40
永久硬度	920.03	0.00	161.22	210.05	1.30

续表 5-14

项目	最大值/(mg·L^{-1})	最小值/(mg·L^{-1})	平均值/(mg·L^{-1})	标准差	变异系数/%
暂时硬度	840.28	210.72	504.22	131.74	0.26
负硬度	147.64	0.00	14.94	38.43	2.57
总碱度	840.28	302.75	519.15	121.07	0.23
Sr	5.14	0.71	2.40	0.88	0.37
Li	0.07	0.01	0.03	0.01	0.38
Ba	0.67	0.01	0.10	0.14	1.38
Mn	2.32	0.01	0.51	0.75	1.47
游离 CO_2	2.10	2.10	2.10	/	/
COD	102.84	0.62	15.62	16.88	1.08
H_2SiO_3	29.12	5.19	18.70	3.95	0.21
SiO_2	22.40	3.99	14.38	3.04	0.21
pH 值	8.73	7.15	7.74	0.29	0.04
矿化度	3 057.69	753.64	1 510.40	562.90	0.37
固形物	2 594.38	535.17	1 215.74	506.30	0.42

对 Sr 与其他项目进行相关性分析(表 5-15),从表中可以看出 Sr 与 SO_4^{2-} 为极显著相关,相关系数为 0.719,远大于与 HCO_3^- 的相关系数 0.483(研究区水化学类型为 HCO_3-Na 型)。而在含有天青石的含水介质与水相互作用时,SO_4^{2-} 和 Sr^{2+} 共同被溶入水中,SO_4^{2-} 与 Sr^{2+} 含量的增加在 $SrSO_4$ 的溶度积 $(2.8×10^{-7})$ 范围内是一致的(地矿部水文地质工程地质研究所,1989)。因此,推断研究区富锶土壤为黄河上游携带锶后又在研究区沉积是合理的。

表 5-15　研究区地下水主要化学元素相关系数矩阵($n=40$)

项目	与 Sr 相关系数	项目	与 Sr 相关系数	项目	与 Sr 相关系数
K^+	−0.154	Cl^-	0.848	Li	−0.068
Na^+	0.526	SO_4^{2-}	0.719	Ba	−0.053
Ca^{2+}	0.692	HCO_3^-	0.483	H_2SiO_3	0.599
Mg^{2+}	0.884	CO_3^{2-}	0.043	pH 值	−0.055
NH_4^+	0.322	NO_3^-	−0.154	矿化度	0.247
Fe	0.22	总硬度	0.926		

第五节　富锶地下水地质成因研究

水-岩作用是水文地球化学研究中的重要内容,是指已形成的岩石进入地球表层后,由于环境的物理化学条件发生了变化,为了要与新的环境取得平衡,原有的物质与地下水之间发生的一系列以化学反应为主的深刻变化。20 世纪 50 年代,国外就有学者对沉积岩在干湿循环作用下的劣化机理和力学性质做了初步研究,形成了早期研究水-岩作用的理论(Badger C W et al.,1956;Lin M L et al.,2005;Hale P A et al.,2003;Prick A et al.,1995)。目前常用的方法是通过地下水不同化学元素进行的相关性分析法、Gibbs 图法、比例系数法等,而其中针对不同地区,选用针对性的化学元素,可有效实现地区地下水或温泉的形成机制分析(于永亭等,2008;雷琨等,2016;万利勤等,2008;梅惠呈等,2013)。

天然条件下,地下水中锶主要来源于水-岩相互作用(苏春田等,2018),其组分来源主要受控于地下水所流经的地层岩性(洪涛等,2016)。锶在地下水营力作用下迁移和转化,通过岩石矿物的风化作用、水解溶滤作用进入地下水中(范伟等,2010),其化学成分也不断发生变化(李炳华等,2012)。天然富锶地下水的形成主要受水-岩作用、水化学特征、水动力条件、地下水赋存介质等因素的影响(刘庆宣等,2004;胡进武等,2004)。地下水锶及主要化学组分的迁移、聚集和分散受溶滤作用、蒸发浓缩、阳离子交换吸附等水岩相互作用控制(孙厚云等,2019)。

目前,山东省对富锶地下水研究较少,目前仅青岛、淄博地区有相关研究,青岛地区导致地下水富锶主要与火山岩相关(赵广涛等,1998),淄博地区富锶矿泉水与灰岩有很大关系(吴立新,2014)。近年对定陶地区陈集镇、孟海镇、半堤镇和杜堂乡 4 个乡镇的浅层地下水(新生代松散层中地下水)研究发现,该区域浅层地下水富锶,地下水富锶一般的界定条件是:锶含量大于或等于 0.4mg/L、水温低于 20℃、埋藏深度小于 200m 的地下水(王诗扬等,2018)。新生代松散层中地下水锶含量一般较难超过 0.6mg/L,而研究区地下水锶含量为 0.71~5.14mg/L,平均为 2.40mg/L,测量温度为常温,低于 20℃,这打破了 2006 年进行的《山东省黄河中下游流域地区农业生态地球化学调查与评价》中往菏泽地区地下水锶含量普遍偏低的认知(庞旭贵等,2006)。本书通过对研究区富锶地下水以锶为主的各化学元素数据,除采用元素相关性分析、Gibbs 图、离子比例等常规方法外,还提出采用归一化对比地下水及土壤中锶的变化规律作为验证方法,研究定陶地区富锶地下水的水-岩作用,以期为整个菏泽地区富锶地下水的开发、利用、保护及可持续发展提供技术支持,也为下一步沉积地层浅层富锶地下水的发现提供指导意见。

一、水文地质分析

根据土壤相关取样结果及研究,研究区位于黄河冲积平原,0.2~2.0m 土壤富含锶,其锶为黄河早期从上游携带并沉积而来。

研究区水位埋藏较深,一般为 8~11m,局部地段小于 8m,潜水蒸发微弱,地下水主要接受大气降水补给,排泄方式以人工开采为主,研究区内地下水由西北向东南流动(图 5-13)。

前已述及,研究区地下水划分为 3 个含水岩组:浅层地下水含水岩组(浅层地下水)、中深层地下水含水岩组(中深层地下水)和深层地下水含水岩组(深层地下水)。本次只研究浅层地下水。

二、基于相关性的分析

相关性分析可揭示地下水水化学参数的相似相异性及来源的一致性和差异性(章光新等,2006)。相关分析中相关系数 0~0.09 不相关,0.1~0.3 弱相关,0.3~0.5 中等相关,0.5~1 强相关。差异性显著分析中 $t<0.05$ 为差异显著。差异显著时相关系数才是准确的,差异性不显著,表明相关系数为偶然因素引起的。由研究区地下水化学元素相关性矩阵和差异显著性矩阵(表 5-16、表 5-17)可知,Cl^- 与 Ca^{2+}、Mg^{2+} 表现为极显著相关,相关系数分别为 0.697、0.889,SO_4^{2-} 也与 Ca^{2+}、Mg^{2+} 表现为极显著相关,相关系数分别为 0.625、0.791,推断研究区地下水有硫酸盐的风化溶解。另外,SO_4^{2-} 与 Cl^- 表现为

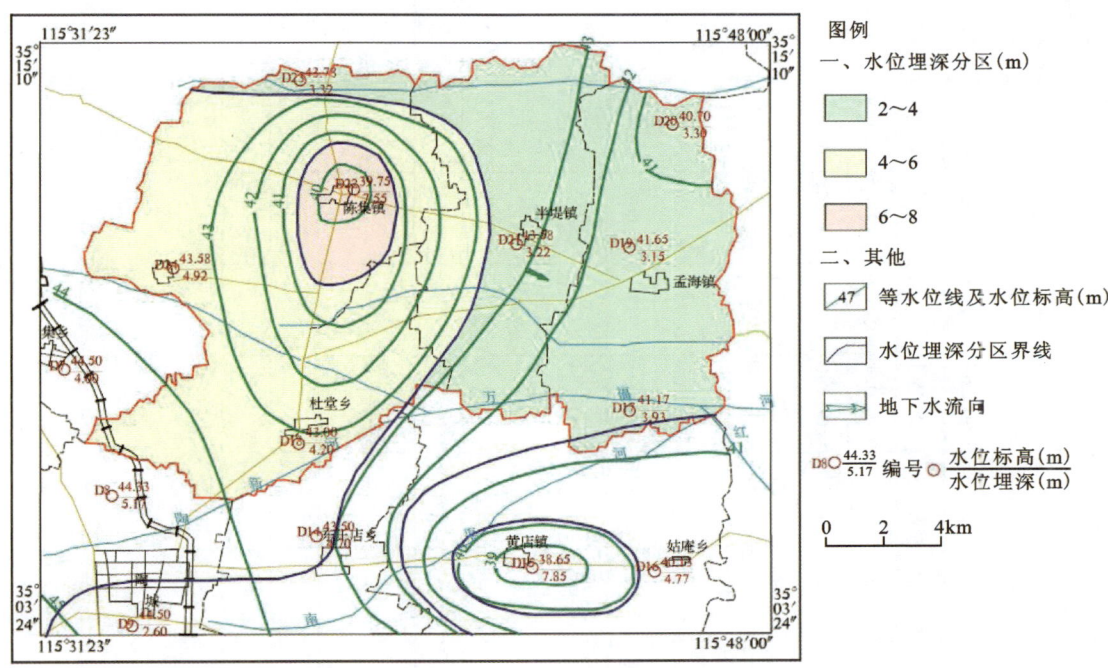

图 5-13 研究区内地下水等水位线及地下水埋深分区图

极显著相关,相关系数为 0.858,反映了两者有共同来源,可能与当地农业生产有关。CO_3^{2-} 与阳离子表现为不相关,HCO_3^- 表现为与 Na^+ 和 Mg^{2+} 极显著相关,相关系数 0.668 和 0.580,反映了碳酸盐岩对水化学组分的影响。HCO_3^- 与 NH_4^+ 极显著相关,相关系数 0.431,说明当地地下水受农业化肥影响。Sr 与 Na^+、Ca^{2+}、Mg^{2+}、Cl^-、SO_4^{2-}、HCO_3^- 表现为极相关,相关系数分别为 0.526、0.692、0.884、0.848、0.719、0.483,说明富锶地下水形成主要受硫酸盐、碳酸盐成分影响显著。

固形物与各离子之间的相关性可较好地反映地下水的成因(张群利等,2011),其与 Cl^-、SO_4^{2-}、Na^+、Mg^{2+} 之间的相关性最为显著,相关系数分别为 0.954、0.924、0.899 和 0.858,表明研究区内这 4 种离子在地下水化学类型中起决定性作用。

三、基于 Gibbs 图的分析

Gibbs 图是反映溶解性总固体(TDS)与 $c(Na^+)/c(Na^++Ca^{2+})$、溶解性总固体与 $c(Cl^-)/c(Cl^-+HCO_3^-)$ 的关系,可用来追踪自然水体中各种离子的起源机制(大气降水、水-岩作用及蒸发浓缩作用)及其变化趋势过程(FETH J H et al.,1971;KILHAM P,1990;NEGREL P,1999)。比值位于右上方虚线范围内说明地下水化学组成主要受蒸发浓缩作用,比值位于右下方虚线范围内说明主要受大气降水作用,比值位于中间偏左虚线范围内说明主要受岩石风化作用,即水-岩作用控制。

由研究区 Gibbs 图(图 5-14)可知,地下水 TDS 范围为 535.17~2 594.38mg/L,平均值为 1 215.74 mg/L,$c(Na^+)/c(Na^++Ca^{2+})$ 范围为 0.472~0.926,平均值为 0.772,数据点位于 Gibbs 图的右上方,但大部分位于图框外;$c(Cl^-)/c(Cl^-+HCO_3^-)$ 范围为 0.157~0.700,平均值为 0.407,数据位于 Gibbs 图的中上方,全部位于图框内。表明地下水化学组成主要受水-岩相互作用,同时辅以一定的蒸发结晶作用。地下水在径流过程中不断发生水解和酸化作用使岩石矿物发生溶解,Na^+ 释放出来,与水中 Ca^{2+} 发生交换,导致 Na^+ 浓度升高。

表 5-16 研究区地下水主要化学元素相关系数矩阵（n=40）

编号	K⁺	Na⁺	Ca²⁺	Mg²⁺	NH₄⁺	Fe	Cl⁻	SO₄²⁻	HCO₃⁻	CO₃²⁻	NO₃⁻	总硬度	Sr	Li	Ba	H₂SiO₃	pH值	矿化度	固形物
K⁺	1.000																		
Na⁺	−0.099	1.000																	
Ca²⁺	0.194	0.392	1.000																
Mg²⁺	−0.157	0.632	0.495	1.000															
NH₄⁺	0.126	0.391	0.676	0.089	1.000														
Fe	0.513	0.308	0.614	−0.007	0.892	1.000													
Cl⁻	−0.045	0.789	0.697	0.889	0.361	0.276	1.000												
SO₄²⁻	−0.059	0.823	0.625	0.791	0.341	0.291	0.858	1.000											
HCO₃⁻	0.040	0.668	0.250	0.580	0.431	0.263	0.544	0.475	1.000										
CO₃²⁻	−0.144	0.044	0.009	−0.054	0.051	−0.031	−0.038	0.050	−0.323	1.000									
NO₃⁻	0.947	−0.178	0.114	−0.172	−0.034	0.259	−0.070	−0.142	−0.091	−0.109	1.000								
总硬度	−0.087	0.637	0.670	0.977	0.244	0.146	0.932	0.831	0.557	−0.044	−0.118	1.000							
Sr	−0.154	0.526	0.692	0.884	0.322	0.220	0.848	0.719	0.483	0.043	−0.154	0.926	1.000						
Li	0.635	0.288	0.066	0.088	0.006	−0.036	0.166	0.174	0.223	−0.027	0.545	0.092	−0.068	1.000					
Ba	−0.146	−0.109	−0.164	−0.024	−0.081	−0.102	−0.028	−0.106	−0.103	0.029	−0.089	−0.061	−0.053	−0.236	1.000				
H₂SiO₃	0.462	−0.043	−0.006	−0.109	0.040	−0.068	−0.090	−0.154	0.162	−0.174	0.441	−0.094	−0.187	0.599	−0.080	1.000			
pH值	−0.008	−0.356	−0.423	−0.449	−0.276	−0.243	−0.464	−0.341	−0.599	0.606	0.044	−0.488	−0.427	−0.055	0.012	−0.263	1.000		
矿化度	−0.007	0.902	0.621	0.853	0.459	0.339	0.934	0.898	0.753	−0.042	−0.095	0.882	0.784	0.247	−0.099	−0.022	−0.500	1.000	
固形物	−0.014	0.899	0.651	0.858	0.443	0.335	0.954	0.924	0.682	0.003	−0.091	0.894	0.797	0.240	−0.095	−0.049	−0.463	0.995	1.000

表 5-17 研究区地下水主要化学元素差异显著性矩阵（$n=40$）

编号	Na^+	Ca^{2+}	Mg^{2+}	NH_4^+	Fe	Cl^-	SO_4^{2-}	HCO_3^-	CO_3^{2-}	NO_3^-	总硬度	Sr	Li	Ba	H_2SiO_3	pH 值	矿化度	固形物
K^+	0.000	0.000	0.000	0.428	0.037	0.000	0.000	0.000	0.000	0.061	0.000	0.175	0.035	0.037	0.000	0.697	0.000	0.000
Na^+		0.000	0.000	0.000	0.000	0.116	0.419	0.000	0.000	0.000	0.000	0.000	0.000	0.000	0.000	0.000	0.000	0.000
Ca^{2+}			0.000	0.000	0.000	0.000	0.000	0.000	0.223	0.000	0.000	0.000	0.000	0.000	0.000	0.000	0.000	0.000
Mg^{2+}				0.000	0.000	0.000	0.006	0.000	0.000	0.000	0.000	0.000	0.000	0.000	0.000	0.000	0.000	0.000
NH_4^+					0.075	0.000	0.000	0.000	0.000	0.155	0.000	0.528	0.072	0.078	0.000	0.044	0.000	0.000
Fe						0.000	0.000	0.000	0.000	0.006	0.000	0.000	0.074	0.001	0.000	0.000	0.000	0.000
Cl^-							0.030	0.000	0.000	0.000	0.000	0.000	0.000	0.000	0.000	0.000	0.000	0.000
SO_4^{2-}								0.000	0.000	0.000	0.000	0.000	0.000	0.000	0.000	0.000	0.000	0.000
HCO_3^-									0.000	0.000	0.127	0.000	0.000	0.000	0.000	0.000	0.000	0.000
CO_3^{2-}										0.000	0.000	0.000	0.000	0.000	0.000	0.000	0.000	0.000
NO_3^-											0.000	0.000	0.006	0.013	0.000	0.000	0.000	0.000
总硬度												0.000	0.000	0.000	0.000	0.000	0.000	0.000
Sr													0.000	0.000	0.000	0.000	0.000	0.000
Li														0.002	0.000	0.000	0.000	0.000
Ba															0.000	0.000	0.000	0.000
H_2SiO_3																0.000	0.000	0.000
pH 值																	0.000	0.000
矿化度																		0.016

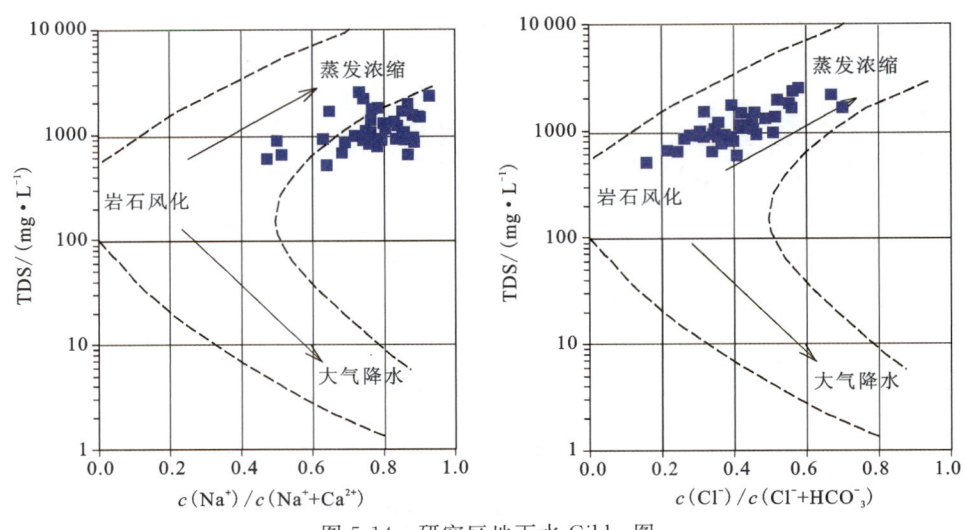

图 5-14 研究区地下水 Gibbs 图

四、基于水化学离子比的分析

1. $c(Ca^{2+}+Mg^{2+})/c(HCO_3^-+SO_4^{2-})$

水化学成分中主要离子的含量比例可以用来研究水文地球化学问题，在不同的成因或条件下形成的地下水，某些离子的比例系数也会有比较明显的差异。据此，我们可以推断地下水的演化过程（王瑞等，2014），研究其水-岩作用。如果地下水系统中的主要反应是方解石、白云石和石膏的溶解，则 $c(Ca^{2+}+Mg^{2+})$（单位：meq/L）和 $c(HCO_3^-+SO_4^{2-})$（单位：meq/L）的比例应接近于 1。

为直观起见，将研究区该四种离子的数据换算后生成散点图（图 5-15），从图中可以看出，研究区 $c(Ca^{2+}+Mg^{2+})/c(HCO_3^-+SO_4^{2-})$ 范围为 0.575～1.542，平均值为 0.980，平均值接近于 1，即绝大部分数据点位于 $y=x$ 直线附近，少量点散落于该直线上下，说明研究区地下水系统中的反应主要是碳酸盐和硫酸盐类的风化溶解，且发生着离子交换。其硫酸盐和碳酸盐为早期黄河从上游携带并在研究区内沉积而来。

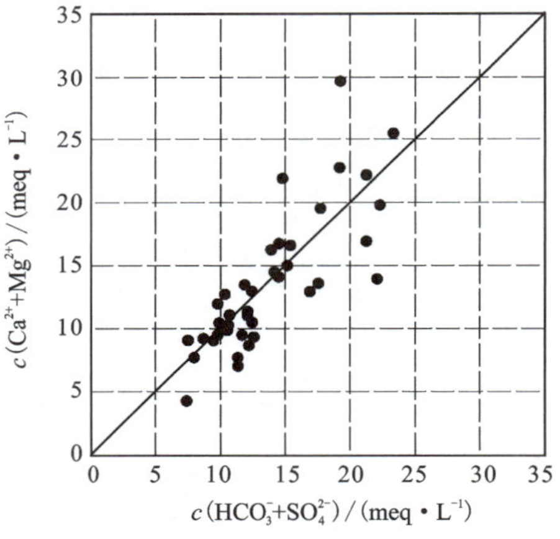

2. $c(Na^+)/c(Cl^-)$

$c(Na^+)/c(Cl^-)$ 是地下水的成因系数，可表征地下水中的 Na^+ 富集程度，海水中 $c(Na^+)/c(Cl^-)=0.85$（章光新等，2006）。如果比值大于 0.85 很多，说明研究区内

图 5-15 研究区 $Ca^{2+}+Mg^{2+}$ 和 $HCO_3^-+SO_4^{2-}$ 散点图

地下水中 Na^+ 可能与流经的岩石发生了水-岩作用，出现了离子的交换。

由绘制的研究区地下水 Na^+-Cl^- 关系图（图 5-16）可知，研究区 $c(Na^+)/c(Cl^-)$ 变化范围 0.590～2.712，平均值为 1.383，因此，大部分数值集中在 $y=x$ 直线附近及以上，说明大部分地区 Na^+ 含量高于 Cl^- 含量。另外，由前述相关性分析可知 Na^+ 与 Cl^- 为极显著相关，相关系数达 0.789，意味着这两种元素来源一致,说明研究区地下水主要来源于大气降水,同时地下水中的 Ca^{2+} 与土壤中的 Na^+ 进行离子交换,导致 Na^+ 含量总体高于 Cl^- 含量。

3. $c(Cl^-)/c(Ca^{2+})$

$c(Cl^-)/c(Ca^{2+})$ 常作为刻画水动力特点的参数,其值越大,水动力条件越差。一般数据点落在 $y=x$ 曲线以上水动力条件好,落在曲线以下则水动力条件差。

根据数据资料绘制研究区 $c(Cl^-)-c(Ca^{2+})$ 关系图(图 5-17),从图中可以看出,研究区 $c(Cl^-)/c(Ca^{2+})$ 范围为 0.894～8.517,平均值为 3.206,该值较大,取样点基本落在 $y=x$ 曲线以下且距离较远。由于取样为机井中取样,说明机井中水动力条件差,水循环交替缓慢,受取样所限,含水层中水动力条件应好于机井中水动力条件。蒸发作用下机井中锶远大于土壤含量,Gibbs 图也显示研究区锶元素含量高与水-岩作用和蒸发浓缩都有关系,两种方法互为验证了该结论。

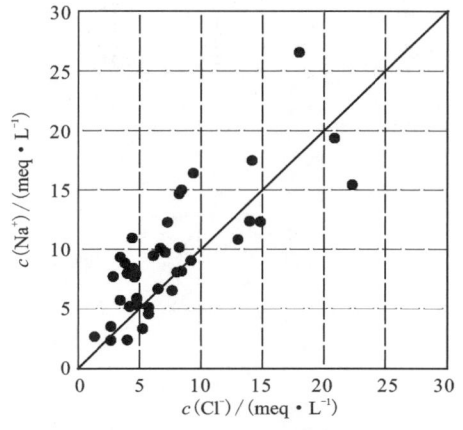

图 5-16　研究区地下水 $c(Na^+)/c(Cl^-)$ 比值图

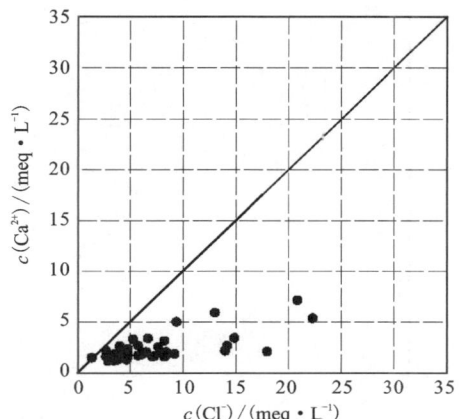

图 5-17　研究区地下水 $c(Cl^-)/c(Ca^{2+})$ 比值图

五、基于地下水与土壤锶含量变化的成因分析

为验证水-岩作用在研究区地下水富锶中的重要作用,在 40 件水样旁边分别取浅层土壤样 39 件,取样深度 0.20m;深层土壤样 15 件,取样深度 2.00m。

首先,进行宏观分析,根据研究区内地下水和土壤中锶含量分别绘制等值线图,发现研究区内地下水锶含量有东部、东北部高的特征,而研究区内地下水流向为由西向东、由南西至北东,显然具有随地下水流向下游富集的趋势,详见图 5-18。

研究区内浅层土壤(深度 0.20m)和深层土壤(深度 2.00m)锶含量也呈现南部低,北部高的趋势。与地下水锶有相似的变化规律,详见图 5-19 和图 5-20。

宏观上从等值线图中不难发现锶在地下水和浅层土壤、深层土壤中有相似的变化规律。

然后对不同点地下水和土壤样的锶含量变化进行单点对比。首先将 39 个既有地下水样又有浅层土壤样位置的取样结果进行对比分析,详见表 5-18。

本书中地下水富锶以锶含量大于 0.4mg/L 作为评价标准,土壤富锶以锶含量大于 200mg/kg 为评价标准。表 5-18 统计数据中地下水锶含量 0.71～5.14mg/L,平均 2.42mg/L,标准差 0.87,变异系数 0.36,地下水样品均富锶;浅层土壤锶含量 173.20～268.10mg/kg,平均 220.27mg/kg,标准差 24.5,变异系数 0.11,浅层土壤中低于 200mg/kg 的样品 9 件,占 23.08%,高于 200mg/kg 的样品 9 件,占 76.92%,可见浅层土壤中大部分富锶,少部分锶含量也较高。

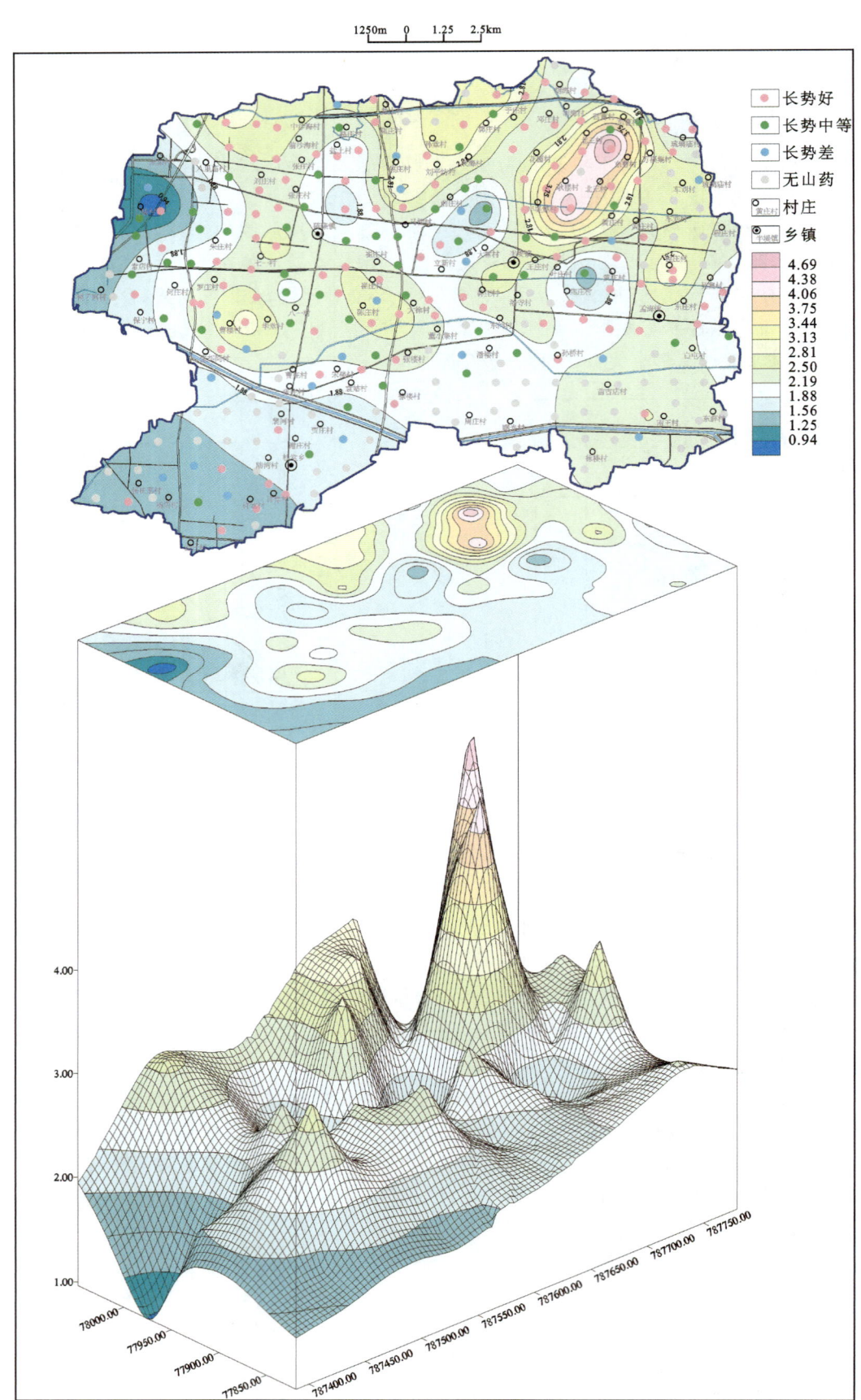

图 5-18 研究区地下水锶含量等值线图

第五章 重要土地质量地球化学问题研究

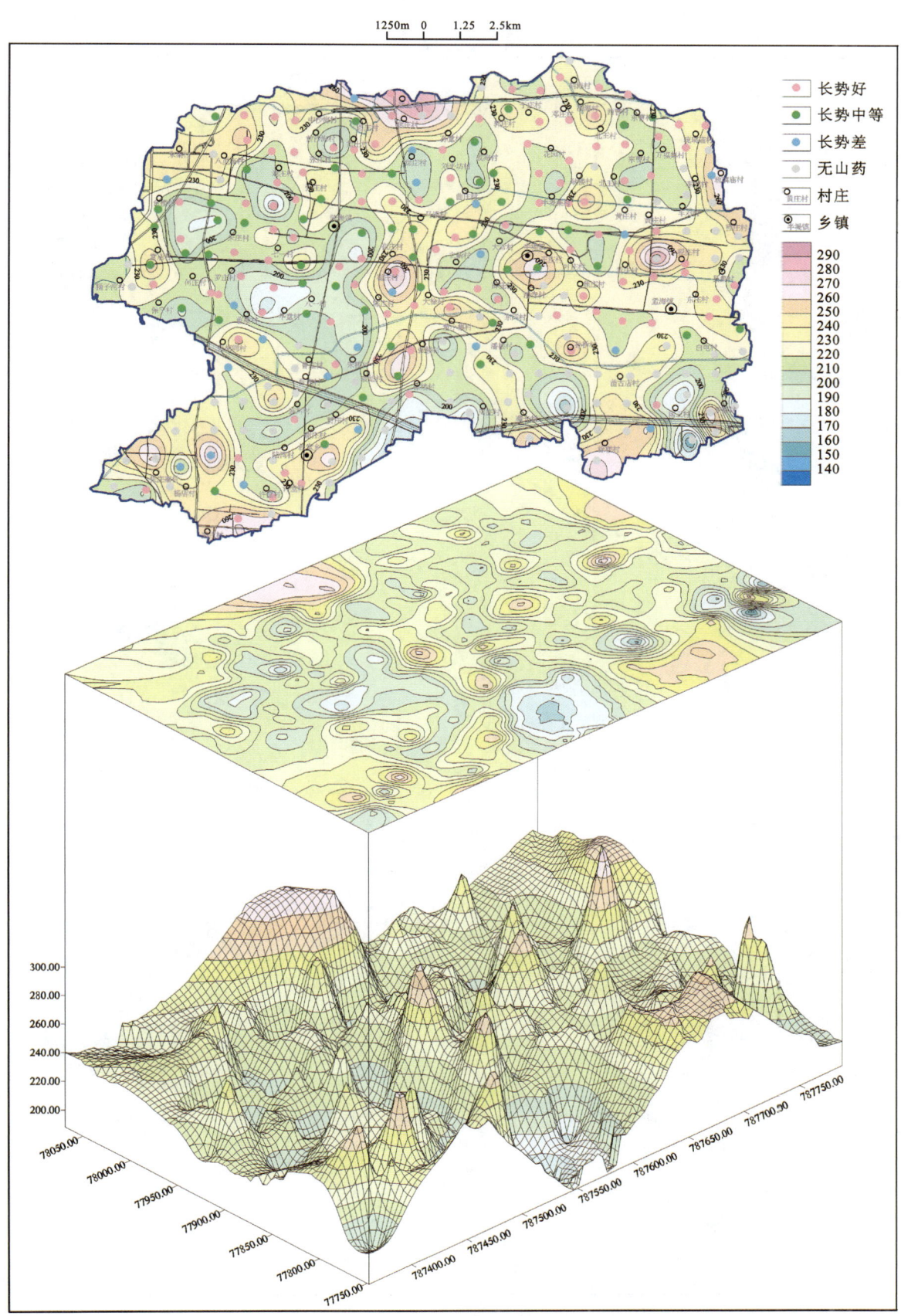

图 5-19 研究区浅层土壤锶含量等值线图

· 133 ·

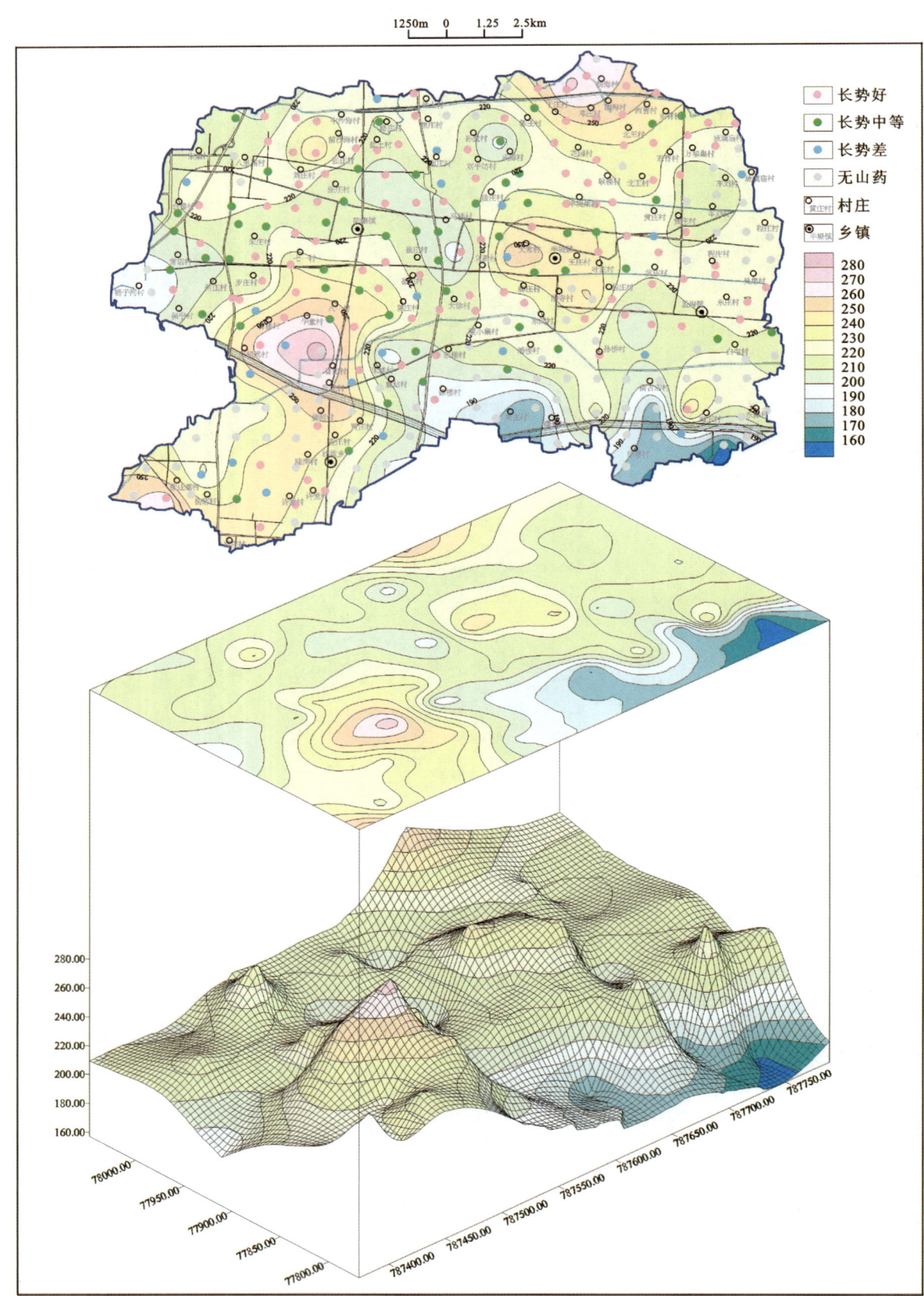

图 5-20 研究区深层土壤锶含量等值线图

表 5-18 同一取样点地下水与浅层土壤中锶含量统计表

编号	地下水 Sr/(mg·L^{-1})	浅层土壤 Sr/(mg·kg^{-1})	编号	地下水 Sr/(mg·L^{-1})	浅层土壤 Sr/(mg·kg^{-1})	编号	地下水 Sr/(mg·L^{-1})	浅层土壤 Sr/(mg·kg^{-1})
DQ01	3.44	208.60	DQ14	2.75	263.70	DQ28	3.25	250.20
DQ02	2.09	214.60	DQ15	0.71	192.80	DQ29	1.71	234.52
DQ03	2.91	248.10	DQ17	1.27	244.30	DQ30	1.97	184.80
DQ04	2.18	222.42	DQ18	4.73	268.10	DQ31	2.11	205.17
DQ05	2.06	230.20	DQ19	1.85	190.50	DQ32	1.81	207.79
DQ06	2.52	227.78	DQ20	1.89	215.40	DQ33	3.09	173.20
DQ07	1.96	267.80	DQ21	2.74	194.40	DQ34	2.77	235.40
DQ08	3.31	204.00	DQ22	1.92	252.90	DQ35	1.95	242.00
DQ09	2.14	217.27	DQ23	1.58	245.70	DQ36	2.30	216.50
DQ10	5.14	230.50	DQ24	2.19	229.80	DQ37	1.73	219.14
DQ11	3.25	200.60	DQ25	2.58	183.10	DQ38	1.73	217.20
DQ12	3.74	196.50	DQ26	2.75	252.20	DQ39	2.53	189.37
DQ13	2.66	209.65	DQ27	1.23	205.10	DQ40	1.72	199.10

为寻找其锶含量变化规律的相似性,将地下水样和浅层土壤样品分别归一化后绘制变化曲线,详见图 5-21,蓝色为地下水锶变化曲线,粉色为浅层土壤中锶变化曲线。从图中很明显可以看出地下水与浅层土壤样品中不同取样点锶变化规律一致,地下水中锶含量高的取样点浅层土壤中锶的含量也高,反之亦然。充分验证了研究区地下水富锶与水-岩作用有很大的相关性。

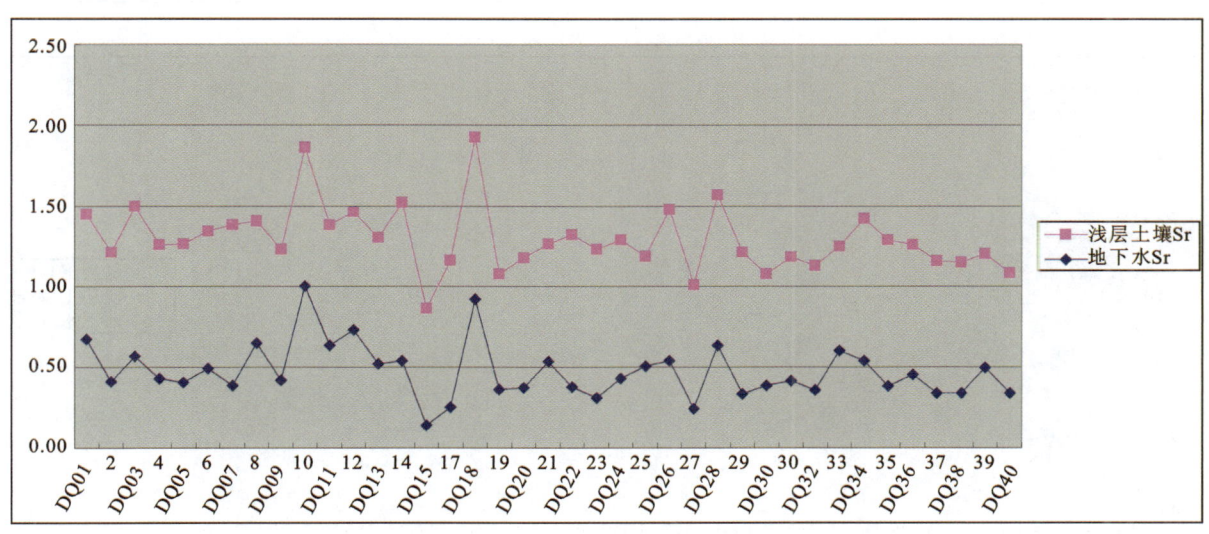

图 5-21 归一化后地下水及浅层土壤锶变化曲线图

将 15 个同时进行地下水、浅层土壤、深层土壤取样的取样点化验结果统计为表 5-19,统计数据中地下水锶含量 0.71~3.74mg/L,平均 2.48mg/L,标准差 0.71,变异系数 0.29,地下水样品均富锶;浅层土壤锶含量 184.80~248.10mg/kg,平均 209.43mg/kg,标准差 18.74,变异系数 0.09,浅层土壤中低于

200mg/kg 的样品 6 件,占 40.00%,高于 200mg/kg 的样品 9 件,占 60.00%,低于 200mg/kg 的样品锶含量均接近 200mg/kg,最低值为 184.80mg/kg,可见浅层土壤中大部分富锶,少部分锶含量也较高;深层土壤锶含量 193.10~254.28mg/kg,平均 222.82mg/kg,标准差 18.36,变异系数 0.08,深层土壤中低于 200mg/kg 的样品 1 件,占 6.67%,高于 200mg/kg 的样品 14 件,占 93.33%,低于 200mg/kg 的 1 件样品锶含量 193.10mg/kg,接近 200mg/kg,可见深层土壤中绝大部分富锶,且整体锶含量比浅层土壤略高。

为更好的寻找其锶含量变化规律的相似性,将地下水样品、浅层土壤样品和深层土壤样品分别归一化后绘制变化曲线,详见图 5-22,蓝色为地下水锶变化曲线,粉色为浅层土壤锶变化曲线,黄色为深层土壤锶变化曲线。从图中很明显可以看出地下水、浅层土壤和深层样品中不同取样点锶变化规律一致,地下水中锶含量高的取样点浅层土壤和深层土壤样品中锶的含量也高,反之亦然。充分验证了研究区地下水富锶与水-岩作用有很大的相关性。

表 5-19 同一取样点地下水、浅层土壤与深层土壤中锶含量统计表

编号	地下水 Sr/(mg·L^{-1})	浅层土壤 Sr/(mg·kg^{-1})	深层土壤 Sr/(mg·kg^{-1})	编号	地下水 Sr/(mg·L^{-1})	浅层土壤 Sr/(mg·kg^{-1})	深层土壤 Sr/(mg·kg^{-1})
DQ03	2.91	248.10	208.58	DQ19	1.85	190.50	208.10
DQ04	2.18	222.42	253.44	DQ20	1.89	215.40	218.90
DQ06	2.52	227.78	253.43	DQ21	2.74	194.40	217.10
DQ08	3.31	204.00	193.10	DQ24	2.19	229.80	217.11
DQ11	3.25	200.60	212.40	DQ30	1.97	184.80	243.90
DQ12	3.74	196.50	220.50	DQ34	2.77	235.40	212.10
DQ13	2.66	209.65	213.76	DQ39	2.53	189.37	254.28
DQ15	0.71	192.80	215.60				

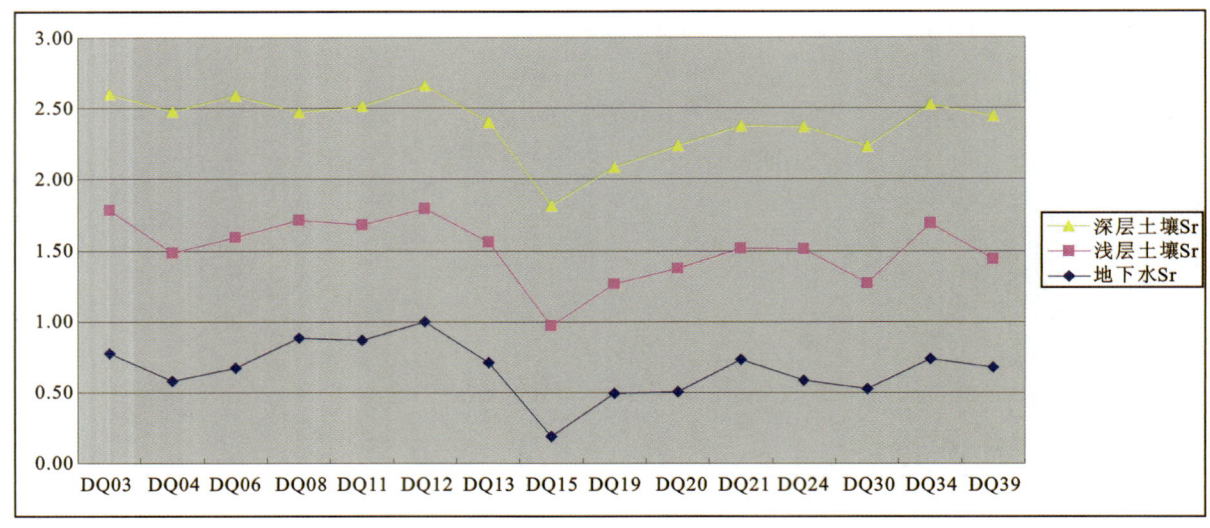

图 5-22 归一化后地下水、浅层土壤及深层土壤锶变化曲线图

通过宏观等值线图变化规律和归一化后的地下水与浅层土壤两者中锶含量变化对比曲线及地下水与浅层、深层土壤三者中锶含量变化对比曲线发现,研究区锶含量在地下水和土壤(深层和浅

层)中有一致的变化规律,而浅层土壤和深层土壤之间元素交换较少,土壤和地下水之间元素可发生交换,从而说明了研究区锶来源于水-岩相互作用。地下水取样深度6~8m,区域上第一层地下水底部埋深20~40m,取样水井深度均小于40m;研究区地表被第四纪黄河组覆盖,厚4~13m,其下为新近系(N),第四系和新近系(Q+N)厚750~950m。因此,与地下水进行水-岩作用的地层为第四系与新近系顶部。

第六章 土壤适宜性评价

第一节 特色及绿色土壤资源评价

一、山药对土壤中各种元素的吸收

通过分析各类元素与山药长势及根和茎叶中含量关系,进而得到山药对土壤中各元素的吸收和转移情况,详述如下。

1. 养分元素

①钙:山药生长前期对钙吸收极少,后期山药根快速生长阶段大量吸收钙,根吸收后较多的转移到茎叶中。含量较高的区域山药一般长势好。

②钾:山药生长过程中一直稳定的需要钾,在其生长过程中不断地从浅层土壤到深层土壤中吸收一定的钾元素,吸收后更多地转移到茎叶中。含量较高的区域山药一般长势好。

③氮:山药生长中对氮需求量极少,根吸收后较少地转移到茎叶中。

④磷:山药对土壤中磷的吸收无规律,存在从根向茎叶中的转移。另外,山药茎叶磷含量高的区域山药长势未必好,山药长势好的取样点周边山药茎叶磷含量以中等为主。山药根磷含量较高的区域对应山药长势较好。

⑤有机质:山药生长过程中从土壤中吸收有机质极少但存在从山药根向茎叶中的转移。另外,山药茎叶有机质含量高的区域一般对应长势好的取样点。而山药根有机质含量与山药长势无相关性。

2. 微量元素

①钒:山药生长后期对钒有一定的需求,最后较多地由根转移到茎叶中。

②锰:山药从生长初期对锰就有一定的需求,到后期需求增加,山药的整个生长周期里锰更多的由根转移到茎叶中去。

③铁:山药对铁有一定的吸收。铁元素对山药长势好应该为必要条件。

④钴:山药对钴无明显的吸收。

⑤锌:山药整个生长周期对锌都有一定的吸收,生长前期对锌吸收较多,茎叶中未见较高转移。

⑥铜:山药生长前期对铜吸收极少,后期山药根快速生长阶段大量吸收铜。

⑦硼:山药生长期对硼的需求较少。

⑧钼:山药生长期对钼元素需求较少,较多地转移到茎叶中。

第六章 土壤适宜性评价

⑨锗：山药生长期对锗吸收极少。

⑩锶：山药生长前期对锶吸收极少，后期山药根快速生长阶段大量吸收锶，一部分转移到茎叶中。

3. 微量营养元素

①硒：山药生长前期对硒有一定吸收，该时期内向茎叶中转移较少，较多地留在根中，后期山药根快速生长阶段吸收硒较多，一部分转移到茎叶中。

②碘：山药生长前期对碘有一定的吸收，较多的转移到茎叶中，后期山药根快速生长阶段更多的吸收碘，向茎叶中转移非常少。另外浅层土壤和深层土壤中碘含量的中等相关说明碘在土壤中主要来源于成土母质，受地表自然环境及人类活动影响极小。

③氟：浅层土壤氟含量过高可能会抑制山药的生长。

④镍：山药生长前期对镍吸收极少，后期山药根快速生长阶段大量吸收镍，较多地转移到茎叶中。

4. 重金属元素

①砷：山药生长前期对砷吸收极少，后期山药根快速生长阶段吸收砷较多，较多地转移到茎叶中。

②镉：山药生长前期对镉吸收极少，后期山药根快速生长阶段大量吸收镉，较多地转移到茎叶中。

③汞：山药生长前期对汞有一定的吸收，后期山药根快速生长阶段吸收汞极少，生长前期吸收的汞较多的转移到茎叶中。

④铅：山药生长前期对铅吸收极少，后期山药根快速生长阶段大量吸收铅，较多地转移到茎叶中。

⑤铬：山药生长前期对铬吸收极少，后期山药根快速生长阶段大量吸收铬，同时转移到茎叶中。

二、山药及环境中元素比例分析

为了分析不同元素在山药本体及其生长环境中所占比例，将同一采样点山药茎叶、山药根、浅层土壤、深层土壤中相同元素平均所占百分比求出并生成柱状图，详见图6-1。

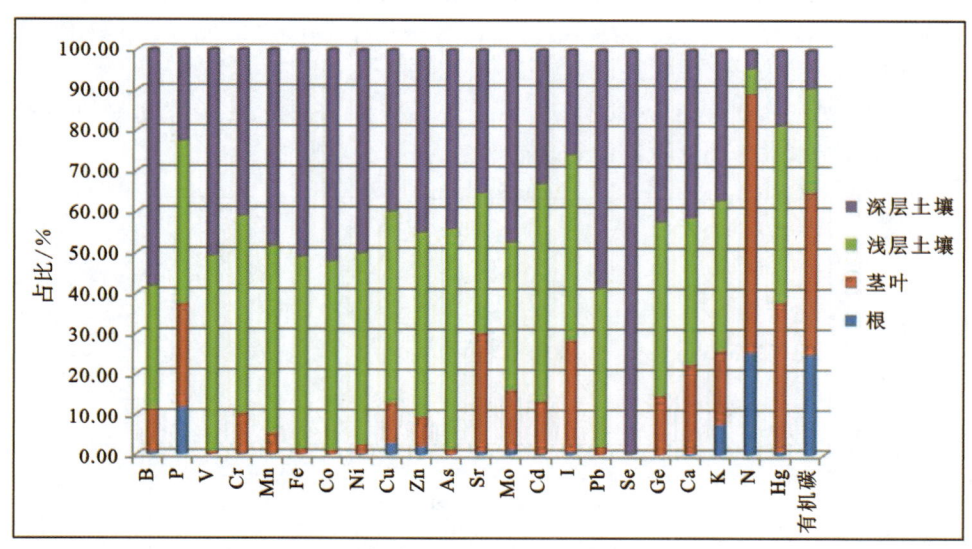

图6-1 不同元素在山药本体及生长环境中所占比例示意图

由图可知，山药本体及环境中元素除N外主要分布在深层土壤和浅层土壤中。N元素主要分布在山药的茎叶和根中。

深层土壤含量比例最多的是 Se,其次为 Pb、B、Co、Fe、Mn、V,Se 向浅层土壤迁移极少,山药根及茎叶中含量也很少。

浅层土壤中除 Se 外各元素含量较均衡。

山药茎叶中含量较多的元素为 N、Hg、有机碳,其次为 Sr、P、I,其他元素含量比例较小。

山药根中含量相对较多的元素为 N、有机碳、K、P。

三、Sr 元素影响元素分析

1. 来源分析

研究区内土壤及地下水 Sr 元素含量均较高。根据有关资料,锶元素来源一般有两条途径:一是来源于碳酸盐岩,一是来源于岩浆岩。研究区内被第四系黄河组(Qhhh)覆盖,其下为奥陶系马家沟群,属碳酸盐岩。黄河组主要为黄河冲积物,为石灰性土壤,锶含量高。同时,第四系下为碳酸盐岩,锶在碳酸盐岩中含量丰富,地下水在不断运移过程中与围岩发生地球化学作用,地下水对围岩中的锶进行溶滤,锶以离子状态不断融入地下水中,又进一步溶滤到土壤中,因此造成研究区地下水及土壤锶含量高。

黄河下游地区河水中的主要离子及锶同位素组成主要源于蒸发盐岩和碳酸盐岩的风化溶解作用,黄河口处河水锶同位素受海水作用影响较大,而人类活动的影响相对较小。黄河下游地区河水锶同位素组成由大气降水和岩石风化作用混合而成,其中大气降水对黄河下游地区 Sr 的贡献率约为 30%,而岩石风化对其贡献率约为 70%。

研究区内第四系厚度一般 4~13m,由西向东、由南西至北东有变薄的趋势。地下水流向为由西向东、由南西至北东,因此造成研究区内锶含量东部、东北部高的现象。其主要原因为第四系黄泛沉积。

2. 不同类型土壤中锶与锗及 pH 值关系

研究区土壤类型有砂质潮土、壤质潮土、黏质潮土和盐化潮土四种,研究区内 Sr 元素含量高于背景值,根据前面分析,Sr 与 Ge 存在一定的正相关。将四种土壤中 Sr 与 Ge 元素及 pH 值关系生成散点图,详见图 6-2~图 6-9。

从图中可以看出,四种类型土中 Sr 基本上和 pH 值不相关。Sr 和 Ge 存在明显的正相关。相关程度分别是砂质潮土中最大,其次为盐化潮土和壤质潮土,最后为黏质潮土。

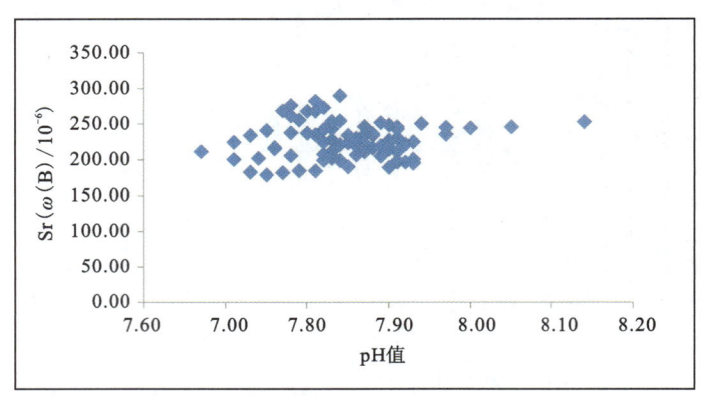

图 6-2 砂质潮土中 Sr 与 pH 值散点图

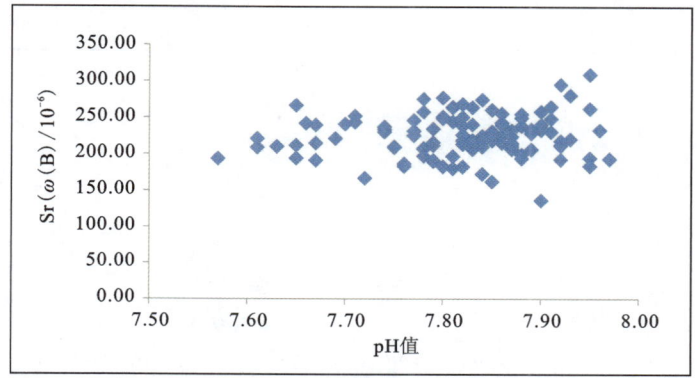

图 6-3　壤质潮土中 Sr 与 pH 值散点图

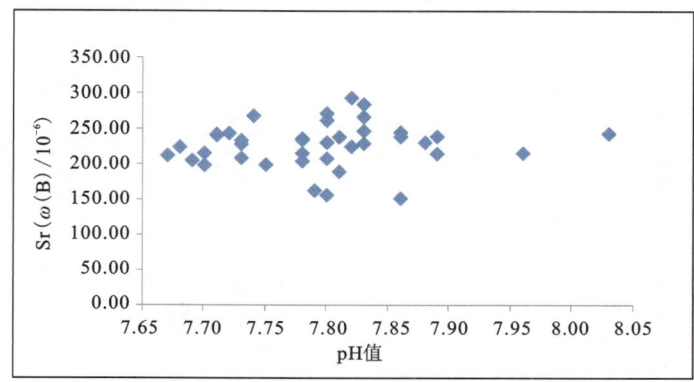

图 6-4　黏质潮土中 Sr 与 pH 值散点图

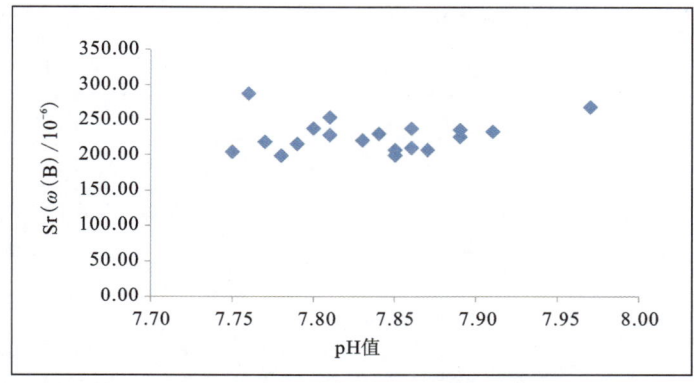

图 6-5　盐化潮土中 Sr 与 pH 值散点图

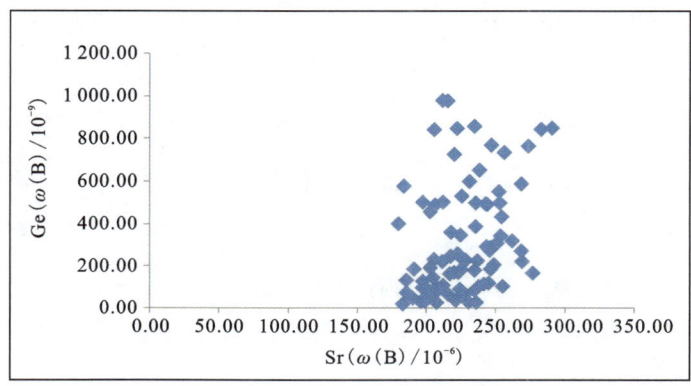

图 6-6　砂质潮土中 Sr 与 Ge 散点图

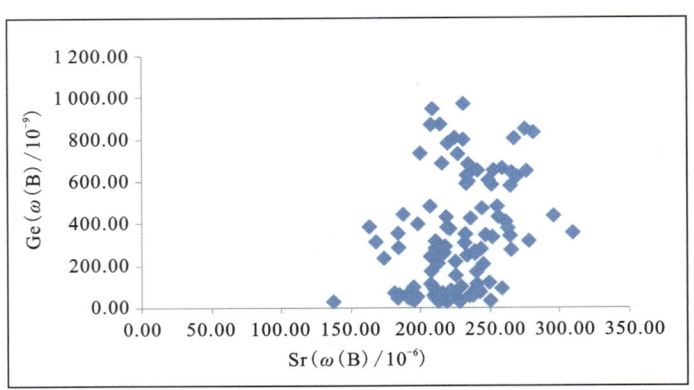

图 6-7　壤质潮土中 Sr 与 Ge 散点图

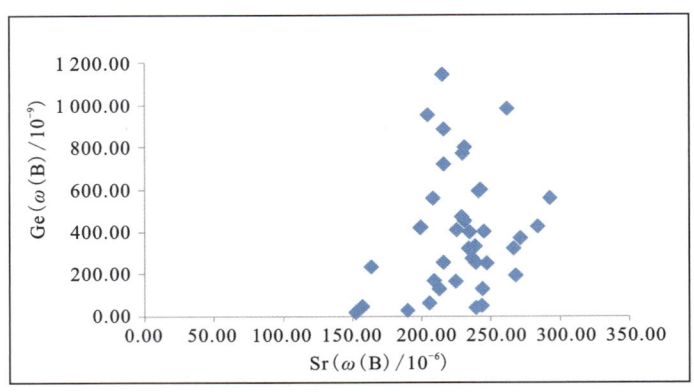

图 6-8　黏质潮土中 Sr 与 Ge 散点图

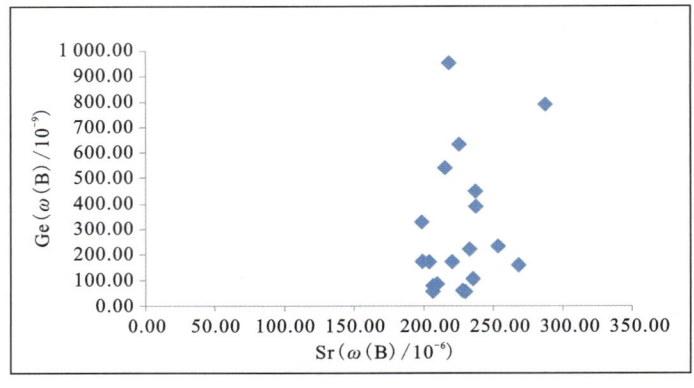

图 6-9　盐化潮土中 Sr 与 Ge 散点图

第二节　土壤适宜性分析

本次适宜性分区综合参照土壤类型,与山药有关因素含量元素分布范围综合进行分区。将砂质潮土区域,Ca、K、有机质、Mn、Zn、Cu、Sr、Se、I、Ni 含量高的区域,F 低的区域划分为适宜区,其他划为较适宜区(图 6-10)。后面进行详述。

第六章 土壤适宜性评价

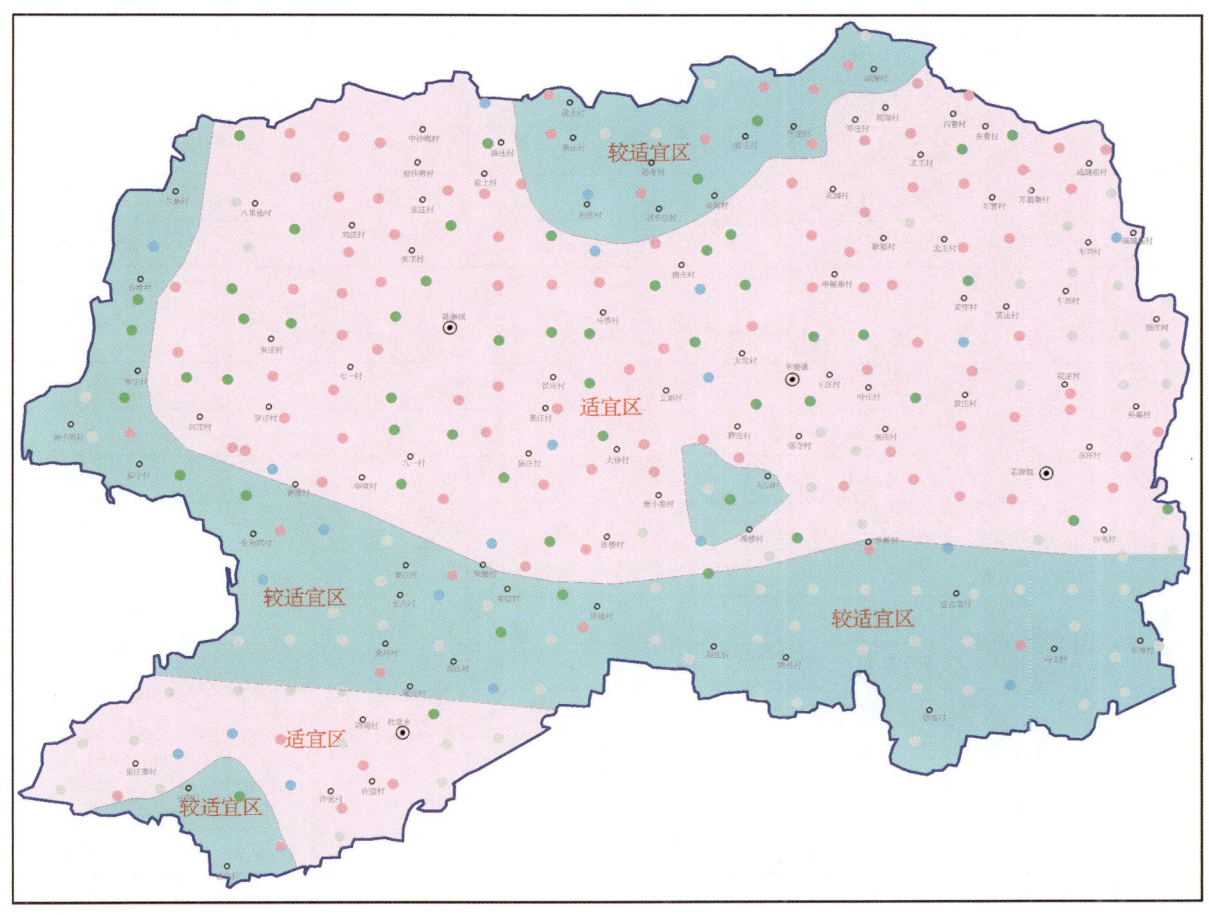

图 6-10 山药适宜性分区图

一、山药长势与土壤类型比例情况

本次研究区土壤类型有砂质潮土、壤质潮土、黏质潮土和盐化潮土四种,各种土壤中样品数量及所占比例详见表 6-1 和表 6-2。从表中可以看出,研究区内以砂质潮土和壤质潮土为主,山药长势好的位于这两种土壤中的也是最多。

表 6-1 山药长势情况与土壤类型比例表(包含无山药地块)

土壤类型		长势好	长势中	长势差	无山药	小计
砂质潮土(37.60%)	数量/件	46	26	8	6	86
	总比例/%	17.8	10.0	3.1	2.3	33.2
壤质潮土(42.74%)	数量/件	35	19	12	45	111
	总比例/%	13.5	7.3	4.6	17.4	42.8
黏质潮土(18.25%)	数量/件	9	3	1	27	40
	总比例/%	3.5	1.2	0.4	10.4	15.5

续表 6-1

土壤类型		长势好	长势中	长势差	无山药	小计
盐化潮土(1.41%)	数量/件	14	4	2	2	22
	总比例/%	5.4	1.5	0.8	0.8	8.5
合计(100%)	数量/件	104	52	23	80	259
	总比例/%	40.2	20.0	8.9	30.9	100

表 6-2　山药长势情况与土壤类型比例表(剔除无山药地块)

土壤类型		长势好	长势中	长势差	小计
砂质潮土(37.60%)	数量/件	46	26	8	80
	总比例/%	25.7	14.5	4.5	44.7
壤质潮土(42.74%)	数量/件	35	19	12	66
	总比例/%	19.6	10.6	6.7	36.9
黏质潮土(18.25%)	数量/件	9	3	1	13
	总比例/%	5.0	1.7	0.6	7.3
盐化潮土(1.41%)	数量/件	14	4	2	20
	总比例/%	7.8	2.2	1.1	11.1
合计(100%)	数量/件	104	52	23	179
	总比例/%	58.1	29	12.9	100

二、各元素与山药长势情况统计

根据元素等值线和等级图可知,养分元素中浅层土壤 Fe、Ca、K、N、B、Mo、有效磷、碱解氮基本上含量高的区域山药长势较好,含量低的区域山药长势差一些。Cu、P 部分区域存在该规律,但不是特别明显。其余元素规律性不明显。深层土壤 Zn 含量高的区域山药长势较好,其余元素规律性不明显。

山药根 K、N、Mo 含量多的植物样附近山药长势好,山药茎叶 Fe 含量高的植物样附近山药长势好。其余元素规律性不明显。

我们知道,山药富含矿物质如铜、钾、铁、镁、钙和磷等,本次获得等值线图中能明显看出钾、铁、钙和磷与山药长势存在密切的关系,长势好的区域含量高,长势不好或者无山药的位置含量低。

根据土壤中元素相关性分析结果,土壤中 Fe、Ca、K、N、B、Mo 等元素互相之间存在中等以上正相关,因此,这些元素含量高的地区作为山药种植适宜区。

同时,根据元素迁移转化规律,以上元素主要与成土母质有关,由浅到深经历的淋滤过程也类似,与地表施肥影响不大。

三、重金属与山药关系统计

根据前面论述研究区北部边缘有一个化工厂,导致周边研究区内 2km 附近区域土壤深层 Pb 含量高,土壤等级迅速将为四级,因此将ST06与ST07取样点之间及取样点与周边Pb含量合格点中间内插范围约9km²划为不适宜种植区。

同时根据转移系数,重金属更多的从山药的根中转移到茎叶中,山药根化验结果都是合格的。

因此,将铅之外的重金属含量高的区域划为较适宜区。

四、有益元素及其他因素与山药关系统计

研究区内Sr含量明显高于背景值,锶是对人体有益的微量元素,将Sr含量高的区域均划为适宜区。由于土壤类型中砂质潮土和壤质潮土区域内山药长势均较好,因此,将土壤类型为砂质潮土和壤质潮土的区域划为适宜种植区。

第三节 社会效益分析

研究区土壤及地下水中锶含量高。锶对人体主要有促进骨骼和牙齿生长发育功能,是人体所必须微量元素,人体所有的组织中都有锶。人体内钠过多容易引起高血压、高血脂、高血糖、心血管疾病,而锶却能减少人体对钠的吸收,有预防三高及心血管疾病的作用。多食含锶食物可以强壮骨骼,提高智力,延缓衰老和养颜。

经化验,土壤为弱碱性,而山药本身也是碱性食物。多食碱性食物,可保持血液呈弱碱性,使得血液中乳酸、尿素等酸性物质减少,并能防止其在管壁上沉积,因而有软化血管的作用,故有人称碱性食物为"血液和血管的清洁剂"。

另外,研究区内山药口感甘甜,脆中带糯,整体口感明显高于普通山药。

21世纪前10年,我国山药种植迎来了高速发展时期,特别是2005—2006年,全国山药种植一度呈现"大跃进"的形势。河南、山东、河北、广西的种植面积都达到了历史高峰。产量的剧增和大量的库存造成了2007年市场供过于求,山药价格暴跌,全国山药种植面积平均减幅50%左右。其后几年价格缓慢反弹,市场逐渐稳定,全国种植面积开始恢复。目前我国山药种植总面积达到25万km²以上,是世界上山药种植面积、产量、消费量最大的国家。除西藏地区以外,其他各省(区、市)都有山药种植,并形成了东北、华北、华中、华南、西北5个种植区域和河南、河北、山东、江苏、广西5个山药种植和消费的主要省(区、市),详见图6-11和图6-12。

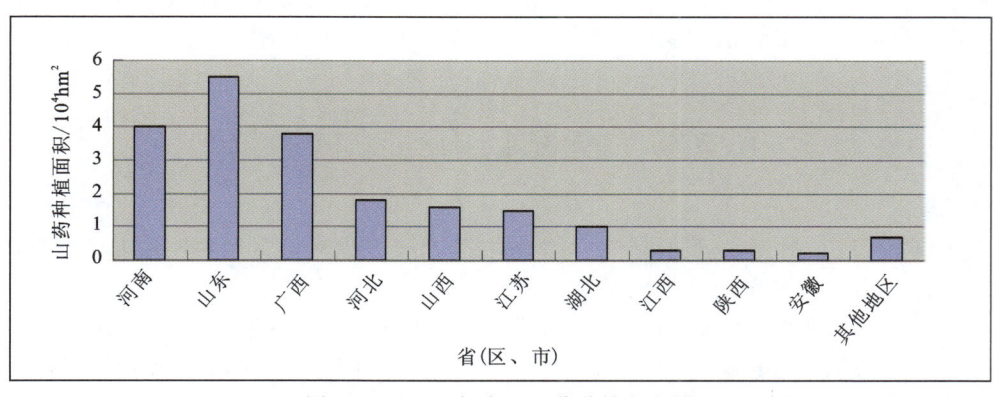

图6-11 2011年全国山药种植面积图

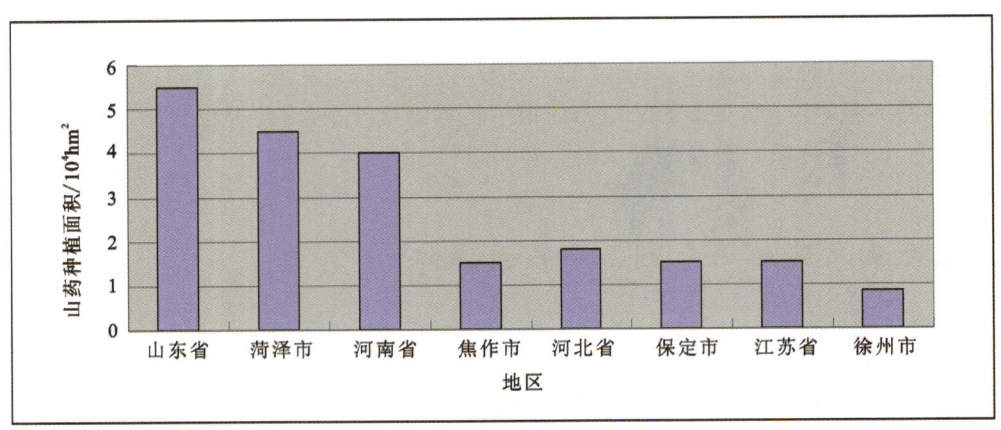

图 6-12 主产区山药种植重点地区面积情况

我国有约 30 种山药地方种。这些地方种的市场价格差别较大,形成了高中低 3 个档次,并分化出不同的市场销售方向,比如铁棍山药和瑞昌山药 2011 年平均价格 30~40 元/kg,由于价格高,食品加工的成本高,一般以包装礼品的形式销售;麻山药和怀山药约 15 元/kg,作为食用、食品加工原材料或者中成药,利用方向较广;水山药和其他品种山药 4~5 元/kg,主要作为食用或食品加工。各地山药价格详见图 6-13。由图可知,山东山药价格在全国属于中高档,发展潜力巨大。

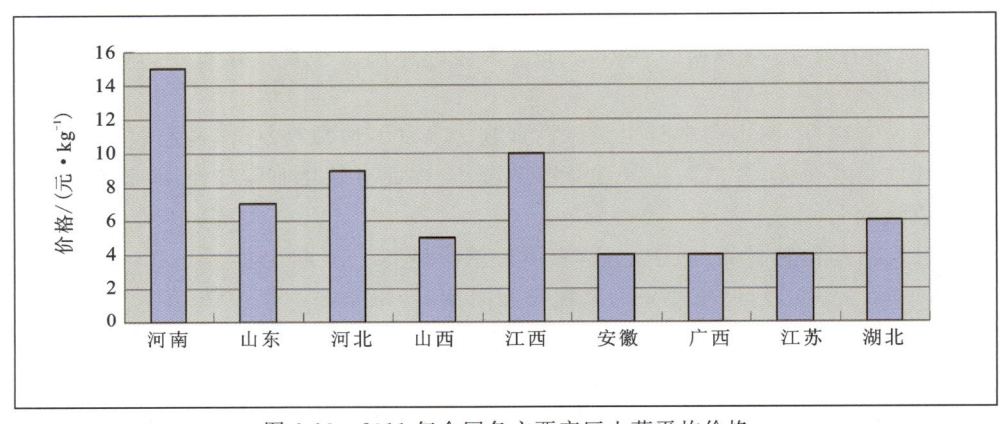

图 6-13 2011 年全国各主要产区山药平均价格

2009 年 11 月 17 日,国家质量监督检验检疫总局 2009 年第 105 号公告,批准了"陈集山药"地理标志产品专用标志的使用申请,并确定"定陶天中陈集山药专业合作社"为第一批可以按照有关规定在相关产品上使用地理标志产品专用标志的企业,获得地理标志产品保护,并依法接受监督。标志着定陶山药发展迈入了新的阶段。山药的种植对当地经济发展做出了很大的贡献。

第四节 研究区山药种植建议

(1)研究区土壤、地下水、山药根及茎叶中均为富锶,对于开发利用富锶农业可提供很好的借鉴。建议定陶进行富锶山药的推广,成立地区的品牌。

(2)鉴于山药茎叶 Cr、Cd、Hg、As、Pb 五种元素符合土壤质量标准,建议通过秸秆还田的方式作为肥料。

(3)将来土壤改良时,除降低黏度增加孔隙度外,适当在土壤中增加 Ca、K、有机质、Mn、Zn、Cu、Sr、Se、I、Ni 的含量,适当降低 F 的含量。

(4)山药为不抗涝植物,现有种植区排水沟坡度略小,在雨水较多的年份会影响山药的长势和产量,建议适当提高排水沟坡度,更好地排水。

主要参考文献

卜怡然,吴礼邦,黄强,等,2020.神农架富锶植物资源调查研究[J].食品安全质量检测学报,11(3):932-937.

曹艳玲,吴波,范振华,等,2021.山东省定陶地区富锶土壤地质成因研究[J].山东国土资源,37(1):28-36.

常凤琴,2008.中国西部晚更新世中晚期古湖泊沉积锶同位素与环境变化[D].兰州:兰州大学.

陈昌笃,2000.地质生态学的趋势[C]//中国农业地学研究新进展——2000年全国农业地学学术研讨会论文集.北京:中国大地出版社:27-31.

陈海龙,2020.农业地质研究现状及未来发展方向的思考——以湖南农业地质为例[J].国土资源导刊,17(04):13-17.

陈浩,2010.锶在混合介质中吸附迁移的实验研究[D].太原:太原科技大学.

陈骏,汪永进,陈旸,等,2001.中国黄土地层Rb和Sr地球化学特征及其古季风气候意义[J].地质学报,75(2):259-265.

陈骏,王鹤年,2004.地球化学[M].北京:科学出版社.

成官文,郭纯青,朱义年,等,2004.农业地质理论及其研究内容再探[J].桂林工业院学报,24(4):431-434.

程禹敏,蒯琳萍,2018.荠菜对土壤中(Sr)的吸收和富集[J].江苏农业科学,46(18):275-279.

戴光忠,2013.我国富硒农业地质环境调查进展分析[J].安徽农业科学,41(30):12 140-12 143.

邓宏文,钱凯,1993a.沉积地球化学与环境分析[M].兰州:甘肃科学技术出版社.

邓宏文,钱凯,1993b.试论湖相泥质岩的地球化学二分性[J].石油与天然气地质,14(2):85-97.

地矿部水文地质工程地质研究所,秦皇岛矿产水文工程地质大队,1989.秦皇岛市地下水环境质量综合评价研究[R].石家庄:地矿部水文地质工程地质研究所.

范伟,杨悦锁,冶雪艳,等,2010.青肯泡地区地下水中锶富集的水文地球化学环境特征及成因分析[J].吉林大学学报(地球科学版),40(2):349-355,367.

冯耀群,2001.广西沙田柚农业地质[J].广西地质,14(1):47-50.

高延林,1995.锶的利用与开发[M].西宁:青海人民出版社.

关天霞,何红波,张旭东,等,2011.土壤中重金属元素形态分析方法及形态分布的影响因素[J].土壤通报,42(2):503-509.

韩建恩,邵兆刚,朱大岗,等,2013.黄河源区河流阶地特征及源区黄河的形成[J].中国地质,40(5):1531-1541.

韩金生,姚军明,邓小华,2013.东秦岭沙沟银铅锌矿床成矿流体来源的锶同位素约束[J].岩石学报,29(01):18-26.

何志芳,何永波,张烨,等,2015.滇西兰坪金顶特大型锶矿矿床地质特征及矿床成因探讨[J].化工矿产地质,2:77-84.

河南省地质矿产局水文地质一队,等,1986.河南平原第四纪地质研究报告[R].郑州:河南省地质矿产局水文地质一队.

洪涛,谢运球,喻崎雯,等,2016.乌蒙山重点地区地下水水化学特征及成因分析[J].地球与环境,44(1):11-18.

胡江龙,胡绍祥,杨清富,等,2019.湖北随州北部富锶土壤地球化学特征及资源潜力评价[J].资源环境与工程,33(3):341-346,367.

胡进武,王增银,周炼,等,2004.岩溶水锶元素水文地球化学特征[J].中国岩溶,23(1):38-43.

胡明,2012.渭南市土壤微量元素铷、锶、锆含量的分布[J].湖北农业科学,51(15):3198-3200,3203.

黄思静,黄可可,钟怡江,等,2017.四川广安龙门峡南剖面下三叠统海相碳酸盐岩的碳同位素组成与对比[J].中国科学:地球科学(1):57-71.

姜晓燕,刘淑娟,闫冬,等,2020.锶在土培辣椒不同器官中的富集与迁移规律[J].癌变·畸变·突变,32(04):309-311+316.

孔凡忠,刘继敏,张翠英,等,2008.鲁西南地区土壤墒情变化规律分析[J].中国农业气象,29(2):162-165,169.

雷琨,何守阳,安艳玲,2016.典型岩溶温泉群水文地球化学特征[J].中国科学院大学学报,33(3):403-411.

李炳华,崔学慧,朱亚雷,等.2012.北京市朝阳区地下水化学特征及其变化规律[J].水资源保护,28(5):7-12.

李明辉,梁晓龙,盖玉国,2001.农业地质主攻方向[J].沉积与特提斯地质,21(2):108-112.

李玉成,王苏民,黄耀生,1999.气候环境变化的湖泊沉积学响应[J].地球科学进展,14(4):412-416.

李州英,2008.黄河源区水沙特征分析[J].水利水电快报,29:65-67.

刘刚,周东升,2007.微量元素分析在判别沉积环境中的应用——以江汉盆地潜江组为例[J].石油实验地质,29(3):307-310.

刘军帅,郑吉林,蔡艳龙,等,2022.山西大同桑干河流域富锶土壤地球化学特征及资源潜力评价[J].地质与资源,31(05):675-683,692.

刘强,黎曙,孔令贵,2017.黄河河源区黄河沿水文站以上泥沙来源分析[J].现代农业科技(7):190-191.

刘庆宣,王贵玲,张发旺,2004.矿泉水中微量元素锶富集的地球化学环境[J].水文地质工程地质(6):19-23.

刘艳,侯龙鱼,赵广亮,李庆梅,等,2015.锗对植物影响的研究进展.中国生态农业学报,23(8):931-937.

陆石基,张学明,熊帅,等,2020.湖北秭归岩溶流域锶的分布特征与富集规律[J].中国地质(7):2-12.

罗雁,陈良正,张思竹,2010.云南山区生态农业发展思路与对策研究[J].西南农业学报,23(6):2137-2142.

骆振华,2019.农业地质地球化学在土地适宜性评价中的应用[J].化工设计通讯,45(10):153-154.

梅惠呈,李忠社,蔡亮,2013.江西修水县辉煌地热地质特征及成因分析[J].地质灾害与环境保护,24(2):49-53.

南京大学地质系,1979.地球化学[M].2版.北京:科学出版社.

年秀清,2018.柴达木盆地西部富锶地层的地球化学特征及其地质意义[D].西宁:中国科学院青海盐湖研究所.

庞成民,郭宪峰,庞亚男,等,2021.2010—2020年鲁西南黏质潮土区小麦玉米周年秸秆还田粮食产量与土壤养分数据集[J].中国科学数据,6(4):183-191.

庞旭贵,战金成,王存龙,等,2006.山东省黄河下游流域多目标区域地球化学调查报告(1:250000)[R].济南:山东省地质调查院.

庞绪贵,代杰瑞,陈磊,等,2019.山东省17市土壤地球化学背景值[J].山东国土资源,35(1):46-56.

彭闯,2018.富锶肉驴产业化开发前景分析[J].现代畜牧科技,46(10):26-27.

彭福元,2006.武陵山区宜茶的农业地质背景分析[J].湖南农业科学,(3):41-43.

亓琳,2014.麦类作物对锶的富集特征和生理响应[D].兰州:兰州大学.

钱利军,陈洪德,林良彪,等,2012.四川盆地西缘地区中侏罗统沙溪庙组地球化学特征及其环境意义[J].沉积学报(6):1061-1071.

苏春田,2021.湖南新田县富锶地下水形成机理研究[D].武汉:中国地质大学(武汉).

苏春田,聂发运,邹胜章,等,2018.湖南新田富锶地下水水化学特征与成因分析[J].现代地质,32(3):554-564.

苏涛,马宗琪,司美茹,2006.鲁西南地区土壤放线菌的生态分布[J].山东农业科学(2):57-60.

苏小四,吴春勇,董维红,2011.鄂尔多斯沙漠高原白垩系地下水锶同位素的演化机理[J].成都理工大学学报(自然科学版),38(3):348-357.

孙厚云,卫晓锋,甘凤伟,等,2020.滦河流域中上游富锶地下水成因类型与形成机制[J].地球学报,41(1):65-79.

孙艳,刘喜方,王瑞江,等,2013.青海大风山锶矿床中天青石的成分特征[J].矿床地质,32(1):148-156.

陶美娟,高尚赞,汤海波,等,2019.菏泽市不同类型村庄土壤主要无机元素的监测与评价[J].中国环境监测,35(5):120-126.

田景春,曾允孚,1995.中国南立二叠纪古海洋锶同位素演化[J].沉积学报,13(4):125-129.

万利勤,徐慧珍,殷秀兰,等,2008.济南岩溶地下水化学成分的形成[J].水文地质工程地质(3):61-64.

万英,陈蓉,冯志强,等,2014.富锶矿泉水对大鼠血清生化指标的影响[J].中国食品卫生杂志,26(2):133-136.

王兵,李心清,周会,2007.黄河、淮河及长江流域地表水环境中锶的地球化学特征[J].矿物岩石地球化学通报,26:578-579.

王东晓,袁德志.锶在土壤—作物中迁移富集及作物富锶标准探讨:以河南固始史河一带为例[J].现代地质,37(3):767-777.

王贵平,杨成发,薛晓敏,等,2022.山东省沂源县富锶苹果成因研究与分析[J].烟台果树,157(1):13-16.

王鸿祯,1985.中国古地理图集[M].北京:地图出版社:121-138.

王瑞,卞建民,张真真,等,2014.松嫩平原哈尔滨地区地下水化学特征及污染状况[J].吉林农业大学学报,36(6):690-696.

王诗扬,卢天丕,2018.贵州省富锶(Sr)地下水赋存与分布规律探讨[J].贵州地质,35(3):225-232.

王随继,黄杏珍,妥进才,等,1997.泌阳凹陷核桃园组微量元素演化特征及其古气候意义[J].沉积学报,15(1):65-70.

王兴元,尹宏伟,邓小林,等,2015.库车坳陷新生代盐岩锶同位素特征及物质来源分析[J].南京大学学报(自然科学),51(5):1068-1074.

王益友,郭文莹,张国栋,1979.几种地球化学标志在金湖凹陷阜宁群沉积环境中的应用[J].同济大学学报(2):51-60.

魏荣道,姚宝贵,2005.甘肃永登龙泉第三系锶型承压矿泉水分布特征与成因探讨[J].甘肃地质学报,14(1):86-89,95.

吴忱,朱宣清,许清海,1991.华北平原古河道研究论文集[M].北京:中国科学技术出版社:37-184.

吴金甲,2015.历史时期黄河下游地区环境演变的湖泊沉积记录[D].聊城:聊城大学.

吴立新,2014.淄博市淄川区饮用天然矿泉水赋存条件与形成机理研究[J].山东国土资源,30(6):41-44.

武旭仁,2012.鲁西南煤矿区重金属元素环境地球化学特征研究[D].武汉:武汉理工大学.

熊小辉,肖加飞,2011.沉积环境的地球化学示踪[J].地球与环境(3):405-414.

徐加强,师长兴,张鸾,2008.公元前602年至公元11年黄河下游冲积平原沉积特征分析[J].古地理学报,10(4):425-434.

徐建华,2002.现代地理学中的数学方法[J].北京:高等教育出版社:30-35.

徐兴国,廖光宇,1994.川东地区锶矿床地质特征及成因探讨[J].化工地质,16(1):29-39.

严兆彬,郭福生,潘家永,2005.碳酸盐岩C、O、Sr同位素组成在古气候、古海洋环境研究中的应用[J].地质找矿论丛,20(1):53-65.

杨进伟,2012.黄河冲积平原的沉积相序及其地理意义[D].北京:北京师范大学.

杨磊,周泽,李鸿磊,2020.贵州省花溪区耕地土壤硒元素分布特征及富硒资源评价[J].贵州地质,37(03):340-344,357.

杨立成,朱莎,2010.锶同位素的几种应用[J].中国西部科技,9(28):27-28.

杨清堂,1998.沉积型天青石矿床的地质特征及其成因探讨[J].化工矿产地质(1):32-37.

杨思宇,江海洋,曹艳玲,等,2019.山东菏泽定陶地区土壤元素地球化学特征[J].世界地质,38(3):867-878.

杨争明,2021.固始县圈定富锶耕地约35.4万亩[J].资源导刊(7):41.

叶青超,1989.华北平原地貌体系与环境演化趋势[J].地理研究,8(3):10-20.

于永亭,李晓,郭爽,等.2008.云南省龙陵地区温泉水化学特征及其成因分析[J].广东微量元素科学,15(2):39-46.

曾群望,1992.农业地质北京研究中的几个问题[J].云南地质科技情报,(1):22-25.

张春山,张业成,胡景江,1996.华北平原北部历史时期古气候演化与发展趋势分析[J].地质灾害与环境保护,7(4):28-33.

张连昌,李英,1993.国外农业地质研究进展[J].国外地质与勘测(2):47-49.

张群利,郭会荣,吴孔军,等,2011.荥巩矿区岩溶地下水系统的水文地球化学特征及其指示意义[J].水文地质工程地质,38(2):1-7.

张士三,陈承惠,黄衍宽,1993.沉积物镁铝含量比及其古气候意义[J].台湾海峡(3):266-271.

张渊,杨叶,范益,等,2017.3种杨树对土壤锶污染的富集特征与能力比较[J].环境科学与技术,40(3):138-142.

张运强,2012.金华市富硒土壤的地球化学特征与利用研究[D].金华:浙江师范大学:4-8.

张振克,王苏民,沈吉,1999.黄河下游南四湖地区黄河河道变迁的湖泊沉积响应[J].湖泊科学,11(3):231-236.

章光新,邓伟,何岩,等,2006.中国东北松嫩平原地下水水化学特征与演变规律[J].水科学进展,17(1):20-28.

主要参考文献

赵广涛,李玉瑛,曹钦臣,等.1998.青岛西北地区矿泉水的水化学特征与形成机理[J].青岛海洋大学学报,28(1):135-141.

赵庆令,李清彩,安茂国,等,2023.基于PMF-PCA/APCS与PERI的菏泽油用牡丹种植区表层土壤重金属潜在来源识别及生态风险评估[J].环境科学,44(9):5253-5263.

赵西强,战金成,王增辉,等,2014.菏泽地区耕层土壤肥力地球化学评价[J].山东农业科学,46(9):3.

赵秀芳,张永帅,冯爱平,等,2020.山东省安丘地区农业土壤重金属元素地球化学特征及环境评价[J].物探与化探,44(6):1446-1454.

郑荣才,柳梅青,1999.鄂尔多斯盆地长6油层组古盐度研究[J].石油与天然气地质,20(1):20-25.

周恩湘,林大仪,杨思治,等,1994.土壤地质[M].北京:地质出版社:263-271.

朱立新,1994.农业地球化学的研究进展及近期内的主要任务[J].地质科技情报(3):63-68.

朱立新,周国华,1994.勘查地球化学在农业上的应用[J].有色金属矿产与勘查(4):240-245.

朱立新,周国华,王徽,等,1995.国内外环境和农业地球化学调查研究、应用现状及主要工作任务[J].国外地质勘探技术(1):16-23.

BADGER C W, CUMMINGS A D, WHITMORE R L. 1956. The disintegration of shales in water [J]. Inst. Fuel, 29(3):417-423.

BIEMACKA E, MALUSZYNSKI M J, 2006. The content of cadmium, lead and selenium in soils from selected sites in Poland [J]. Polish J. Environ. Stud, 15(2):7-9.

BREIT G N, WANTY R B, 1991. Vanadium accumulation in carbonaceous rocks: A review of geochemical controls during deposition and diagenesis[J]. Chemical Geology, 91(2):83-97.

DERRY L A, KAUFMAN A J, JACOBSEN S B, 1992. Sedimentary cycling and environmental change in the Late Proterozoic: Evidence from stable and radiogenic isotopes[J]. Geochimica Et Cosmochimica Acta, 56(3):1317-1329.

FETH J H, GIBBS R J, 1971. Mechanisms controlling world water chemistry: Evaporation-crystallization process[J]. Science, 172:870-872.

GIUSEPPE D D, BIANCHINI G, ANTISARI L V, et al., 2014. Geochemical characterization and biomonitoring of reclaimed soils in the Po River Delta (Northern Italy): Implications for the agricultural activities[J]. Environmental Monitoring and Assessment, 186(5):2925-2940.

HALE P A, SHAKOOR A. 2003. A laboratory investigation of the effects of cyclic heating and cooling, wetting and drying and freezing and thawing on the compressive strength of selected sandstones[J]. Environmental & Engineering Geoscience, 9(2):117-130.

HATCH J R, LEVENTHAL J S, 1992. Relationship between inferred redox potential of the depositional environment and geochemistry of the Upper Pennsylvanian (Missourian) Stark Shale Member of the Dennis Limestone, Wabaunsee County, Kansas, U. S. A. [J]. Chemical Geology, 99(1-3):65-82.

JONES B, MANNING D A C, 1994. Comparison of geochemical indices used for the interpretation of palaeoredox conditions in ancient mudstones[J]. Chemical Geology, 111(1-4):111-129.

KILHAM P, 1990. Mechanisms controlling the chemical composition of lakes and rivers: Data from Africa[J]. Limnology and Oceanography, 35(1):80-83.

LEBID H, ERRIH M, BOUDJEMLINE D, 2016. Contribution of strontium to the study of groundwater salinity. Case of the alluvial plain of Sidi Bel Abbes (Northwestern Algeria)[J]. Environmental Earth Sciences, 75(11):947.

LI D, GAN S, LI J, et al. , 2021. Hydrochemical characteristics and formation mechanism of strontium-rich groundwater in Shijiazhuang, North China Plain[J]. Journal of Chemistry(2):1-10.

LIN M L, JENG F S, TSAI L S, et al. , 2005. Wetting weakening of tertiary sandstones-microscopic mechanism[J]. Environmental Geology,48(2):265-275.

NAKAMARU Y, TAGAMI K, UCHIDA S, 2005. Depletion of selenium in soil solution due to its enhanced sorption in the rhizosphere of soybean[J]. Plant and Soil,278:293-301.

NEGREL P, 1999. Geochemical study of a granitic area-the Margeride Mountains, France: Chemical element behavior and $^{87}Sr/^{86}Sr$ constraints[J]. Aquatic Geochemistry,5(2):125-165.

PRICK A. 1995. Dilatometrical behaviour of porous calcareous rock samples subjected to freeze-thaw cycles[J]. Catena,25(1-4):7-20.

TRIBOVILLARD N, ALGEO T J, LYONS T, et al. , 1983. Trace metals as paleoredox and paleoproductivity proxies:Conditions in sediments[J]. Applications of Ostracoda(10):238-249.